GDTP
绿色低碳发展智库伙伴
Green Low-Carbon Development Think Tank Partnership

低碳智库译丛

ECONOMETRIC ANALYSIS OF CARBON MARKETS

The European Union Emissions Trading Scheme and the Clean Development Mechanism

Julien Chevallier

碳市场计量经济学分析

欧盟碳排放权交易体系与清洁发展机制

（法）朱利恩 · 谢瓦利尔 著

程思 刘蒂 严雅雪 杨继梅 等 译

齐绍洲 校

东北财经大学出版社 | 大连
Dongbei University of Finance & Economics Press

辽宁省版权局著作权合同登记号：图字06-2015-151

Translation from English language edition： Econometric Analysis of Carbon Markets by Julien Chevallier

图书在版编目（CIP）数据

碳市场计量经济学分析：欧盟碳排放权交易体系与清洁发展机制 / （法）谢瓦利尔（Chevallier, J.）著；程思等译. —大连：东北财经大学出版社，2016.1（2023.5重印）
（低碳智库译丛）
ISBN 978-7-5654-2120-4

Ⅰ. 碳…　Ⅱ. ①谢…　②程…　Ⅲ. 欧洲国家联盟-二氧化碳-废气排放量-排污交易-市场分析-计量经济学　Ⅳ. X510.6

中国版本图书馆CIP数据核字（2015）第237990号

东北财经大学出版社出版发行
　大连市黑石礁尖山街217号　邮政编码　116025
　教学支持：（0411）84710309
　营 销 部：（0411）84710711
　总 编 室：（0411）84710523
　网　　址：http：//www. dufep. cn
　读者信箱：dufep @ dufe. edu. cn
大连图腾彩色印刷有限公司印刷

幅面尺寸：170mm×240mm　字数：238千字　印张：17.25
2016年1月第1版　2023年5月第2次印刷
责任编辑：李　季　责任校对：贺　欣
封面设计：冀贵收　版式设计：钟福建
定价：59.00元

“低碳智库译丛”总序

气候变化是当前人类面临的最大威胁，危及地球生态安全和人类生存与发展。采取应对气候变化的智慧行动可以推动创新、提高经济增长并带来诸如可持续发展、增强能源安全、改善公共健康和提高生活质量等广泛效益，增强国家安全和国际安全。全球已开展了应对气候变化的合作进程，并确立了未来控制地表温升不超过2℃的目标。其核心对策是控制和减少温室气体排放，其中主要是化石能源消费的CO_2排放。这既引起新的国际治理制度的建立和发展，也极大推动了世界范围内能源体系的革命性变革和经济社会发展方式的转变，低碳发展已成为世界潮流。

自工业革命以来，发达国家无节制地廉价消耗全球有限的化石能源等矿产资源，完成了工业化和现代化进程。在创造其当今经济社会高度发达的“工业文明”的同时，也造成世界范围内化石能源和金属矿产资源日趋紧缺，并引发了以气候变化为代表的全球生态危机，付出了沉重的资源和环境代价。在全球应对气候变化减缓碳排放背景下，世界范围内正在掀起能源体系变革和转型的浪潮。当前以化石能源为支柱的传统高碳能源体系，将逐渐被以新能源和可再生能源为主体的新型低碳能源体系所取代。人类社会的经济发展不能再依赖地球有限的矿物资源，也不能再过度侵占和损害地球的环境空间，要使人类社会形态由当前不可持续的工业文明向人与自然相和谐、经济社会与资源环境相协调和可持续发展的生态文明的社会形态过渡。

应对气候变化，建设生态文明，需要发展理念和消费观念的创新：要由片面追求经济产出和生产效率为核心的工业文明发展理念转变到人与自然、经济与环境、人与社会和谐和可持续发展的生态文明的发展理念；由过度追求物质享受的福利最大化的消费理念转变为更加注重精神文明和文化文明的健康、适度的消费理念；从而不再片面地追求GDP增长的数量、个人财富的积累和物质享受，而是全面权衡协调经济发展、社会进步和环境保护，注重经济和社会发展的质量和效益。经济发展不再盲目向自然界摄取资源、排放废物，而要寻求人与自然和谐相处的舒适的生活环境，使良好的生态环境成为最普惠的公共物品和最公平的社会福祉。高水平的生活质量需要大家共同拥有、共同体验，这将促进社会公共财富的积累和共享，促进世界各国和社会各阶层的合作与共赢。因此，传统工业文明的发展理论和评价方法学已不能适应生态文明建设的发展理念和目标，需要拓展以生态文明为指导的发展理论和评价方法学。

IPCC第五次评估报告在进一步强调人为活动的温室气体排放是引起当前气候变化的主要原因这一科学结论的同时，给出全球实现控制温升不超过2℃目标的排放路径。未来全球需要大幅度减排，各国经济社会持续发展都将面临碳排放空间不足的挑战。因此，地球环境容量空间作为紧缺公共资源的属性日趋凸显，碳排放空间将成为比劳动力和资本更为紧缺的资源和生产要素。提高有限碳排放空间利用的经济产出价值就成为突破资源环境制约、实现人与自然和谐发展的根本途径。广泛发展的碳税和碳市场机制下的"碳价"将占用环境容量的价值显性化、货币化，将占用环境空间的社会成本内部化。"碳价"信号将引导社会资金投向节能和新能源技术，促进能源体系变革和经济社会低碳转型。能源和气候经济学的发展越来越关注"碳生产率"的研究，努力提高能源消费中单位碳排放即占用单位环境容量的产出效益。到2050年世界GDP将增加到2010年的3倍左右，而碳排放则需要减少约50%，因此碳生产率需要提高6倍左右，年提高率须达4.5%以上，远高于工业革命以来劳动生产率和资本产出率提高的速度。这需要创新的能源经济学和气候经济学理论来引导能源的革命性变革和经济发展方式的变革，从而实现低碳经济的发展路径。

经济发展、社会进步、环境保护是可持续发展的三大支柱，三者互相依存。当前应对气候变化的关键在于如何平衡促进经济社会持续发展与管理气候风险的关系。气候变化使人类面临不可逆转的生态灾难的风险，而这种风险的概率和后果以及当前适应和减缓行动的效果都有较大的不确定性。国际社会对于减排目标的确立和国际制度的建设是在科学不确定情况下的政治决策，因此需要系统研究当前减缓气候变化成本与其长期效益之间的权衡和分析方法；研究权衡气候变化的影响和损害、适应的成本和效果、减缓的投入和发展损失之间关系的评价方法和模型手段；研究不同发展阶段国家的碳排放规律及减缓的潜力、成本与实施路径；研究全球如何公平地分配未来的碳排放空间，权衡“代际”公平和“国别”公平，从而研究和探索经济社会发展与管控气候变化风险的双赢策略。这些既是当前应对气候变化的国际和国别行动需要解决的实际问题，也是国际科学研究的重要学术前沿和方向。

当前，国际学术界出现新气候经济的研究动向，不仅关注气候变化的影响与损失、减排成本与收益等传统经济学概念，更关注控制气候风险的同时实现经济持久增长，把应对气候变化转化为新的发展机遇；在国际治理制度层面，不仅关注不同国家间责任和义务的公平分担，更关注实现世界发展机遇共享，促进各国合作共赢。理论和方法学研究在微观层面将从单纯项目技术经济评价扩展到全生命周期的资源、环境协同效益分析，在宏观战略层面将研究实现高效、安全、清洁、低碳新型能源体系变革目标下先进技术发展路线图及相应模型体系和评价方法，在国际层面将研究在“碳价”机制下扩展先进能源技术合作和技术转移的双赢机制和分析方法学。

我国自改革开放以来，经济发展取得了举世瞩目的成就。但快速增长的能源消费不仅使我国当前的CO_2排放已占世界1/4以上，也是造成国内资源制约趋紧、环境污染严重、自然生态退化严峻形势的主要原因。因此，推动能源革命，实现低碳发展，既是我国实现经济社会与资源环境协调和可持续发展的迫切需要，也是应对全球气候变化、减缓CO_2排放的战略选择，两者目标、措施一致，具有显著的协同效应。我国统筹国内国际两个大局，积极推动生态文明建设，把实现绿色发展、循环发展、低碳发展作为基本途径。自“十一五”以来制定实施并不断强化积极的节能和CO_2减排目标及能源结构优化目标，并以此为导向，促进经济发展方式的根本性转变。我国也需要发展面向生态文明转型的创新理论和分析方法作为指导。

先进能源的技术创新是实现绿色低碳发展的重要支撑。先进能源技术越来越成为国际技术竞争的前沿和热点领域，成为世界大国战略必争的高新科技产业，也将带来新的经济增长点、新的市场和新的就业机会。低碳技术和低碳发展能力正在成为一个国家的核心竞争力。因此，我国必须实施创新驱动战略，创新发展理念、发展路径和技术路线，加大先进能源技术的研发和产业化力度，打造低碳技术和产业的核心竞争力，才能从根本上在全球低碳发展潮流中占据优势，在国际谈判中占据主动和引导地位。与之相应，我国也需要在理论和方法学研究领域走在前列，在国际上发挥积极的引领作用。

应对气候变化关乎人类社会的可持续发展，全球合作行动关乎各国的发展权益和国际义务。因此相关理论、模型体系和方法学的研究非常活跃，成为相关学科的前沿和热点。由于各国研究机构背景不同，思想观念和价值取向不同，尽管所采用的方法学和分析模型大体类似，但各自对不同类型国家发展现状和规律的理解、把握和判断的差异，以及各自模型运转机理、参数选择、政策设计等主观因素的差异，特别是对责任和义务分担的“公平性”的理念和度量准则的差异，往往会使研究结果、结论和政策建议产生较大差别。当前在以发达国家研究机构为主导的研究结果和结论中，往往忽略发展中国家的发展需求，高估了发展中国家减排潜力而低估了其减排障碍和成本，从而过多地向发展中国家转移减排责任和义务。世界各国因国情不同、发展阶段不同，可持续发展优先领域和主要矛盾不同，因此各国向低碳转型的方式和路径也不同。各国在全球应对气候变化目标下实现包容式发展，都需要发展和采用各具特色的分析工具和评价方法学，进行战略研究、政策设计和效果评估，为决策和实施提供科学支撑。因此，我国也必须自主研发相应的理论框架、模型体系和分析方法学，在国际学术前沿占据一席之地，争取发挥引领作用，并以创新的理论和方法学，指导我国向绿色低碳发展转型，实现应对全球气候变化与自身可持续发展的双赢。

本译丛力图选择翻译国外最新有代表性的学术论著，便于我国相关科技工作者和管理干部掌握国际学术动向，启发思路，开拓视野，以期对我国应对全球气候变化和国内低碳发展转型的理论研究、政策设计和战略部署有参考和借鉴作用。

何建坤

2015年4月25日

↘ 译者序

碳市场是控制和减少温室气体排放的政策工具，以“成本有效性”来实现政府的碳排放总量控制目标，并为企业提供长效的利益驱动机制和优胜劣汰的竞争机制。碳市场的核心是通过供求机制形成有效的碳排放权价格，通过这种碳价格来引导企业进行减排决策，从而决定企业的风险和收益。因此，碳价格的决定因素、碳价格与宏微观经济的关系、碳价格的波动规律、碳资产的风险与收益、碳信用的现货期货期权收益之间的关系、碳资产组合管理、风险对冲策略等等，我们在传统金融市场上所常见的概念和常用的计量分析方法与模型，在碳市场上也同样大有用武之地并体现出其特殊性。

法国巴黎第九大学朱利恩·谢瓦利尔（Julien Chevallier）教授的《碳市场计量经济学分析》，从计量经济学的角度，运用欧盟碳交易市场（EU ETS）的时间序列数据，来告诉碳市场专业人士如何应用计量经济学方法和模型来分析上述问题。

该书兼具碳市场专业书籍和教科书的特点，除了适用于碳市场和碳金融专业人士外，还很适用于在校研究生作为教科书来学习：

首先，该书具有经济学教科书的特点，书中对碳市场中关键的经济学基本问题，比如排放总量、配额、均衡价格、减排的边际成本、跨期等都提供了经济学模型，适合于经济学硕士、博士研究生作为经济学课程来学习。

其次，该书更具有金融学教科书的特点，书中对于碳价格的波动、风险与收益、现货、期货和期权价格的关联性、资产组合以及风险对冲等碳金融市场的核心问题，也建立了相应的模型加以分析和计量，适合于金融学硕士生特别是博士研究生作为金融课程来学习。

最后，正如该书的标题所示，书中最主要的内容还是告诉人们如何对碳市场的核心问题进行计量经济学分析，从方法到模型，从数据到R代码，都给出了详细的分析和说明，并对重要的问题设计了相应的习题和答案，以加强训练。

因此，该书与其说是关于碳市场计量经济分析的专著，不如说更像一本碳市场计量经济学分析的教科书，适合于具有一定的时间序列计量经济分析基础的经济、金融专业的研究生和其他对碳市场、碳金融进行学术研究的专业人士学习。

目前，中国7个碳交易试点的工作已经开展了两年多，不同试点积累了从几百到上千的包括价格和交易量在内的每日交易数据，已经具备进行初步的计量经济分析的数据基础。随着我国全国碳交易市场的快速推进，碳市场计量经济分析的数据基础会越来越好。运用该书的基本方法和模型，结合我国的特点加以修正完善，我们可以对中国碳市场进行更加客观的评估、分析，并与其他碳市场进行比较，以更好地为中国碳市场的建设、发展和完善提供科技和理论支撑，为企业节能减排提供客观依据。

本书的翻译是团队合作的成果，感谢程思、刘蒂、严雅雪、杨继梅、汤文达、田力、李茜、王玥和汪丽华等团队成员的共同努力。由于水平有限，译著中难免有错漏之处，敬请读者不吝指正。

齐绍洲

2015年8月

↘前言

我在与编辑的一次交谈之后很自然地产生了写这样一本书的想法，感谢他让这个项目成为可能。这本书对于从事计量经济学与碳金融领域的研究者和专业人士（如交易经理人、能源和商品交易员、定量分析师、咨询顾问和公共事业成员）来说极其有用。我们这里定义的碳市场指的是为管理温室气体排放（包括CO_2）而创立的环境市场，比如欧盟碳排放权交易体系（EU ETS）和《京都议定书》(更准确地说是清洁发展机制，CDM)。

这本书是为对时间序列（如线性回归模型、向量自回归和协整）有基本了解的读者所准备的。有助于读者回顾这些概念的一些教材包括Gujarati的《计量经济学基础》(*Basic Econometrics*，McGraw-Hill)，以及Hamilton的《时间序列分析》(*Time Series Analysis*，Princeton University Press)。本书可用于本科或研究生阶段（包括硕士研究生和MBA）碳市场计量经济学课程的教学，也可作为专业人士的参考书目。

本书的内容已在法国巴黎第九大学关于能源市场计量经济学和商品融资的系列讲座中展示过。书中还引入了教学过程中硕士研究生的反馈和基于这些学生的实践练习，因此，同样将这本书献给他们。

通过对欧盟碳排放权交易体系和清洁发展机制的分析，本书展示了如何使用一系列经济计量技术来研究不断发展和壮大的全球碳市场。书中提供了有关排放权交易及其在碳市场的实际应用情况的综合知识，内容包括从经济学视角看碳市场的典型事实，以及定价战略、风险和组合管理的主要方面。一方面，本书涵盖了解释迄今为止碳价格历史发展的有用信息；另一方面，本书对于教授学生（包括高年级本科生、硕士研究生和MBA）和研究人员将这些技术应用到不断发展的碳市场中具有重要的启示作用。因此，随着新的环境管理体系在一些国家和地区的出现（如中国和美国等)，这些技巧可能会被重复使用。

第1章和第2章提供了一些时间序列计量经济学基础的入门知识，以帮助对碳市场基本原理知之甚少的新手。第1章首先给出了碳价格的描述性统计分析，关于计量经济学的学习将贯穿全书。第1章的内容覆盖面广泛，因为全书从回顾国际气候政策入手（包括在美国、日本、中国和澳大利亚等一些国家和地区的碳市场举措）。此外，本章还概述了碳排放权交易机制和欧洲碳市场的主要特征。虽然该部分几乎没有涉及经济计量技术(只有一些描述性统计)，但它为本书提供了有用的信息。

第2章论述了基于线性回归模型的碳价格驱动因素，主要包括制度决策、能源价格和极端天气事件。本章或许涉及有关CO_2价格最有趣的话题，比如碳市场的相关价格基础是什么？首先通过使用虚拟变量和Bai-Perron结构突变检验发现，其他能源价格的影响严重依赖于线性回归模型。通过引入阈值变量（高于或者低于给定温度值）对天气事件进行解释。附录部分包含了将多元广义自回归条件异方差（GARCH）建模框架应用于能源和CO_2价格的综述。

第3章至第6章为高年级本科生和（或）研究生（硕士研究生及MBA）从被动学习时间序列计量经济学基础知识到主动写作研究碳市场的学期论文或毕业论文提供顺利的过渡。第3章论述一个同样非常重要的课题，即新设立的排放配额与先前存在的宏观经济学环境之间的关系是什么？解决该课题首先考察在GARCH建模框架下债券/股票市场与碳排放市场之间的联系，然后通过因子模型获取与宏观经济、金融与大宗商品领域的广泛联系，最后借助非线性检验、阈值模型和马尔科夫机制转换方法研究与工业产品的联系。

第4章主要关注清洁发展机制。在缺乏后京都协议的时代，CDM可被看做世界碳价格的代表。除了协议的描述，该章还详细介绍了向量自回归、格兰杰因果关系、协整技术（欧盟碳价格）与Zivot-Andrews结构突变检验的应用。在GARCH建模框架下引入微观结构变量来研究欧洲碳市场与CDM之间的套利策略，以便解释欧盟碳排放配额（EUA）与核证减排量（CER）之间的差价。附录阐述了针对EUAs与CERs的马尔科夫机制转换模型的使用。

第5章论述风险对冲策略与资产组合管理。本章总结了与碳资产相关的主要风险因素，并基于商品市场模型与线性回归详细介绍CO_2即期与远期价格风险溢价的测度。此外，还通过对影响能源部门燃料转换因素的计量分析来描述碳价格风险管理策略。最后，借助标准均值-方差最优化方法详细阐明碳价格的资产组合管理技术。附录回顾了如何通过计算隐含波动率来实现风险管理中期权价格的使用。

第6章包含了更多的高级计量经济学方法。该章探索了碳价格波动率是否随CO_2远期合约到期而发生偏移。有三种方法可作为波动率的代表来阐明这一问题，即GARCH模型、净持有成本和实际波动率。在考虑了季节性与流动性的回归框架下来检验所谓的萨缪尔森假设。附录部分介绍了考察碳价格波动率不稳定性的有用的统计方法。

为了方便读者复制各章涉及的实证应用部分，该书推荐使用R软件。R软件是一款可用于统计与计量经济学分析的免费软件，在任何操作系统下安装该软件都非常简单，并有相应的安装文档。用来复制结果的软件包需要用户在R综合存档网站（CRAN）下载，使用install. packages（）命令并遵照命令提示符进行预先安装。最后，必要的数据与R编码可在作者的主页上找到：http：//sites.google.com/site/jpchevallier/publications/books/springer/。

该辅助网站附有与模型相关的数据和计算机编码的超链接，以及本书所讨论实例的复制，以确保读者能够提高其编程技巧。此外，含有编码的数据库成为传播知识的原始路径。有兴趣的读者还可在网站上找到常见问题介绍（FAQ）。

对本书所使用的R软件包的开发，我要感谢Achim Zeileis，Friedrich Leisch，Bruce Hansen，Kurt Hornik，Christian Kleiber，Patrick Brandt，Bernhard Pfaff，Harald Schmidbauer，Angi Roesch，Vehbi Sinan Tunalioglu，Diethelm Wuertz，Yohan Chalabi，Michal Miklovic，Chris Boudt，Pierre Chausse，Douglas Bates，Ladislav Luksan以及R语言的核心开发团队（http：//www.r-project.org/）。

就课程使用而言，本书对一些金融学课程非常具有吸引力，例如金融市场基本原理、金融经济学和金融计量经济学。该书同样与能源、环境与资源经济学的课程相关，因为它涵盖了具有里程碑意义的环境规制政策，包括欧盟碳排放权交易体系与《京都议定书》。由于碳价格已然成为一种新商品，因此本书也适用于与商品市场及其风险管理相关的课程。最后，实证应用部分还可作为标准应用经济学入门课程的练习（比如时间序列分析）。另外，在相关章节的最后提供习题集（带有答案指南），在作者的辅助网站上还为教师提供了每章的幻灯片演示（PPT）。

最后，特别感谢这些年在碳金融和学术界一直与我互动的人，让我积累了写作本书需要的技能与资料，他们是：Emilie Alberola，Benoit Cheze，Pascal Gastineau，Florian Ielpo，Maria Mansanet-Bataller，Morgan Herve-Mignucci，Benoit Leguet，Anais Delbosc，Raphael Trotignon，Benoit Sevi，Yannick Le Pen，Derek Bunn，ZongWei Luo，ZhongXiang Zhang，Denny Ellerman，Olivier Godard，Katheline Schubert，Natacha Raffin，Philippe Quirion，David Newbery，Fabien Roques，Sam Fankhauser，Simon Dietz，Eric Neumayer，Luca Taschini，Ian Lange，Ibon Galarraga，Mikel Gonzalez，Ralf Antes，Bernd Hansjurgens，Peter Letmathe，Massimiliano Mazzanti，Anna Montini，Simon Buckle，Walter Distaso，Robert Kosowski，Jan Ahmerkamp，Andreas Loschel，Daniel Rittler，Waldemar Rotfuss，Emeric Lujan，Erik Delarue，William D'haeseleer，Valerie Mignon，Anna Creti，Gilles Rotillon，Pierre-Andre Jouvet，Johanna Etner and Christian De Perthuis。感谢巴黎第九大学CGEMP的整个团队，特别是Jean Marie Chevalier和Patrice Geoffron，帮助我专注于我的研究工作。

朱利恩·谢瓦利尔

法国，巴黎

目 录

习题解答 / 229

↘ 专栏目录

↘图目录

↘ 表目录

↘ 缩略词

ARCH　AutoRegressive Conditional Heteroskedasticity Model
自回归条件异方差模型

ARIMA　AutoRegressive Integrated Moving Average Process
自回归单整移动平均过程

ARMA　AutoRegressive Moving Average Process
自回归移动平均过程

BEKK　Baba-Engle-Kraft-Kroner Multivariate GARCH Model
Baba-Engle-Kraft-Kroner多元广义自回归条件异方差模型

BERR　UK Department for Business, Enterprise and Regulatory Reform
英国商业、企业和管理改革部

BHHH　Berndt, Hall, Hall and Hausman Optimization Algorithm
Berndt-Hall-Hall-Hausman优化算法

BIS　UK Department for Business, Innovation and Skills
英国商业、创新与技能部

CAPM　Capital Asset Pricing Model
资本资产定价模型

CDM　Clean Development Mechanism
清洁发展机制

CDM EB　Clean Development Mechanism Executive Board
清洁发展机制执行委员会

CER　Certified Emissions Reductions
核证减排量

CH_4　Methane
甲烷

CCGT Combined Cycle Gas Turbines
联合循环燃气轮机

CGARCH Component Generalized AutoRegressive Conditional Heteroskedasticity Model
成分广义自回归条件异方差模型

CITL Community Independent Transactions Log
共同体独立交易日志

COP Conferences of the Parties of the Kyoto Protocol
《京都议定书》缔约方大会

CPRS Australian Carbon Pollution Reduction Scheme
澳大利亚碳污染减排计划

CRB Reuters/Jefferies Commodity Research Bureau Futures Index
路透/杰弗里斯商品研究局期货指数

DECC UK Department for Energy and Climate Change
英国能源与气候变化部

DG CLIMA Directorate-General for Climate Action
气候行动总署

ECB European Central Bank
欧洲中央银行

EC European Commission
欧盟委员会

ECM Error-Correction Model
误差修正模型

ECX European Climate Exchange
欧洲气候交易所

EEX European Energy Exchange
欧洲能源交易所

EGARCH Exponential Generalized AutoRegressive Conditional Heteroskedasticity Model
指数广义自回归条件异方差模型

EITE	Emission Intensive and Trade-Exposed Companies 碳密集型出口企业
EUA	European Union Allowance 欧盟碳排放配额
EU ETS	European Union Emissions Trading Scheme 欧盟碳排放权交易体系
FAVAR	Factor-Augmented VAR Model 要素增强型向量自回归模型
FTSE	Financial Times Stock Exchange 金融时报股票交易所
GARCH	Generalized AutoRegressive Conditional Heteroskedasticity Model 广义自回归条件异方差模型
GED	Generalized Error Distribution 广义误差分布
GHG	Greenhouse Gas 温室气体
GSCI	Goldman Sachs Commodity Indicator 高盛商品指数
HFC	Hydrofluorocarbon 氢氟烃类
HFC-23	Trifluoromethane 三氟甲烷
ICE	Intercontinental Exchange 洲际交易所
IET	International Emissions Trading 国际排放贸易
IPCC	Intergovernmental Panel on Climate Change 政府间气候变化专门委员会

IRF	Impulse Response Function 脉冲响应函数
ITL	International Transactions Log 国际交易日志
ITR	Intertemporal Exchange Ratio 跨期交换比率
IV	Implied Volatility 隐含波动率
JI	Joint Implementation 联合履约
LM	Lagrange Multiplier Test Statistic 拉格朗日乘数检验统计量
LR	Likelihood Ratio Test Statistic 似然比检验统计量
LULUCF	Land Use, Land Use Change and Forestry Projects 土地利用、土地利用变化和林业项目
MAC	Marginal Abatement Cost 边际减排成本
MCMC	Markov Chain Monte Carlo Methods 马尔科夫链蒙特卡罗方法
MDH	Mixture of Distribution Hypothesis 混合分布假说
MGARCH	Multivariate GARCH 多元广义自回归条件异方差模型
MGGRA	US Midwestern Greenhouse Gas Reduction Accord 美国中西部温室气体减排协定
MOP	Meeting of the Parties of the Kyoto Protocol 《京都议定书》缔约方会议

MPCCC	Australian Parliament's Multi-Party Climate Change Committee 澳大利亚国会的多党气候变化委员会
NAP	National Allocation Plan 国家分配计划
NBP	National Balancing Point for UK Gas Spot Price 英国天然气现货价格的国家平衡点
NCC	Net Carry Cost 净持有成本
N_2O	Nitrous Oxide 一氧化二氮
NZ ETS	New Zealand Emissions Trading Scheme 新西兰碳排放权交易体系
NZU	New Zealand Unit 新西兰排放单位
OTC	Over-The-Counter Trading 场外交易
PARCH	Power AutoRegressive Conditional Heteroskedasticity Model 势自回归条件异方差模型
PCA	Principal Component Analysis 主成分分析
PFC	Perfluorocarbon 全氟化碳
QML	Quasi Maximum Likelihood 准极大似然估计法
RCM	Regime Classification Measure 结构分类测度
RGGI	US Regional Greenhouse Gas Initiative 美国区域温室气体减排倡议

RV	Realized Volatility 实际波动率
SETAR	Self-Exciting Threshold Autoregressive Model 自激励门限自回归模型
SSR	Sum of Squared Residuals 残差平方和
STAR	Smooth Transition Autoregressive Model 平滑转换自回归模型
T-Bill	U.S. Treasury-Bill Rate 美国短期国债利率
TGARCH	Threshold Generalized AutoRegressive Conditional Heteroskedasticity Model 门限广义自回归条件异方差模型
VAR	Vector Autoregression 向量自回归
VECM	Vector Error-Correction Model 向量误差修正模型
UNFCCC	United Nations Framework Convention on Climate Change 联合国气候变化框架公约
WCI	US Western Regional Carbon Action Initiative 美国西部地区碳行动倡议

[第1章]

碳排放权交易介绍

摘要 本章主要对碳排放权交易进行介绍。第一，我们详细介绍了国际气候谈判领域的最新进展。第二，我们介绍了碳排放权交易的主要特点，包括：空间和时间的限制，初始分配原则或碳价的上限和下限。第三，我们提供了欧盟CO_2配额的价格发展的描述性分析。

1.1 国际气候政策回顾

本节回顾了目前的气候政策谈判，同时对欧盟碳市场进行了综述。有关《京都议定书》清洁发展机制的详细内容，参见第4章。

1.1.1 从里约到德班

1992年，《联合国气候变化框架公约》（United Nations Framework Convention on Climate Change，UNFCCC）正式承认需要解决气候变化问题。1997年，《京都议定书》（Kyoto Protocol）明确了工业化国家的责任：削减其温室气体（Greenhouse Gases，GHG）排放水平，使其排放总量在1990年排放水平基础上减少5%。由此，为了实现以上目标，《京都议定书》本身为碳排放权交易体系和新商品市场的形成奠定了基础。所谓的"碳市场"就是允许参与方（国家或者公司）为符合排放上限的要求而买卖配额。2001年，《马拉喀什协定》为《京都议定书》提供了融资和实现减排目标的经济工具。2007年，《巴厘路线图》为将于2009年12月在哥本哈根（丹麦）举行的气候公约第15次缔约方大会和议定书第5次缔约方会议做了准备。该路线图包括谈判的4个部分（减缓、适应、技术和资金），旨在建立一个后2012的国际气候协定。尽管这个目标并没有实现，发达国家（包括美国）以及发展中国家还是共同签署了《哥本哈根协定》。2010年坎昆会议和2011年德班会议成为国际气候谈判难题的最后一部分（参见[5]）。

1.美国的碳排放权交易

美国在联邦层面的基础上组织一场全国碳排放权交易体系的谈判几乎被搁置了。2007年，利伯曼-沃纳《气候安全法案》（Lieberman-Warner Climate Security Act）成为有关建立碳排放权交易市场立法的首要议题，然而，2008年6月该法案在参议院受阻。2009年7月，韦克斯曼-马基《美国清洁能源和安全法案》（Waxman-Markey American Clean Energy and Security Act）未能在国会获得通过。类似地，克里-包克斯尔的提案在2009年11月也被废除。目前，克里-利伯曼《美国电力法案》（Kerry-Lieberman American Power Act）也没有被奥巴马政府推行，该法案旨在于2050年在2005年碳排放水平的基础上将碳排放量削减83%。该项立法将涉及美国的7 500个电力和工业设施，这些设施的CO_2年排放量超过25 000吨，立法设置的排放上限（CAP）相当于每年20亿吨CO_2当量。这样一个计划本将代替现有的区域性举措。

尽管没有联邦层面的碳排放权交易体系，美国一些区域性的自发交易却值得一提。在区域温室气体减排倡议（Regional Greenhouse Gas Initiative，RGGI）中，东北部的10个州从2009年1月就开始拍卖CO_2配额，每吨CO_2价格在5美元内浮动。中西部和西部的一些州也计划在2012年启动西部气候倡议（Western Regional Carbon Action Initiative，WCI），这一活动的目标为2020年碳排放量较2005年减少15%，该倡议遵循了2007年所签署的拟在创立碳排放体系的《美国中西部温室气体减排协定》（Midwestern Greenhouse Gas Reduction Accord，MGGRA）的精神。从2010年起，为共享发展碳排放权交易的经验，RGGI、WCI和MGGRA展开合作，以让联邦政府了解气候政策的发展并在未来加强合作。2006年，加利福尼亚州通过《AB32法案》，即《加利福尼亚全球气候变暖解决法案》（California Global Warming Solutions Act），该法案要求从2012年开始，加利福尼亚空气资源委员会（California Air Resources Board）创设另一个区域性碳排放权交易体系，使得该区域2050年的碳排放量较1990年的排放水平减少80%。2015年加利福尼亚碳市场的容量预期将达到约4亿吨，有望成长为一个比RGGI更大的市场。与RGGI完全不同的是，加利福尼亚体系中90%的配额将免费分配，而不是像RGGI那样拍卖碳排放权交易体系中几乎所有的配额。2012年，加利福尼亚的碳市场价格预计将在10~15美元/吨内波动。

2.澳大利亚和新西兰的碳排放权交易

2009年11月，新西兰政府针对创立全国碳排放权交易体系进行了投票。2008年，新西兰碳排放权交易项目（NZ ETS）只涉及林业部门，从2010年7月起，该体系覆盖了能源、交通和工业部门，2011—2015年，废弃物和农业将逐渐被纳入该体系。新西兰排放单位（New Zealand Units，NZUs）和来自其他交易体系的国际核证减排量均可在该体系内进行交易，因此，排放者可以从国内的供应商购买NZUs或者购买京都排放单位。值得注意的是，碳密集型出口企业（EITE）以及林业和渔业资源所有者都可申请免费的NZUs配额。在该体系运行的前3年，以双重计算的方法（即两个配额抵消1吨CO_2当量排放）将碳价上限确定为25纽币。

在澳大利亚，碳污染减排计划（CPRS，参见[6]）曾被参议院多次否决。根据现有的立法主张，由澳大利亚国会的多党气候变化委员会（MPCCC）提出建立碳市场机制，该机制于2012年7月开始实施，起始阶段是固定价格的碳排放交易体系，这一主张在2011年成功通过立法。

3.亚洲的碳排放权交易

在日本，政府设立的减排目标为2020年前，通过可再生能源和碳排放权交易，将碳排放水平在1990年基础上减少25%。受到近期的地震影响，日本的《全球气候变暖基本法》在2011年不太可能通过。因此，日本有可能会在2013年或2014年引入国家层面的碳排放权交易体系。

在韩国，政府于2009年12月批准了《绿色增长法》，以创立一个碳排放权交易体系。法案计划于2012年启动该项目，然而目前和行业内的谈判陷入了停滞。中国也在讨论于2015年前建立全国碳市场。中国将于2013年前在6个省市（北京、重庆、上海、天津、湖北和广东）启动碳排放权交易试点项目，中国已经承诺在2020年前将碳排放强度在2005年水平上减少40%~45%。

1.1.2 快速发展的欧盟 CO_2配额交易市场

欧盟已经在27个成员国范围内建立了一个覆盖约11 300个耗能设备的碳排放权交易体系。欧盟在《京都议定书》中设立的减排目标为2012年前将碳排放水平在1990年的基础上减少8%。欧盟将这一目标在成员国层面转化成了进一步的减排目标，即欧盟《责任分担协定》（Burden Sharing Agreements）。2003年10月13日，2003年87号指令（Directive 2003/87/EC）批准欧盟设立碳排放权交易体系（EU ETS），该交易体系从2005年1月开始实施，是一项具有里程碑意义的环境政策，该体系囊括了欧盟排放的将近半数的温室气体。

EU ETS市场建设分为三个阶段。第一阶段从2005年到2007年，相当于实施《京都议定书》前的预热期。第二阶段从2008年到2012年，与《京都议定书》共存。第三阶段从2013年持续到2020年。由于2012年以后的国际气候政策框架的缺失，EU ETS的第三阶段同欧盟的“能源-气候一揽子计划（Energy-Climate Package）”相一致，该一揽子计划于2008年1月开始施行，旨在2020年前减少20%的排放量（同时，能源效率提高20%，能源结构中的可再生能源比例提高20%，即“20-20-20”目标）。

EU ETS的主要特征可以总结为三个方面：第一，第一阶段和第二阶段的配额基本上都是根据现有的排放基准（也就是“祖父原则”）免费发放，第三阶段则通过引入拍卖机制彻底转向配额有偿分配。第二，EU ETS在国家层面集中设立国家分配计划（NAPs），欧盟委员会则负责该计划的实施协调。换言之，欧盟委员会负责管理共同体的独立交易日志（CITL），CITL监督国家登记簿，并同《京都议定书》的国际交易日志

(ITL) 相联系。第三，该体系的边界逐步扩大，在2012—2013年将逐步纳入诸如石油化工和航空等行业。更多内容可参见1.3部分。

1.2 市场设计问题

为了规制CO_2排放，政府会在碳税或者碳排放权交易两种方式之间进行选择。1968年，Dales[9]发表了其关于许可权交易市场的研究成果。Montgomery（1972，[26]）随后进一步研究了许可权交易市场将排污者边际减排成本均等化这一特征。排污权许可交易这一新型的环境规制工具开始逐渐运用，如1990年的《美国第IV号清洁空气法案》（US Title IV Clean Air Act）就运用了该政策工具控制二氧化硫的排放。

这一部分将介绍碳排放权交易市场设立的一些实际问题：(1) 初始分配原则，(2) 均衡价格，(3) 空间和时间的限制，(4) 价格上限和价格下限。

1.2.1 初始分配原则

在创设排放权交易市场时，监管者的众多任务之一是为N个不同的排污企业设置排放上限。假定监管者设立的排放上限为$\bar{E}$，该上限可以进一步分解为提供给企业的单个排放权配额，即$\bar{e}_i(t)$：

$$\sum_{i=1}^{N}\bar{e}_i(t)=\bar{E}(t) \tag{1-1}$$

进一步假定，企业通过空间的或者跨期的排放权交易来遵守环境规制。

配额分配有多种方法学可供选择，如基于祖父原则（即依据近期排放水平或标杆）的免费分配、拍卖、基准排放或者人均分配。许可权将采用怎样的方式进行分配尚不明朗。即使理论上认为拍卖是最好的方法[8，19，20]，也可能会引起基于公平考虑的反对意见。

Newell（2005，[27]）等人强调，可交易的排放权会产生租金，祖父原则将这些租金分配给现有的企业，同时也产生进入壁垒。为了抵消这些负面效果，我们要注意按照祖父原则直接分配排放权为管制的分配效应提供了一定的政治控制，从而能够形成多数联盟。一旦引入排放权交易市场，监管者就可以加强环境约束。

拍卖排放权的主要好处包括收入转移。收入转移或许会采用一次性补偿或者退税的形式，减少了先前就存在的扭曲。这种收入再循环效应，也称为双重红利，通常发生在拍卖排放权并减税和减少扭曲的情况下，这种情况将对资本和劳动供给产生积极的影响，但是对于高收入或者低收入阶层的净效应则取决于税收结构。如果税收减免更有益于富人，那么将存在明显的效率与平等的权衡取舍[10]。

1.2.2 均衡价格

令 $C_i(e_i(t))$ 为企业 i 符合其排放权额度 $\bar{e}_i$ 要求的减排成本函数①，$C_i(e_i(t))$ 在 $R \to R$ 上进行定义②，函数类型为 $C^2[0;T]$ 。$C_i(e_i(t))$ 函数在 $e_i(t)$ 内是递减的凸函数，即 $C'_i(e_i(t)) < 0$ ，$C''_i(e_i(t)) > 0$ 和 $C_i(e_i(0)) = 0$ 。

企业 i 的边际减排成本（MAC）为 t 时间点上，排放水平从 e_i 每减少一个单位所伴随的成本，标记为 $-C'_i(e_i(t)) > 0$ 。在静态框架下③，当排放权交易市场达到均衡时，价格接受者将调整排放直到在 t 时间点上，总的MAC与价格 p 相等：

$$P_t = -C'_i(e_i(t)) \tag{1-2}$$

1.2.3 空间和时间的限制

关于时间的限制，可以用存储和预借等方式来均衡边际成本的现值。在排放权交易市场上，存储（Banking）指企业将闲置的排放权配额存储起来以备将来所用。预借（Borrowing）则指从未来的配额中预支一部分用于现在的需要。通过允许企业判断特定时期内实际的和预期的减排成本，

---

① 同利润没有限制的情形相比，为了达到监管者设置的排放上限要求，就会出现减排成本。参见Leiby和Rubin（2001，[23]）。

② Montgomery（1972，[26]）首先提出该观点。Leiby和Rubin（2001，[23]）给出的条件包括产出 $q(t)$ 使得 $C_i[q_i(t),e_i(t),t]$ 在 $C'_i[q_i(t)]>0$ 和 $C''_i[q_i(t)]>0$ 时为强凸函数。非凸的减排成本函数特性参见Godby（2000，[14]）的研究。

③ 参见 Hahn（1984，[16]）。

存储和预借排放权配额形成了另一种灵活性，从而，企业不仅可以在空间上也可以在时间上进行排放权配额的交易。

令 $B_i(t)$ 为存储的排放权配额，$B_i(t)>0$ 时为存储；当 $B_i(t)<0$ 时，则为预借。排放权配额账户的任何变化等于 $\bar{e}_i(t)$ 和 $e_i(t)$ 之差，其中，$\bar{e}_i(t)$ 和 $e_i(t)$ 分别代表企业 i 的排放权配额和该企业在 t 时间上的排放水平。假定初始条件为 $B_i(0)=0$，存储和预借约束可以表示为①：

$$\dot{B}_i(t)=\bar{e}_i(t)-e_i(t) \tag{1-3}$$

1.霍特林条件

尽管排放权和可耗竭资源之间存在着差异，文献研究中依然认为可耗竭资源的霍特林条件必须适用于排放权交易市场。根据Liski和Montero（2005，[24]）的观点，可交易的排放权同非可再生资源之间的主要差异在于：第一，一个有存储的排放权交易市场在存储用完之后依然可以存续，然而，非可再生资源市场在最后的资源耗竭后将消失。第二，排放权的提取和存储成本等于0，然而，非可再生资源的成本通常为正。第三，对于排放权的每一额外需求通常为已拥有排放权企业的派生需求，然而，非可再生资源每一额外的需求则更多地来源于市场参与者的派生需求（如消费者）。因此，需要引入终止和耗尽条件。

2.终止条件

令 $[0, T]$ 为连续的时间规划区间。该规划时间段适用于跨期的排放权交易的理论研究。例如，EU ETS的第一阶段可以被看作是一个单独的时期，因为存储的排放权在2007年之前需要被清空归零。其他可行的不同时间段设定可以在Schennach（2000，[30]）或者Ellerman和Montero（2007，[13]）的研究中发现，但是这些研究反映的是“美国酸雨项目”（US Acid Rain Program）的特定要求。

在 T 时间，累计的排放必须等于每个企业设定的减污目标的总和，从而满足监管者设定的总排放上限 $\bar{E}$②：

$$\int_0^T\sum_{i=1}^{N}e_i(t)dt=\sum_{i=1}^{N}\bar{e}_i=\bar{E} \tag{1-4}$$

① 参见Rubin（1996，[29]）。
② 参见Leiby和Rubin（2001，[23]）。

3.耗竭条件

在 T 时间，存储账户里没有多余的排放配额（既没有存储也没有预借）：

$$\sum_{i=1}^{N} B_i(T) = 0 \tag{1-5}$$

这些条件确保企业在每一期的边际减排成本的现值相等，并逐步实现其减排目标，最终排放权存储账户达到清空状态。需要注意的是，在最后一期将产生一个明显的截断问题（truncation problem）：

- 如果 $B_i(T) > 0$，多余的配额将没有任何价值，企业机构浪费了排放配额；
- 如果 $B_i(T) < 0$，企业则要受到处罚①。

这些条款在排放权市场上是可取的，因为这些条款可以使企业跨期分配其排放，从而用最低的成本实现其减排目标。然而，这些条款也会改变环境损害的时间分布和量级，因此，从监管者的角度来看，跨期灵活机制的最佳结构应该是无限制的配额存储和有惩罚的预借，利用非统一的跨期转换率可以构成对预借的惩罚（ITR，参见Rubin（1996，[29]），Kling和Rubin（1997，[21]）和Chevallier（2011，[7]）的理论研究成果）。

4.经济学建模

存储和预借条款对CO_2配额的价格路径产生显著影响。例如，在EU ETS的第一阶段，2007—2008年之间禁止配额的存储和预借导致了第一阶段的现货和期货价格为0（关于这个话题的详细情况参见[1]）。从2008年开始，欧盟便对配额的存储和预借不再加以限制。

Alberola和Chevallier（2009，[1]）从计量经济学角度展示了存储限制是如何影响2005—2007年间CO_2配额的价格路径的，其经济学基础模型如后面所示。为了描述2005—2007年间跨期配额市场均衡的特征，模型借鉴了Schennach（2000，[30]），Slade和Thille（1997，[31]）的研究成果。该模型最初被Helfand（2006，[17]）等人运用在美国SO_2市场上。

第一，Schennach（2000，[30]）研究了美国酸雨项目中受管制的工业

① 例如，在EU ETS中，惩罚等于40欧元加上第一阶段上交的一份配额和100欧元以及第二阶段上交的一份配额。

企业的存储行为，解释了配额的分配、使用和存储在随机的、连续时间内的、无限期模型下的现货价格行为。在确定条件下，根据霍特林条件①该模型预测CO_2价格随利率平稳增长。在不确定条件下，风险中性企业的最优项目规划如下：

$$\begin{cases} \min_{e_t}\left\{E_0\left[\int_0^{\infty} e^{-\mu t} c_t(\varepsilon_t - e_t)dt\right]\right\} \\ \dot{S}_t = Y_t - e_t \\ S_t \geqslant 0 \end{cases} \quad (1\text{-}6)$$

$E(t)$为冯·诺依曼-摩根斯坦效用函数，e_t为减排后的排放水平，ε_t为减排前的排放水平，$\alpha_t = \varepsilon_t - e_t$，即所有的企业在$t$时间的减排量的总和。$c_t(\alpha_t)$为所有企业减排$\alpha_t$所引起的总成本的最小值，$Y_t$为分配给企业的配额总量，$S_t$为在$t$时间上存储的配额数量，$r$为无风险利率，$\rho$为在多元化的投资组合中作为一项资产持有配额所获得的风险溢酬，$\mu = r + \rho$为资本资产定价模型（CAPM，参见Markowitz（1959，[25]）和Sharpe（1966，[32]））中特定风险资产的收益率。

该问题的最优解是Pindyck（1993，[28]）合理的商品定价连续时间模型解：

$$E_t[p_{t+1}] = (1+\mu)p_t - \psi_t \quad (1\text{-}7)$$

ψ_t为便利收益。②等式（1-7）为基本经济模型框架。

第二，假设配额为可耗竭资源，Slade和Thille（1997，[31]）的模型通过最大化函数$V(R,p,\phi)$提供了一个类似的理论框架：

$$\begin{cases} \max_{q\tau} E_t\left\{\int_t^{\infty} e^{-\rho(\tau - t)} \pi_\tau d\tau\right\} \\ \dot{R}_\tau = -q\tau \\ R\tau \geqslant 0,\ q\tau \geqslant 0 \\ \dfrac{\partial\phi}{\phi} = \mu_\phi dt + \sigma_\phi dz_\phi \\ \dfrac{\partial p}{p} = \mu_{pt} dt + \rho_p dz_p \end{cases} \quad (1\text{-}8)$$

其中，$\pi_\tau = [p_\tau q_\tau - C(q_\tau, R_\tau, \phi_\tau)]$代表贴现率为$\rho$水平时的风险调整利

---

① 根据霍特林条件，一种可耗竭资源的（真实）价格在一定时期以贴现率的百分比上涨。这一环境经济学研究结果表明，为了有效利用一种可耗竭资源，每个单位时间内净价格变化的百分比应该等于贴现率，从而最大化提取期内该资源资本的现值。排放权交易项目的介绍参见Chevallier（2011，[7]）的研究。

② 根据Ellerman等人（2000，[12]）的观点，企业会因持有配额存货而获利，因为配额存货可以用来缓冲排放中未知的变化，即便利收益。更多详情参见第5章。

润，ϕ 为随机有效冲击，存储量 R 的状态 $\dot{R}$ 为提取率 q 的函数，最后的两个约束方程代表了一组趋向模型不确定性的伊藤（Ito）过程。

当达到均衡时，配额价格 P_t 演变为：

$$\frac{\frac{1}{\partial t}E_t\partial P_t}{P_t}=r+\beta(r^m-r)\equiv\rho \tag{1-9}$$

其中，E_t 为期望效用，r 为无风险利率，r^m 为多元化组合的投资回报率，β 为该资产特定的风险报酬，ρ 代表企业用来选择最小化减排成本的排放路径的风险调整贴现率。因此，在这个均衡中，配额价格 P_t 的演变遵循无风险利率、多元化组合的投资回报率以及类似方程（1-7）中的资产特定的风险报酬之间的霍特林-资本资产定价模型关系。

总的来看，这些经济学模型有助于理解当存储和预借效应存在时 CO_2 价格是如何波动的。从 Alberola 和 Chevallier（2009，[1]）的研究成果中可以发现，在分析 EU ETS 第一阶段和第二阶段的碳价格差异时，该计量经济学分析得到了充分的运用。他们的研究结果表明在 2007—2008 年间，前文所强调的存储作为调节工具的特性被无情地“牺牲”掉了。

5.空间限制

最后需要指出的是要注意空间限制的规模问题（Tietenberg，（2006，[33]））。事实上，增加配额上限、扩大交易规模可以提高经济效率，但是同样会降低交易的安全性。此外，在建立排放权交易市场时，监管者需要避免特定地区的规模超过临界负荷，从而将沉积约束纳入考虑。另外一个需要关心的问题是合理设计国家级排放上限。

1.2.4 安全阀

安全阀是为了将排放上限的成本限制在某目标水平而设计的复合型工具，借此，监管者可以用预先设定的价格出售任意数量的排放权[33]。如果价格比预期的高，边际减排成本将被限制在安全阀价格水平。监管者试图将排放上限设定在一个水平，即满足约束的预期边际成本同边际收益相匹配。另外一个好处是保持数量目标的吸引力以运用价格机制管制污染物的排放。

对安全阀的主要批评在于由监管者确立的所谓“公平”的价格水平：

如果安全阀价格过高，那么安全阀将毫无作用。相反地，如果安全阀价格过低，那么数量限制就没有任何约束力，并且可能会伴随着永久性税收。此外，还存在着“环境完整性”的潜在损失，即担心该措施将放松减排目标而不是有助于有效地实施，因此，监管者应该努力避免违背最初的目标。最后，还需要问一问削弱数量限制是否有用。更多关于价格上限和下限的细节，参见Grüll和Taschini（2011，[15]）的研究。

1.3　欧盟碳排放权交易体系的主要特征

这一部分提供了EU ETS运行的一些额外的细节。

1.3.1　范围和分配

EU ETS是根据2003/87/CE指令设立的。EU ETS覆盖了欧盟27个成员国碳排放密集型企业中额定输入热值超过20 MW的大型设备，①欧盟碳市场覆盖了欧盟近一半的CO_2排放量。排放权交易市场已经引入到美国的一些领域如汽油、SO_2和NO_x的排放中，英国于2002年引入针对温室气体的国内碳排放权交易体系，丹麦在2000年则建立了CO_2市场。EU ETS从美国SO_2交易体系中获得了诸多灵感，但排放配额分配和排放源的监管还是更多依靠分散化的决策（Kruger等（2007，[22]））。

从2005年开始，EU ETS就独立于《京都议定书》运行，2008年开始同国际排放权交易（IET）链接。在这个框架里，“链接指令（Linking Directive）”使京都项目产生的减排信用可以在EU ETS②中用于履约。实际上，为了给《京都议定书》提供灵活性并降低减排成本，欧盟引入了以下几种机制：（1）国家间配额的交易，这构成了可交易的排放权市场本身；（2）获得和交易联合履约机制（JI）下在转型国家产生的额外减排信

① 包含的部门有发电、矿物油炼油厂、焦炉、钢厂、铁厂和生产水泥、玻璃、石灰、砖、陶瓷、纸浆和纸张的工厂。

② 欧洲的排放核查登记簿，也就是欧盟独立交易日志（CITL），于2008年10月16日同《京都议定书》的国际交易日志（ITL）链接。

用，以及通过清洁发展机制（CDM）[①]在发展中国家产生的核证减排量；（3）存储2008—2012年尚未使用的配额。

EU ETS中，一单位的配额相当于1吨CO_2排放，被称为欧盟碳排放配额（EUA）。第一阶段（2005—2007年），欧盟每年发放22亿吨配额；第二阶段（2008—2012年）每年将分配20.8亿吨配额。由于每吨配额价格约为20欧元，因此，EU ETS相当于每年创造了一笔约为400亿欧元的净财富。如上所述，EU ETS在第一阶段和第二阶段主要根据与企业讨论的近期的排放标杆来免费分配配额（极小部分配额用于拍卖）。在2008年1月，欧盟委员会计划于2013年前将EU ETS的范围扩展到其他工业部门，如航空和石油化工，同时确认第三阶段一直持续到2020年。在第三阶段，配额分配方法将转向拍卖。

EU ETS是一个履约的市场，这就意味着根据每一个成员国的国家分配计划（National Allocation Plan，NAP），该体系所覆盖的将近11 300台设施中的每一台设施都要根据其核证的排放量上缴配额[4]。2010年，参与EU ETS的所有行业核证的排放量上升了2.5%，从2009年的186 900万吨CO_2上升到191 500万吨CO_2，过剩配额量为5 500万吨。其中，使用京都减排信用数量14 000万吨，约占上缴配额的7%。

在EU ETS中，电力行业减排量占总减排量的50%以上[3，4]。主要原因在于：（1）该行业减排成本较低（通过在煤炭和天然气之间进行转换或者使用诸如可再生能源或者碳捕获和封存等低碳技术）；（2）相对于其他主要的工业部门（如水泥、钢材和玻璃生产等）而言，电力行业未面临国际的和非欧盟的市场竞争。煤炭发电比其他天然气发电更便宜。但是，煤炭的碳强度几乎是天然气的2倍，碳成本的引入可能会使天然气在电力生产中比煤炭更具有吸引力。因此，燃料转换决策将会极大影响CO_2的价格路径。

1.3.2 日程表

任何一个由EU ETS监管的设施的履约都遵循一个精确的时间表。截

① 根据《京都议定书》第12条，CDM项目以在非附件B国家实现的温室气体减排为主。经过确认后，UNFCCC提供附件B国家可以用来履约的减排信用。

止每年的4月30日，设施需要在其国家登记簿报告他们在过去一年经核查的排放量。这个经核查的排放量必须同相应交易时期所分配的初始配额量相匹配，否则将被处以罚款。

任何始于第 N 年1月份的履约期的日程表可以总结如下：在第 N 年的2月28日，该设施获得第 N 年的配额，在第 N 年的4月30日前，需要向其国家登记簿报告第 $N-1$ 年（上一年）的实际有效的配额。因此，从2月28日到4月30日，该设施有两个会计核算期，在其登记簿中存在第 N 年和 $N-1$ 年的有效配额。最迟在第 N 年的5月15日，负责监督国家登记簿的欧盟委员会公布所有设施在第 $N-1$ 年这一交易时间段的经核查的排放报告。该履约期结束于第 N 年的12月31日。因此，每年的2月到4月期间均为欧盟的碳市场履约期。

1.3.3　处罚

在第一阶段，如果一个设施在其履约年度内不能达到其减排目标，超出部分将被处以每吨 CO_2 40欧元的罚款，同时，其下一履约年度的配额将相应减少以作为上一年度的补偿。在第二阶段，基于同样的原则，每吨 CO_2 的处罚为100欧元。

1.3.4　市场参与者

伴随着碳市场的强劲发展势头和其蕴含的巨大增长潜力，一个拥有许许多多企业、资产管理公司、经纪人、咨询顾问、核证机构或者其他机构的产业已经开始蓬勃发展。

EU ETS的参与者总体上可以分为两大类：第一，该交易体系覆盖范围内的拥有近11 300个排放设施的工业企业。如上面所回顾的，CO_2 配额市场主要集中在电力行业，近3/4的年度配额量被分配给了电力行业内的上百家公司，这一情况可以被视为排放权市场上的市场支配力的典型案例（Hintermann（2011，[18]））。

第二，金融中介机构参与到了配额交易中。他们为工业企业进入该市场提供便利，控制部分碳排放权交易风险，提高市场流动性。在金融中介机构中，经纪人并不为自己买卖CO_2配额，而是为他们的客户进行买卖，他们通过交易所或者场外交易进行操作，经纪人可以被认为是投资银行或者特别的经纪代理机构的一部分。相反地，交易者可以直接买卖CO_2配额以获取利润，投资银行在为顾客提供更多传统的咨询服务的同时，也典型性地参与这种类型的活动。如果获得配额的公司开设了其专门的交易平台，也可以直接进行CO_2配额的交易以获取利润。法国电力交易公司、道达尔交易公司或者壳牌交易公司都是一些例子。最后，CO_2配额交易还可在资产组合管理中起到多元化效应（参见第5章）。

1.4 EUA价格发展

这部分描述了EU ETS的主要特征，还包括欧盟CO_2配额价格发展的分析和描述统计。

1.4.1 EU ETS合约的结构和主要特点

为了达到排放目标，减排企业可以通过场外交易或者经纪人和相关市场进行配额的交易。Blue Next[①]是设立在巴黎的一个CO_2配额交易的专门市场。该市场于2005年6月24日设立，已经成为最具有流动性的现货交易平台。[②]欧洲气候交易所（ECX）是位于伦敦的市场平台。该交易所创立于2005年4月22日，是流动性最强的期货和期权交易平台。[③]另外还有一些值得一提的交易所，如：（1）Nord Pool，该交易所代表了丹麦、芬兰、瑞典和挪威的共同市场，总部在奥斯陆。（2）欧洲能源交易所（EEX），总部在莱比锡，进行排放配额现货及其衍生产品的交易。（3）纽约商品交易所（NYMEX），总部在美国，同样进行欧盟排放权的期货和期权交易。在这些市场上进行交易的产品价格紧密相关，这也是股票市场的一个特征。

关于交易的主要特征，期货合约是一种交割合约，每个在交易期间暂

① 全称为Powernext Carbon。
② 72%的现货合约在Bluenext（Reuters）进行交易。
③ 96%的期货合约在ECX（Reuters）进行交易。

停了一个合同月的持有头寸的成员方有义务向国家登记簿进行交割或者从登记簿接受配额。交易的单位是每份1 000个排放配额。每个排放配额代表了允许排放1吨CO_2当量的温室气体。市场参与方在2008年10月到2012年10月可以购买连续的合同月数。两个期货之间的差价也可以进行交易。交割发生在合同期满当月中旬之前。

1.4.2　碳价格

图1-1描绘的碳价格是在EU ETS有效交易的EUAs滚存的12月份的期货合约。该期货是在ECX以欧元/吨CO_2进行交易的。第一阶段的价格在2005—2007年有效，第二阶段的价格包括了2008—2012年的价格。由于第一阶段的碳现货价格没有传递可靠的价格信号[1]，我们选择了滚存的12月份的期货合约序列作为代替。

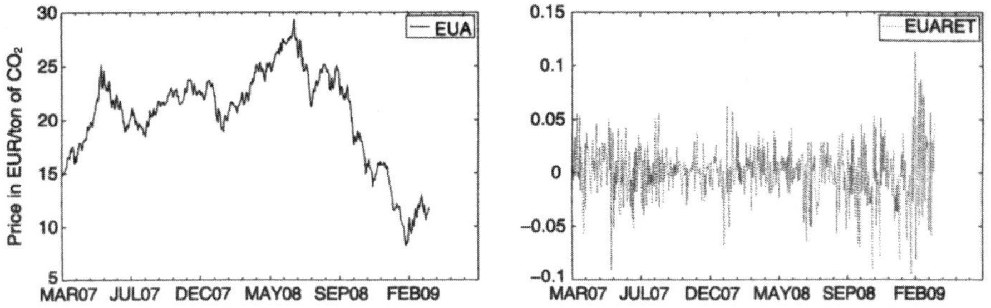

图1-1　EUA:2007年3月9日—2009年3月31日的原始数据（左图）和对数数据(右图)

图1-1中，如果观察早期的EUA价格，就会发现有趣的事情。2005年1月1日，EUA的价格为8欧元/吨CO_2，随后EUA价格一直在上涨，直到2005年经核查的排放量发布时，价格在25~30欧元/吨CO_2。2006年4月24日，由于成员国第一次披露的履约信息，EUA价格经历了急剧的下降（Alberola等（2008，[2]））。核查的排放量比2005年履约期间分配给设施的配额数量少了约8 000万吨（或者4%）（Ellerman and Buchner（2008，[11]））。自欧盟委员会发布了官方报告后，[①]EUA市场就传递出两个价格信号作为回应。由于2005年履约情况确认了配额市场供给过剩，欧盟委

① 参见欧盟出版发行IP/06/612。网址：http：//www.europa.eu。

员会在2006年10月重申，委员会将在第二阶段实施更严格的目标，EUA现货价格和2007年12月的期货价格一直在向0下降，然而，2008年12月的期货价格显示出了增长的价格模式，2007年末价格为25欧元/吨。

EUA现货价格与2007年12月交付的期货价格和2008年12月交付的期货价格之间的偏离，换言之，就是第一阶段（2005—2007年）的EUA价格和第二阶段（2008—2012年）的EUA价格之间的分离，在很大程度上可以由2007年履约期后的配额核查末期来解释，该核查发生于2008年4月份，原因在于无法将未使用的配额转移到下一个承诺期（有关该话题参见Alberola和Chevallier的分析（2009，[1]））。

在图1-1中我们观察到最近价格发展的特点是：在2009年2月（金融危机的中期）下限价格低于10欧元/吨 CO_2，在2008年5月到6月（2007年履约事件的延续）上限价格约为29欧元/吨 CO_2。据分析人士估计，欧盟碳市场上的交易总量（包括交易所和场外交易量）从2005年的26 200万吨增长到2006年的80 900万吨、2007年的145 500万吨、2008年的271 300万吨、2009年的501 600万吨和2010年的441 400万吨。

1.4.3 描述统计

专栏 1-1 （正态检验）令 $\mu_k = \frac{1}{n}\sum_{i=1}^{n}(x_i - \bar{x})^k$ 为 k 阶中心矩。偏态系数可以被定义为：

$$\beta_1^{1/2} = \frac{\mu_3}{\mu_2^{3/2}} \tag{1-10}$$

其中，$\beta_1^{1/2} \sim N(0; \sqrt{\frac{6}{n}})$。峰度系数可以被定义为：

$$\beta_2 = \frac{\mu_4}{\mu_2^2} \tag{1-11}$$

其中，$\beta_2 \sim N(3; \sqrt{\frac{24}{n}})$。统计值可以分别同1.96（5%的水平）比较：

$$v_1 = \frac{\beta_1^{1/2} - 0}{\sqrt{\frac{6}{n}}} \tag{1-12}$$

$$v_2 = \frac{\beta_2 - 3}{\sqrt{\frac{24}{n}}} \tag{1-13}$$

当 $|v_1| > 1.96$ 和 $|v_2| > 1.96$ 时拒绝正态分布的原假设 $H_0: v_1 = 0$ （对称）和 $H_0: v_2 = 0$ （正态峰）。

如果 $\beta_1^{1/2} \sim N$ 和 $\beta_2 \sim N$ ，Jarque-Bera（JB）统计可以计算如下：

$$s = \frac{n}{6}\beta_1 + \frac{n}{24}(\beta_2 - 3)^2 \tag{1-14}$$

JB统计量服从自由度为2的卡方分布 $x^2_{1-\alpha}$ 。如果 $s \geq x^2_{1-\alpha}(2)$ ，那么在 α 的显著性水平上拒绝正态分布的原假设。

在表1-1中，我们观察到，跨期的碳价格平均值为20欧元/吨 CO_2，这些描述统计数据也说明，碳价格呈现负的偏态和超额的峰度。[①]因此，这些总结性的统计数据呈不对称和尖峰分布。[②]

表 1-1　**碳价格的原始数据（EUA）和对数（EUARET）变换后的描述性统计**

	EUA	EUARET
Mean	20.4038	−0.0004
Median	21.5200	0.0001
Maximum	29.3300	0.1136
Minimum	8.2000	−0.0943
Standard Deviation	4.4592	0.0268
Skewness	−0.7659	−0.0608
Kurtosis	3.0319	4.8680
Jarque-Bera (JB)	51.7501	77.0950
Probability (JB)	0.0001	0.0001
Observations	529	528

资料来源：ECX

① 正态分布的随机变量的偏度为0，峰度为3。
② 这样下肥上尖的分布说明GARCH模型更好地适应了数据的超额的峰度。参见第3章中GARCH模型框架。

参考文献

1. Alberola E， Chevallier J （2009） European carbon prices and banking restrictions： evidence from Phase I （2005—2007）.Energy J 30：51-80

2. Alberola E， Chevallier J， Cheze B （2008） Price drivers and structural breaks in European carbon prices 2005-07.Energy Policy 36： 787-797

3. Alberola E， Chevallier J， Cheze B （2008） The EU emissions trading scheme： the effects of industrial production and CO_2 emissions on European carbon prices.Int Econ 116： 93-125

4. Alberola E， Chevallier J， Cheze B （2009） Emissions compliances and carbon prices under the EU ETS： a country specific analysis of industrial sectors. J Policy Model 31： 446-462

5. Aldy JE， Stavins RN （2007） Architectures for agreement： addressing global climate change in the Post-Kyoto world.Cambridge University Press， Cambridge

6. Chevallier J （2010） The impact of Australian ETS news on wholesale spot electricity prices： an exploratory analysis. Energy Policy 38： 3910-3921

7. Chevallier J （2011） Banking and borrowing in the EU ETS： a review of economic modelling， current provisions and prospects for future design. J Econ Surv. doi： 10.1111/j.1467-6419.2010.00642.x

8. Chevallier J， Jouvet PA， Michel P， Rotillon G （2009） Economic consequences of permits allocation rules.Int Econ 120： 77-90

9. Dales J （1968） Pollution， property and prices. Toronto University Press， Toronto

10. Dinan T， Rogers DL （2002） Distributional effects of carbon allowance

trading: how government decisions determine winners and losers.Natl Tax J 55: 199-221

11. Ellerman AD, Buchner BK (2008) Over-allocation or abatement? A preliminary analysis of the EU ETS based on the 2005-06 emissions data. Environ Resour Econ 41: 267-287

12. Ellerman AD, Joskow PL, Schmalensee R, Montero JP, Bailey E (2000) Markets for clean air: the US acid rain program.Cambridge University Press, Cambridge

13. Ellerman AD, Montero JP (2007) The efficiency and robustness of allowance banking in the US acid rain program.Energy J 28: 47-71

14. Godby RW (2000) Market power and emissions trading: theory and laboratory results. Pacific Econ Rev 5: 349-363

15. Grüll G, Taschini L (2011) Cap- and- trade properties under different hybrid scheme designs. J Environ Econ Manag 61: 107-118

16. Hahn RW (1984) Market power and transferable property rights. Q J Econ 99: 753-765

17. Helfand GE, Moore MR, Liu Y (2006) Testing for dynamic efficiency of the sulfur dioxide allowance market. University of Michigan working paper

18. Hintermann B (2011) Market power, permit allocation and efficiency in emission permit markets.Environ Resour Econ 49: 327-349

19. Jouvet PA, Michel P, Rotillon G (2005) Optimal growth with pollution: how to use pollution permits? J Econ Dyn Control 29: 1597-1609

20. Jouvet PA, Michel P, Rotillon G (2005) Equilibrium with a market of permits. Res Econ 59: 148-163

21. Kling C, Rubin J (1997) Bankable permits for the control of environmental pollution.J Public Econ 64: 101-115

22. Kruger J, Oates WE, Pizer WA (2007) Decentralization in the EU emissions trading scheme and lessons for global policy. Discussion paper

07-02， Resources for the Future， Washington DC， USA

23. Leiby P， Rubin J （2001） Intertemporal permit trading for the control of greenhouse gas emissions. Environ Resour Econ 19：229-256

24. Liski M， Montero JP （2005） A note on market power in an emissions permit market with banking. Environ Resour Econ 31：159-173

25. Markowitz H （1959） Portfolio selection： efficient diversification of investments. Wiley， New York

26. Montgomery WD （1972） Markets in licenses and efficient pollution control programs. J Econ Theory 5：395-418

27. Newell R， Pizer W， Zhang J （2000） Managing permit markets to stabilize prices.Environ Resour Econ 31：133-157

28. Pindyck RS （1993） The present value model of rational commodity pricing.Econ J 103：511-530

29. Rubin J （1996） A model of intertemporal emission trading, banking， and borrowing. J Environ Econ Manag 31：269-286

30. Schennach SM （2000） The economics of pollution permit banking in the context of title IV of the 1990 clean air act amendments. J Environ Econ Manag 40：189-210

31. Slade ME， Thille E （1997） Hotelling confronts CAPM： a test of the theory of exhaustible resources. Can J Econ 30：685-708

32. Sharpe WF （1964） Capital asset prices： a theory of market equilibrium under conditions of risk. J Finance 19：425-442

33. Tietenberg TH （2006） Emissions trading： principles and practice, 2nd edn. RFF Press， Washington

[第2章]

CO_2价格基础

摘要 本章详细说明了碳价格的主要驱动因素：(1) 制度决策，(2) 能源价格，(3) 天气事件。首先，我们回顾了基于虚拟变量和结构突变的计量经济学方法，此方法可能有利于发现制度新闻的公布是如何影响碳价格路径的。第二，我们通过各种回归模型详细说明了能源价格与燃料使用（布伦特原油、天然气、煤炭）的相关性，以及电力生产商的燃料转换行为（清洁黑暗差价、清洁点火差价[①]、转换价格）是如何影响碳价格变化的。第三，基于未预料到的温度变化，我们详细说明了极端天气事件对碳价格影响背后的经济原理。附录是对研究能源和碳价格关系的多元广义自回归条件异方差（GARCH）模型的计量经济学框架的拓展。

2.1 制度决策

EU ETS下CO_2配额的价格路径受到制度决策的显著影响。事实上，EU ETS是由2003/87/EC指令创建的一个环境市场，根据这个环境管制工具，欧盟委员会尤其是气候行动总署（Directorate-General for Climate Action，DG CLIMA）可以干预以改进计划的运行。当市场参与者对新闻消息的发布充分反应时，任何监管者的政策干预都会对碳价格产生直接的

① 译者注：利润之中扣除排放成本之后的净利润对于煤炭发电和天然气发电企业分别称为清洁黑暗差价（clean dark spread，CDS）和清洁点火差价（clean spark spread，CSS）。

影响（Mansanet-Bataller和Pardo（2009，[41]），Daskalakis和Markellos（2009，[20]），Conrad等（2011，[17]））。

2.1.1 虚拟变量

在时间序列分析中，常常运用虚拟变量来准确地捕捉制度决策的影响。我们将运用该计量经济学方法和一个实际的例子来解释背后的主要逻辑。

1.基本原理

虚拟变量有利于捕捉特定现象的影响是否存在。当在其他解释变量中加入二元解释变量以考察影响时，就可以用虚拟变量形式将其引入到多元回归模型中。在考量的现象不存在的时期，这些二元解释变量取值为0（按日期排列），当预期一个制度事件将影响碳价格时，虚拟变量取值为1。例如，欧盟委员会关于EU ETS分配方法变化的新闻公告会立即被市场参与者整合并反映在当前的碳价格中，在新闻公告发布之日，虚拟变量取值为1。

随后，通过将虚拟变量对碳价格变化进行回归，我们估计在一般统计水平下，这类制度事件对碳价格路径的显著影响。如前所述，虚拟变量的主要价值在于它们能够被添加到其他更传统的解释变量中。值得注意的是，引入虚拟变量既不会改变多元回归模型的估计方法，也不会修改其中的统计检验。

2.一个实际的例子

感兴趣的读者可以用R软件①重复下面的例子。本例中所用的数据可以在http://sites.google.com/site/jpchevallier/publications/books/springer/data_chapter2.csv下载。

为了说明如何使用虚拟变量，我们将评估欧盟委员会第二和第三阶段的国家分配计划（NAPs）对碳价格的影响。为此，我们识别了表2-1中所总结的新闻公告。虚拟变量代表关于第二阶段国家分配计划（*NAPsPhaseII*）和第三阶段国家分配计划（*NAPsPhaseIII*）披露的新闻

---

① R是一个用于统计计算和图形的免费软件环境，可以在http://www.r-project.org/下载。介绍参见[46]。

信息。所记录的新闻事件的主要来源为：《联合国气候变化框架公约》(UNFCCC)、欧盟委员会、欧洲议会、欧洲经济和社会委员会、欧洲气候交易所（ECX)、欧洲能源交易所（EEX)、巴黎Bluenext交易所、洲际交易所（ICE）和点碳咨询公司（Point Carbon)。

表2-1　**虚拟变量**

Date	NAPs Phase II	NAPs Phase III
26/03/2007	1	0
26/03/2007	1	0
02/04/2007	1	0
04/05/2007	1	0
15/05/2007	1	0
04/06/2007	1	0
13/07/2007	1	0
18/07/2007	1	0
31/08/2007	1	0
22/10/2007	1	0
26/10/2007	1	0
26/10/2007	1	0
26/10/2007	1	0
07/12/2007	1	0
23/01/2008	0	1
28/02/2008	0	1
03/03/2008	0	1
05/06/2008	0	1
06/06/2008	0	1
11/06/2008	0	1
09/07/2008	0	1
07/10/2008	0	1
08/10/2008	0	1
15/10/2008	0	1
20/10/2008	0	1
04/12/2008	0	1
17/12/2008	0	1
17/12/2008	0	1
17/12/2008	0	1

资料来源：UNFCCC，European Commission，European Parliament，European Economic and Social Committee，ECX，EEX，Bluenext，ICE，Point Carbon

纳入考虑的时间范围为2007年3月9日到2009年3月31日，包含529个日观测样本。在这段时期，当任一类别中没有新闻事件被记录时，虚拟变量取值为0，如第一节所述。

专栏 2-1 （平稳性和单位根检验）在估计任何时间序列模型之前，均需要对被解释变量进行平稳性检验（自回归移动平均模型（ARMAX）中还包括自变量）。迪基-福勒（Dickey-Fuller）（1979，[24]）在以下回归中对系数 α 的无效性进行了检验：

$$\Delta x_t = x_{t+1} - x_t = \alpha x_t + \beta + e_t \tag{2-1}$$

——如果 α 显著为负，则我们说 x_t 过程没有单位根，或者说它是平稳的，导致了价格的均值回复（Mean-reverting）现象；

——如果 α 不显著异于0，则我们说过程 x_t “有一个单位根”，导致了价格的随机游走行为。

在实践中，常用Augmented-Dickey-Fuller（1981，ADF，[25]）检验或Phillips-Peron（1988，PP，[44]）检验而不是Dickey-Fuller检验。这些检验都基于相同的原理，但通过一个更复杂的回归纠正了潜在的序列自相关和 Δx_t 的时间趋势：

$$\Delta x_t = \sum_{i=1}^{L} \beta_i \Delta x_{t-i} + \alpha x_t + \beta_1 t + \beta_2 + e_t \tag{2-2}$$

通过普通最小二乘法估计（OLS）求解得到（2-2）中 α 的估计量和 t 统计量 $\hat{t}$，运用ADF方法检验原假设 H_0：$\alpha = 0$（备择假设 H_1：$\alpha < 0$）；检验所使用的统计量为系数 α 的 t 统计量 $\hat{t}_\alpha$，它在 H_0 假设下遵循已知定律（由Fuller研究，这里用 *Ful* 表示）。ADF检验计算了 H_0 下 $Ful \le \hat{t}$ 的概率值 p 值。如果 $p < 0.05$，则拒绝 H_0 并接受 H_1，表明序列“ x_t 没有单位根”。Kwiatkowski，Phillips，Schmidt，和Shin（1992，KPSS，[39]）也为平稳性检验的拓展做出了贡献。该任务可以很容易地在R中执行，如下所示：

```
1 library（tseries）
2 adf.test（eua）
3 PP.test（eua）
4 kpss.test（eua）
```

第1行命令载入了相关时间序列数据。第2行对经过适当转换的EUA时间序列执行了ADF检验。第3行和第4行分别计算了PP检验和

KPSS检验统计量。用户还可以选择各种滞后的（命令lags）和确定的（命令type=“trend”）或随机的（命令type=“drift”）技术参数进行检验（见[8]）。

为了捕捉这些制度新闻事件对碳价格的影响，我们进行以下回归：

$$y_t = \alpha + \phi y_{t-1} + \beta NAPsPhaseII_t + \theta NAPsPhaseIII_t + \varepsilon_t \tag{2-3}$$

其中，y_t为碳价格的被解释变量（一阶差分取对数），α为常数项，参数ϕ捕捉了AR（1）过程的影响，参数β捕捉了虚拟变量$NAPsPhaseII$的影响，参数θ捕捉了虚拟变量$NAPsPhaseIII$的影响，ε_t为误差项。

专栏 2-2　（ARIMA（p，d，q）时间序列模型）根据Wold定理，非平稳和随机时间序列可用自回归单整移动平均（ARIMA）过程建模：

$$\Phi(L)(1-L)^d X_t = \Theta(L)\varepsilon_t \tag{2-4}$$

其中，L为滞后算子，p为自回归阶数，q为移动平均阶数，d为单整阶数。时间序列需要进行d次转换才能显现出平稳性（详见Hamilton（1996，[33]）。

一个给定的时间序列的ARIMA模型可以通过以下命令在R软件中实现：

```
1 library（stats）
2 model<-arima（eua，order=c（1，0，0））
```

第2行代表数据生成过程的AR（1）部分，包含三个部分（p，d，q）。p为自回归阶数，d为差分阶数，q是移动平均阶数（见[33]）。注意，可通过xreg选择添加外生变量。

感兴趣的读者可以在R软件下运行表2-2中的计算机编码，以此来估计等式（2-3）中动态线性模型的时间序列关系。

第1—2行详细说明了用户的工作路径，第3行加载了R库‘dynlm’，该库需要用户预先安装，第4行至8行加载了数据，第9行估计了方程（2-3）中的动态线性模型，第10行产生了回归结果，见表2-3。

表 2-2 **R编码：含虚拟变量的线性回归**

```
path<-"C:/"
setwd(path)
library(dynlm)
data=read.csv("data_chapter2.csv",sep=",")
attach(data)
eua=data[,2]
napII=data[,3]
napIII=data[,4]
model<-dynlm(eua~L(eua)+napII+napIII)
summary(model)
layout(matrix(1:4,2,2))
plot(model)
acf(residuals(model))
acf(residuals(model),type='partial')
```

表 2-3 **R输出结果：包含虚拟变量的线性回归**

```
Call:
dynlm(formula = eua ~ L(eua) + napII + napIII)

Residuals:
       Min         1Q     Median          3Q        Max
-1.289e-17 -5.985e-19 -1.492e-19  4.469e-19  2.938e-17

Coefficients:
              Estimate Std. Error    t value Pr(>|t|)
(Intercept)  0.000e+00  9.940e-20  0.000e+00    1.000
L(eua)       1.000e+00  2.684e-18  3.725e+17   <2e-16 ***
napII       -4.338e-19  6.519e-19 -6.650e-01    0.506
napIII       5.498e-19  6.271e-19  8.770e-01    0.381
---
Signif. codes:  0 '***' 0.001 '**' 0.01 '*' 0.05 '.' 0.1 ' ' 1

Residual standard error: 2.231e-18 on 525 degrees of freedom
Multiple R-squared:     1,     Adjusted R-squared:     1
F-statistic: 4.637e+34 on 3 and 525 DF,  p-value: < 2.2e-16
```

我们可以看出AR（1）过程的系数估计量是高度显著的（在1%的水平），虚拟变量 *NAPsPhaseII* 和 *NAPsPhaseIII* 的其他系数估计量并不显著。在这个例子中，我们没有发现关于分配方法的新闻公告对碳价格的影响。

残差估计的结果为我们提供了残差的粗略分布，可用于快速查看分布假设[22]。注意，根据定义，残差的平均值为0，因此中位数不应该远离0，并且最小值和最大值的绝对值应该大致相等。在我们的设定中，第一和第三个四分位数应该非常接近0。

其次，残差标准差就是残差的变化，即对观测值围绕回归线变动的表述，它估计了模型参数的变化。除了R平方统计量和调整后的R平方统计量，F统计量是对假设回归系数为0的F检验。后面这些假设检验在实践中并不十分有意义。当我们引入更多的解释变量后，它们在本章后面会更有用。

最后，第11行到第14行展示了几个残差图。图2-1中左上方为残差与拟合值的图，这也许是所有残差分析图里大家最熟悉的[38]。方程(2-3)中的回归和置信区间是基于误差为独立同分布的假设，因此该图用于检验假设 $E(\varepsilon|X)=0$ 。在我们的设定中，可以观察到残差的集聚和不规

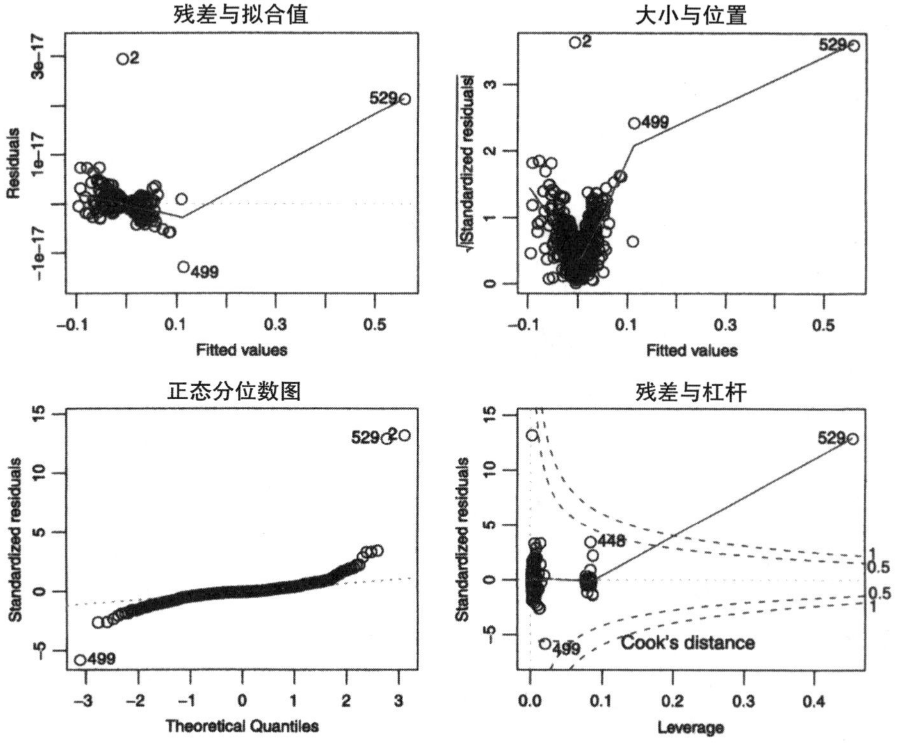

图 2-1　方程(2-3)中估计模型的诊断图

则变动，这表明该模型的设定有偏误。左下方是正态分位数图，它的弧度表明残差是否近似于正态分布，分位数图背后所体现的是我们可以通过将残差与“理想”的观测值相比较，来评估残差的正态性。右上方和右下方分别是大小-位置图和标准残差与杠杆图，它们对于检查误差是同分布的假设，以及展示标准残差、杠杆和库克距离的组合是很有用的。①

图2-2展示了残差的自相关（ACF）和偏相关（PACF）函数。图中的水平折线对应95%的置信度。自相关和偏相关函数的一般模式是：前者是一个正峰，后者是正弦衰减，代表了一个AR（1）过程。

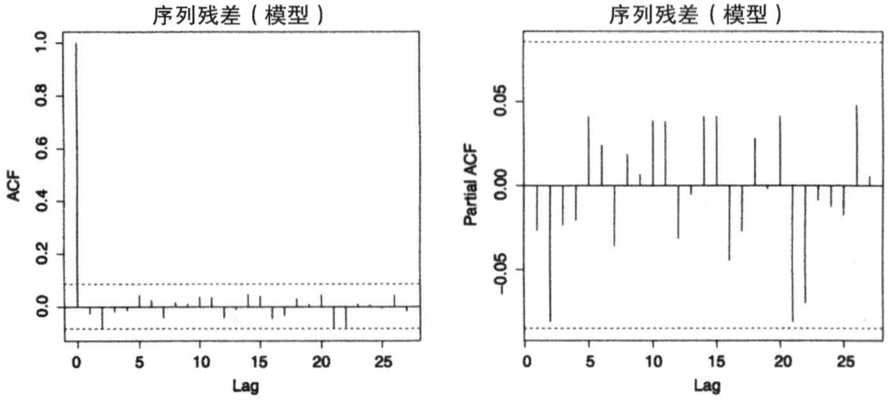

图2-2　方程(2-3)中估计模型残差的自相关和偏相关函数

专栏2-3　（Ljung-Box-Pierce残差自相关性检验）在残差无自相关性的原假设下，记 $\hat{\varepsilon}_t = \dfrac{\hat{\phi}(L)}{\hat{\Theta}(L)} X_t$ ：

$$\hat{\rho}_{1(\hat{\varepsilon}_t)} = \hat{\rho}_{2(\hat{\varepsilon}_t)} = \cdots = \hat{\rho}_{k(\hat{\varepsilon}_t)} = 0 \tag{2-5}$$

Box-Pierce“混合”检验统计量写为：

$$BP(K) = T\sum_{k=1}^{K} \hat{\rho}^2{}_{k(\hat{\varepsilon}_t)} \tag{2-6}$$

其中，T 为观测值的个数，$\rho^2{}_{k(\hat{\varepsilon}_t)}$ 为残差估计量的 k 阶自相关系数，K 为最大滞后阶数。在特定时刻 X_t 是独立同分布序列的假设下，$BP(K)$ 渐进无偏于一个自由度为 $(K-p-q)$ 的随机变量 χ^2（更多细节见Hamilton

① 关于如何理解线性模型回归诊断的更多细节，见[38]。

（1996，[33]））。

Ljung-Box对该统计进行了改进以增强有限样本中统计检验的效力：

$$LB(K)=T(T+2)\sum_{k=1}^{K}\frac{\hat{\rho}^{2}_{k(\hat{\varepsilon}_t)}}{T-k} \tag{2-7}$$

类似地，$LB(K)$渐进无偏于一个自由度为$(K-p-q)$的随机变量χ^2。

为了正式检验残差自相关性是否存在，可以在R中执行Ljung-Box-Pierce检验：

```
1 library（tseries）
2 Box.test（eua）
```

该编码计算了Box-Pierce或者Ljung-Box检验统计量来检验给定时间序列独立性的原假设（见[34]）。

接下来，在结构突变检验的基础上，我们探究另一种方法来发现制度决策对碳价格路径的影响。

2.1.2　结构突变

在下文中，我们首先解释了将制度决策与结构突变相联系背后的基本原理，然后，我们提供了一个关于EUA时间序列的实证应用。

1. 检验的结构

制度决策对碳价格路径的影响也可通过结构突变检验来发现。结构突变可被正式地定义为经济中结构关系的变化。更直观地说，当一组观测值背后的数据生成机制发生变化时，结构突变就在时间序列中发生了。因此，在这里，我们的计量经济学方法包括探究碳价格序列中的冲击何时发生，同时尝试把这些冲击与欧盟委员会的制度新闻公告相联系。

Bai和Perron发展了非常流行的技术来估计和检验多元结构变化的线性模型[5—7]。通过借用[47]的符号，下面我们简单回顾一下包含m次突变（或，相当于$m+1$个制度）的多元线性回归模型：

$$y_t = x^{\mathrm{T}}_t \delta_j + u_t, \quad t = T_{j-1} + 1, \cdots, \quad T_j, \quad j = 1, \cdots, m+1 \tag{2-8}$$

其中，T 为样本大小，$T_0 = 0$，$T_{m+1} = T$。分析的目标是决定突变点 T_j，$j = 1$，$\cdots, m$ 的个数和位置。对于 $m \leqslant m^*$，对 m 进行搜索，其中 m^* 由研究者确定。每部分观测值的最小个数 h，也可以由用户外生确定。[①]

2.实证应用

我们通过使用表2-4中的R编码来将以上分析应用于碳价格数据。

表 2-4　　R编码：Bai-Perron结构突变检验

```
1  path<-"C:/"
2  setwd(path)
3  library(strucchange)
4  data=read.csv("data_chapter2.csv",sep=",")
5  attach(data)
6  eua=data[,2]
7  bp.ri <- breakpoints(eua ~ 1, h = 30)
8  summary(bp.ri)
9  plot(bp.ri)
10 coef(bp.ri, breaks = 3)
11 vcov(bp.ri, breaks = 3, vcov = kernHAC)
12 confint(bp.ri, breaks = 3, vcov = kernHAC)
```

同前，第1行到第6行加载了相关库（用户预装）和数据。第7行设定的线性模型中因变量EUA只有一个截距。第8行提供了包含一个三角矩阵的估计结果（由于它的长度这里没有重写），该三角矩阵由残差平方和(RSS)、突变点的提取、相应的信息标准、系数估计和置信区间组成，正如 Bai 和 Perron 所描述的 [5—7]。第 9 行绘制了存在 1—16 个 ($m = 1$，…，16)突变的所有模型，以及相应的贝叶斯信息准则（BIC）的值和残差平方和。

如图2-3所示，贝叶斯信息准则选取了2个突变，$m = 2$。但由于信息准则经常有下偏的倾向，Bai和Perron支持额外的一个突变的存在。这就是为什么我们在第10行到第11行对包含3个突变的模型进行了估计，

① 注意这可被看作是带宽参数或调整参数。

基于内核异方差自相关一致性估计量，输出了带有标准误差的参数估计结果。[①]第12行计算了3个突变点的置信区间。[②]

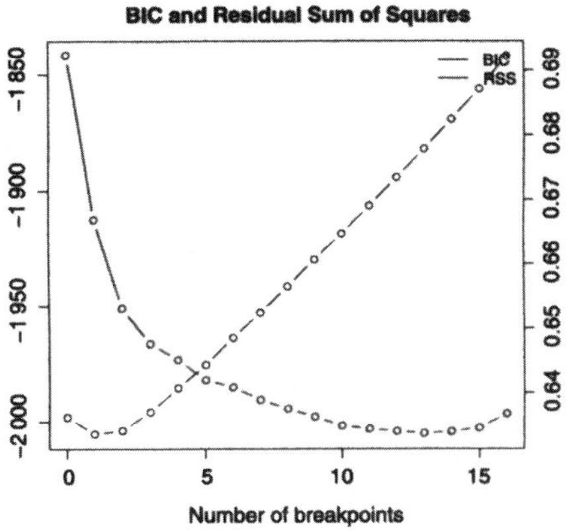

图 2-3　EUA：多达16个突变的模型的RSS和BIC

在图2-4中，我们用基于观测数和潜在时间尺度编码的突变点和相应置信区间再现了EUA时间序列（在默认的95%的水平下）。估计的突变点为：

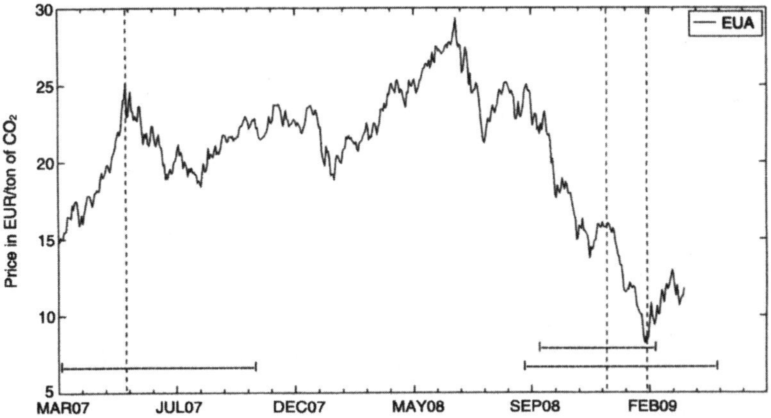

图 2-4　包含3个突变（垂直线）和95%置信区间（水平线）的EUA

① 连同一个二次光谱核函数，利用一个VAR（1）模型和一个AR（1）近似值为自动带宽选择预先白噪声化（见[47]）。

② 该置信区间来源于包含两个独立、不同线性漂移和尺度的布朗运动过程的argmax函数的分布（关于该非标准分布具体见[5]）。该累积分布函数由3个参数决定，这些参数与移动的大小的二次形式的比率和被定义为分段协方差矩阵的加权矩阵有关[47]。

1. 2007年5月28日

2. 2008年12月30日

3. 2009年2月11日

相应突变日期的置信区间存在相当大的不同，在本例中，可以看出第2个和第3个突变的区间重叠了，因此，第2个突变的位置似乎有相当大的不确定性。鉴于信息准则如BIC选择了有2个突变的模型，并且当从2个突变模型变为3个突变模型时RSS的减少很小（见图2-3），这些结果可概括为指向了2个相互矛盾的模型： $m=2$ 或 $m=3$ 。

目测提示在2008年12月到2009年2月出现一个强有力的调整时期，这对应着金融危机对碳市场的影响[14]。在这种情况下，为了识别碳价格的驱动因素，对子样本（危机之前和之后）进行单独的回归可能更合适。因此，结构突变检验也可用于划分完整样本和子样本估计（其他应用见[2]）。

第1个突变的大小与其他两个相比偏小，这可能与2006年的年度履约事件有关[15]。因此，第1个突变点可能与欧盟委员会关于年度经核查的碳排放量的发布直接相关。

总而言之，我们已经了解了如何发现EUAs时间序列中的结构突变，该结构突变可能与制度新闻公告有关。在下一节中，我们将分析另一种碳价格驱动因素——能源价格。

2.2 能源价格

当研究碳价格的经验特征时，计量经济学家所面临的任务在于找到合适的市场基本面。在供给方面，所有市场参与者可提前获悉根据NAPs确定的每年CO_2配额数量。因此，市场上流动的配额数量不存在不确定性。在需求方面，碳价格受到能源价格的影响，因为能源价格与EU ETS管制的设施的生产过程有关。当企业污染时（例如，向大气中排放大量的CO_2），它们本质上有两种选择：对相关的污染进行赔偿（上缴自己登记簿中的配额），或根据与它们的年度配额相比预计出现污染过度/不足的情况，在市场上购买/出售配额（从而参与了排放权交易）。一个企业为了平衡其实际的CO_2排放，所需排放配额的数量取决于燃烧的燃料类型，例如，煤炭的CO_2强度远远超过天然气。企业也需要关注能源价格的相对变化：以石油价格上升为例，许多工业产品（将石油作为产品生产或者能源生产的投入）的价格同样会上升。这就是为什么碳价格和CO_2配额的需求，与能源价格的变化相关。最后，我们需要注意，电力生产商是碳市场的关键角色，因为它们每年得到全球50%左右的配额。因此，在本章中，它们的燃料转换行为（燃煤或燃气电厂生产一个单位的电力，根据相对价格变化在不同投入品之间进行转换）是解释碳价格变化的核心因素。

下面，我们将简要回顾现有的文献。然后，通过将石油、天然气、煤炭和电力变量包含在内，我们会考虑一些回归模型，并通过计量经济学分析来解释它们如何影响碳价格。

2.2.1　文献回顾

在Christiansen等（2005，[16]）和Kanen（2006，[36]）开创性的工作之后，Ellerman 和 Buchner [26，27]，以及 Convery 和 Redmond（2007，[19]）分别在他们的文章中首次给出了关于碳价格发展的文献综述。Convery（2009，[18]）和 Ellerman，Convery 和 De Perthuis（2010，[28]））在此基础上做了更详尽的阐述。

基于经济学分析（主要是供给和需求的基本原理），Christiansen等（2005，[16]）确定了以下因素作为EU ETS中价格的决定因素：政策和监管问题；市场基本面，包括排放量与限额的比率、燃料转换的作用、天气和生产水平。Mansanet-Bataller等（2007，[42]）和Alberola等（2008，[2]）首次通过计量分析揭示了能源市场和碳价格的关系。前者基于EU ETS第一阶段的现货和期货数据证明碳价格与化石燃料（例如，石油、天然气、煤炭）的使用有关。通过使用扩展的数据集，后者强调能源和碳价格这种关系的性质，因纳入考虑的时期以及制度事件的主要影响不同而有所不同。另外，Keppler和Mansanet-Bataller（2010，[37]）研究了EU ETS

第一阶段CO_2和电力变量（如清洁黑暗和清洁点火差价，以及转换价格）之间的因果关系。

就EUA时间序列计量经济学模型而言，Benz和Trück（2009，[9]）在GARCH模型的基础上详细描述了CO_2排放配额的价格动态建模。此外，Paolella和Taschini（2008，[43]）说明了如何在EU ETS第一阶段结束这一非常特殊的时期对CO_2现货收益的性质进行建模。关于这个话题，同时值得强调的是Daskalakis等（2009，[21]）的重要理论贡献，他们对在第一阶段禁止依赖CO_2期货价格定价获利的禁令的影响进行了明确建模，同时，Alberola和Chevallier（2009，[1]）对该影响进行了实证研究。

Bunn和Fezzi（2009，[12]）进一步量化了英国的电力、天然气和碳价格之间的相互作用。通过结构协整向量误差修正模型，他们得到了碳价格向电力价格的动态传导，以及电力和碳价格对天然气价格冲击的反应。

最后，值得强调的是Hintermann（2010，[35]）所做的工作。他在有效市场假设下建立了配额价格的结构模型，并检验了这种价格的变化在多大程度上可以通过边际减排成本解释。最后同样重要的一点是，Alberola等（2008，[3]；2009，[4]）研究了碳价格的宏观经济基本面，这在第3章会详细讲解。

2.2.2 石油、天然气和煤炭

本部分研究燃料使用（布伦特、天然气和煤炭）对碳价格的影响。我们旨在了解作为能源生产投入的燃料价格的相对变化是如何影响碳价格的。

1. 最新进展

布伦特价格（用Euro/BBL表示）是在ICE协商达成的未来一个月布伦特原油的期货价格（图2-5）。布伦特是一种北海的矿藏，其石油是这个地区原油生产的代表。因此，它提供了与其他在欧洲大陆交易的能源变量相匹配的最佳特征，成为碳价格的决定因素。

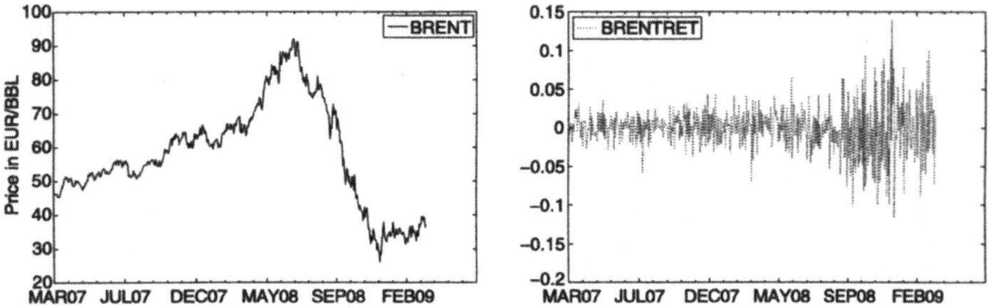

图 2-5 布伦特:2007 年 3 月 9 日—2009 年 3 月 31 日的原始数据(左图)和对数收益率(右图)

所用的天然气价格（用Euro/Therm表示）是在泽布吕赫（Zeebrugge Hub）协商达成的未来一个月天然气的期货价格（图2-6）。Zeebrugge Hub是欧洲最具流动性的天然气交易市场，并且对欧洲消费者所支付的天然气价格有关键性的影响。同样，Zeebrugge的价格是接近最终用户决定的欧洲天然气市场价格的最好代表。

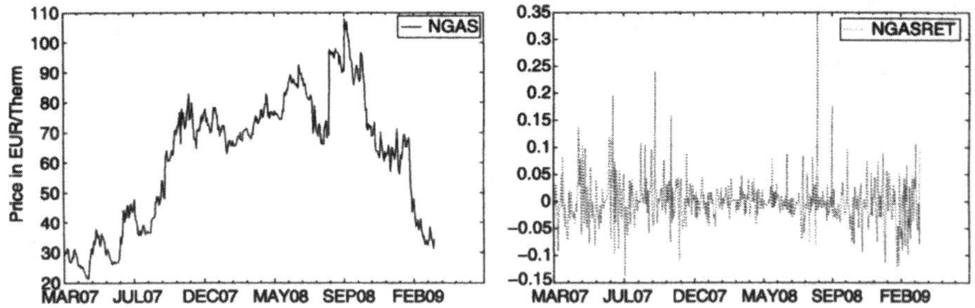

图 2-6 天然气:2007 年 3 月 9 日—2009 年 3 月 31 日 的原始数据(左图)和对数收益率(右图)

煤炭价格是安特卫普/鹿特丹/阿姆斯特丹（Antwerp/Rotterdam/Amsterdam，ARA）未来一个月煤炭的期货价格（见图2-7），这里主要指的是欧洲西北部的进口煤炭。ARA煤炭用Euro/ton表示。

在继续进行我们的回归分析之前，检验碳价格和能源变量（转换为对数收益率）之间的互相关矩阵是很重要的，表2-5显示互相关的绝对值均不大于0.6。检测可能导致回归估计结果产生偏差的多重共线性十分重要，如果怀疑存在多重共线性，计量经济学家需要采取更为正规的检验，

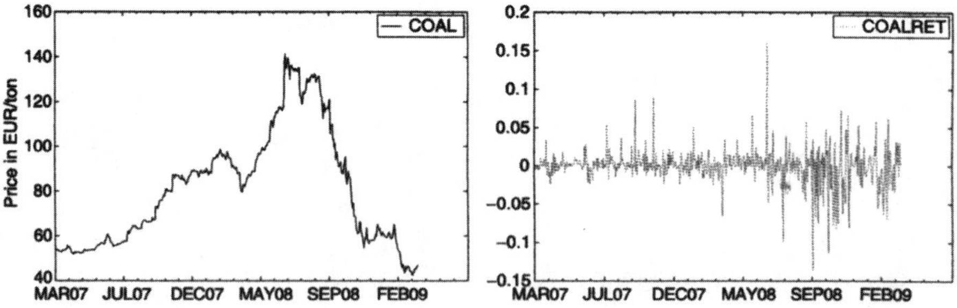

图 2-7 煤炭:2007年3月9日—2009年3月31日 的原始数据(左图)和对数收益率(右图)

如方差膨胀率（详见[32]）。

表 2-5 对数收益率形式的碳（EUA）和能源（布伦特、天然气、煤炭）变量间的互相关性

	EUARET	BRENTRET	NGASRET	COALRET
EUARET	1			
BRENTRET	0.2207	1		
NGASRET	0.1959	0.0978	1	
COALRET	−0.1215	−0.0792	0.0321	1

专栏 2-4 （格兰杰因果关系检验）结合互相关矩阵分析，计量经济学家也可采用格兰杰因果关系检验。该检验能够推断由用户选取的一组因变量和自变量之间在“格兰杰意义”上的因果关系，并且可能在回归分析之前的计量经济学建模中很有用。

包含两个变量 X 和 Y 的格兰杰因果关系检验，体现的是当已对 Y 的历史进行建模时，评估 X 的过去值对预测 Y 是否有用，原假设为 X 的 p 个过去值对预测 Y 的值没有帮助。

该检验将 Y 对 p 个 Y 的过去值和 p 个 Y 的过去值进行回归。然后利用 F 检验确定 X 的过去值的系数是否一致为0。在原假设为 X 不是引起 Y 变化的原因的情况下，非约束模型（NC）写为 $Y_t=\alpha+\beta_1Y_{t-1}+\beta_2X_{t-1}+\varepsilon_t$。约束模型（C）写为 $Y_t=\alpha+\beta_1Y_{t-1}+\varepsilon_t$。费雪检验统计量通过 $F^*=\dfrac{(SSR_C-SSR_{NC})/c}{SSR_{NC}/(n-k-1)}$ 计算，其中 SSR 为残差平方和，c 为约束条件的个数（即需要被检验是否为0的系数的个数），k 为变量的个数。

如果在 $(1, n-2)$ 的自由度下，F^* 大于费雪统计定律中的临界值，则拒绝原假设（存在 X 对 Y 的因果关系）。

以下编码说明了如何在R中进行格兰杰因果关系检验：

1 library（MSBVAR）

2 granger.test（eua，p=2）

其中 p 为用户设定的过去值（或滞后期）。众所周知，线性的格兰杰因果关系检验的结果对滞后期的选取很敏感。因此，为了检验获得的结果的稳定性，用户可能要对不同的滞后期进行试验。

2. 回归分析

为了说明能源变量对碳价格预期影响的分析，我们进行以下回归：

$$y_t = \alpha + \beta_1 Brent_t + \beta_2 Ngas_t + \beta_3 Coal_t + \varepsilon_t \tag{2-9}$$

其中 $EUARET$ 为因变量，$\{BRENTRET, NGASRET, COALRET\}$ 为自变量，α 为常量，ε_t 为误差项。[①]该回归可以通过表2-6中的R编码进行估计。

表2-6　**R编码：包含能源变量的线性回归模型**

```
path<-"C:/"
setwd(path)
library(stats)
data=read.csv("data_chapter2.csv",sep=",")
attach(data)
eua=data[,2]
brent=data[,5]
gas=data[,6]
coal=data[,7]
modelenergy<-lm(eua~brent+gas+coal)
summary(modelenergy)
layout(matrix(1:4,2,2))
plot(modelenergy)
acf(residuals(modelenergy))
acf(residuals(modelenergy),type='partial')
```

该编码产生的结果见表2-7。

① 注意在这里我们没有考虑过程方差不是常量的计量经济学模型，我们将在下一章进行处理。

表 2-7 **R输出：包含能源变量的线性回归模型**

```
Call:
lm(formula = eua ~ brent + gas + coal)

Residuals:
     Min       1Q   Median       3Q      Max
-0.08979 -0.01512 -0.00064  0.01309  0.55154

Coefficients:
             Estimate Std. Error t value Pr(>|t|)
(Intercept)  0.000606   0.001561   0.388   0.6980
brent        0.098255   0.052959   1.855   0.0641 .
gas          0.068477   0.035243   1.943   0.0526 .
coal        -0.134923   0.067990  -1.984   0.0477 *
---
Signif. codes:  0 '***' 0.001 '**' 0.01 '*' 0.05 '.' 0.1 ' ' 1

Residual standard error: 0.03589 on 525 degrees of freedom
Multiple R-squared: 0.02296,    Adjusted R-squared: 0.01738
F-statistic: 4.113 on 3 and 525 DF,  p-value: 0.006704
```

我们观察到在常规的统计水平上，三个能源变量在解释碳价格变化时被认为是显著的。[①]布伦特和天然气变量的系数估计为正，并在10%的水平上是显著的。正如预期，由于碳强度较高，煤炭变量的系数估计为负，并在5%的水平上是显著的。因此，在本例中我们能够证明布伦特和天然气等燃料的使用，对碳价格有积极的影响。更高的能源需求将转化为更多的燃料使用，更高的布伦特和天然气价格，同时增加了对CO_2配额的需求。相反地，煤炭的使用对碳价格有负面的影响，这是因为使用高碳强度的投入进行能源生产，当煤炭价格上升时，代理商需要减少他们的煤炭消费，这导致了CO_2配额需求的减少。调整后的R平方很低（0.0173），这表示可以通过添加其他相关的自变量来提高该回归的解释力，这会在本章稍后详细叙述。F检验统计量的p值（0.0067）表明在1%的显著水平上接受结果的联合显著性。

第12行到15行是我们能够检查回归的残差。在图2-8中我们只重复了自相关函数和偏自相关函数。我们没有发现残差存在系统性模

① 使用者可检验其他模型设定，例如为因变量和自变量引入不同的滞后期。

式，均安全落在置信区间内，因此我们认为该回归的残差不是自相关的。

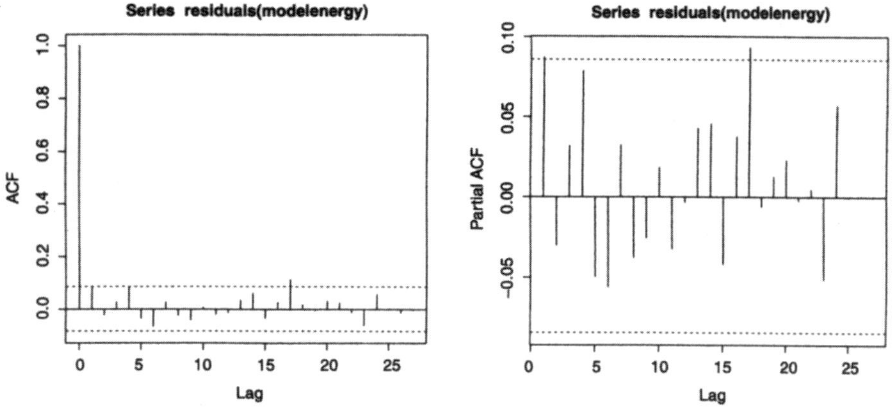

图 2-8　方程(2-9)中估计模型残差的自相关和偏自相关函数

接下来，我们将探索碳价格和电力变量之间的关系。

2.2.3　电力变量

根据煤炭和天然气在电力结构中的比例，电力生产商为了最小化电力生产成本，可能从碳价格变化引致的煤炭转向天然气的机会中获利。[①]这种转换的机会为发电企业提供了一个以低成本减少其排放的有趣的解决方案。为了从这种便宜的减排机会中获益，发电企业需要比较CO_2的价格和边际减排成本。转换为较低碳强度的燃料（如天然气）可能比使用煤炭或购买排放配额更便宜。这就是为什么在本部分我们描述电力生产商燃料转换背后的基本原理。

1. 燃料转换行为

在电力部门，电价由边际发电技术决定，不同发电机组根据边际成本从最便宜到最昂贵的技术排列。[②]通过碳排放权交易引入碳成本改变了发电技术的碳强度，同时也改变了电厂的竞争力。通过引入高的碳成本，比

---

① 注意在这里我们考虑的是生产一单位电力在煤炭和天然气之间的转换。石油主要用于满足高峰期的需求，特别是在冬天，因此，石油不太可能影响欧洲系统中煤炭和天然气的转换。此外，天然气和石油是最便宜的替代选择，石油在近期遭遇了大幅的波动。

② 这种排列被称为“优先顺序”，取决于几个参数，如燃料价格、设备效率和碳强度。

燃煤电厂更贵但CO_2强度较低的燃气电厂，可能产生比燃煤电厂更高的利润。使这两种技术同样具有吸引力的碳价格称为“转换点”。①

基本原理 在没有碳成本的情况下，发电的边际成本由燃料成本和电厂效率的比例决定。它可以通过电厂的效率计算[23]：

$$MC=\frac{FC}{\eta} \tag{2-10}$$

其中，MC为边际成本，FC为燃料成本，η为电厂的效率。在有碳成本的情况下，每个电厂的边际成本包含基于燃料燃烧的排放因子：

$$MC=\frac{FC}{\eta}+\frac{EF}{\eta}\times EC \tag{2-11}$$

其中，EF为排放因子，EC为排放成本。给定的燃煤电厂和燃气电厂之间的转换点可计算为使$MC_{ngas}=MC_{coal}$的排放成本。它代表了优先顺序中导致在两个电厂之间转换的碳成本。该价格取决于各个电厂的燃料成本、效率和排放因子：

$$EC_{switch}=\frac{\eta_{coal}\times FC_{ngas}-\eta_{ngas}\times FC_{coal}}{\eta_{ngas}\times EF_{coal}-\eta_{coal}\times EF_{ngas}} \tag{2-12}$$

如果碳价格比转换点低，那么使用煤炭比使用天然气生产电力更有利可图。②

清洁黑暗差价、清洁点火差价和转换价格 电力运营商密切关注黑暗和点火差价，以及它们之间的差别。黑暗差价代表燃煤电厂出售一单位电力，除去购买生产这一单位电力所需燃料后所获得的理论上的利润。点火差价的含义同上，但指的是燃气电厂。引入碳成本后，黑暗和点火差价需要通过EUA价格进行修正，因此分别变为清洁黑暗和清洁点火差价。转换价格是指碳价格的临界值，当碳价格高于该临界值时电力生产商从煤炭转向天然气更有利，低于该临界值时从天然气转向煤炭更有利。该转换价格对天然气价格变化比对煤炭价格变化更敏感[36]，这三个盈利能力指

---

① 在我们的分析中没有包括煤炭和天然气资本、运行以及维护成本的比较。因此，我们的目的在于捕捉引入排放权交易在短期对电力生产商燃料转换行为的影响。更长期的分析需要对与改装相关的燃料替代的额外成本进行估计。

② 同样需要注意的是燃料转换的潜力非常依赖于负载。事实上，满载时，例如在冬天的高峰期，所有的电厂都在运转，所以没有转换的机会。只有在燃煤电厂在运转，而一些燃气电厂可以替代它们时，转换才能发生。转换的最好时机是在负载相对较低并且主要被燃煤电厂满足时，例如周末、晚上和夏天，此时，在有足够的经济激励的情况下，空闲的燃气电厂才可以用作转换。因此，全年燃料转换的可能性根据季节（冬天或夏天）、一周的时间段（周中或周末效应）以及一天中的时间段（白天或晚上）而变化。

标一起被用于确定发电的首选燃料。现在，让我们更详细地描述这些电力变量，这些变量用于研究电力生产商燃料转换行为对碳价格的影响。

第一，清洁黑暗差价。清洁黑暗差价（*clean dark*，表示为Euro/MWh）代表高峰时期的电力价格 (*elec*) 与用燃煤电厂的能源产出和CO_2成本 (p_t) 折算出来的生产该电力的煤炭价格 (*coal*) 之差：

$$clean\ dark = elec - (coal \times \frac{1}{\rho_{coal}} + p_t \times EF_{coal}) \qquad (2-13)$$

其中，ρ_{coal} 为传统燃煤电厂的净热效率（例如，根据路透社为35%），EF_{coal} 为传统燃煤电厂的CO_2排放因子（例如，根据路透社为0.95 *t* CO_2/MWh）。清洁黑暗差价如图2-9所示。

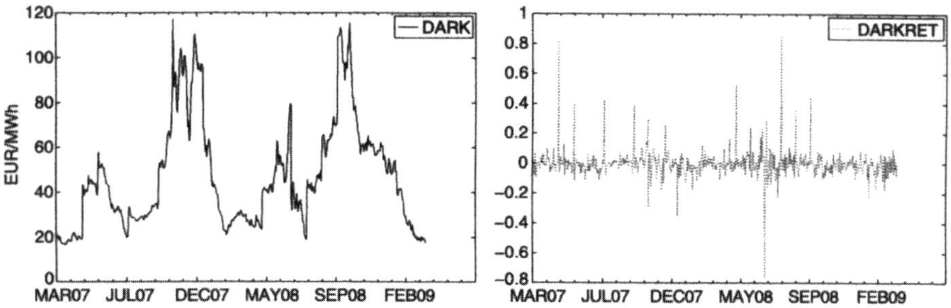

图 2-9 清洁黑暗差价:2007年3月9日—2009年3月31日的原始数据(左图)和对数收益率(右图)

第二，清洁点火差价。清洁点火差价（*clean spark*，表示为Euro/MWh）代表高峰时期的电力价格与用燃气电厂的能源产出和CO_2成本折算出来的生产该电力的天然气价格(*ngas*)之差：

$$clean\ spark = elec - (ngas \times \frac{1}{\rho_{ngas}} + p_t \times EF_{ngas}) \qquad (2-14)$$

其中，ρ_{ngas} 为传统燃气电厂的净热效率（例如，根据路透社为49%），EF_{ngas} 为传统燃气设备的CO_2排放因子（例如，根据路透社为0.41 *t* CO_2/MWh）。清洁点火差价如图2-10所示。

第三，转换价格。转换价格（*switch*，表示为Euro/MWh）代表使清洁黑暗和清洁点火差价相等的影子价格：

$$switch = \frac{cost_{ngas}/\text{MWh} - cost_{coal}/\text{MWh}}{tCO_{2coal}/\text{MWh} - tCO_{2ngas}/\text{MWh}} \qquad (2-15)$$

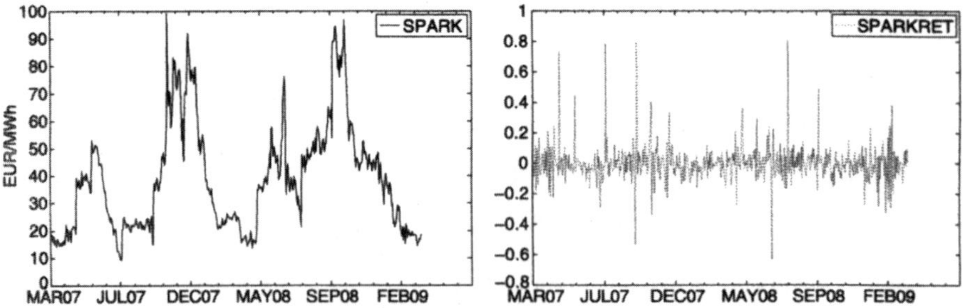

图 2-10 清洁点火差价:2007 年 3 月 9 日—2009 年 3 月 31 日的原始数据(左图)和对数收益率(右图)

其中，$cost_{ngas}$为基于天然气的净CO_2排放的1MWh电力的生产成本（表示为EUR/MWh），$cost_{coal}$为基于煤炭的净CO_2排放的1MWh电力的生产成本（表示为Euro/MWh），$t\ CO_{2coal}$为传统燃煤电厂的排放因子（表示为$t\ CO_2$/MWh），tCO_{2ngas}为传统燃气电厂的排放因子（表示为$t\ CO_2$/MWh）。转换价格如图2-11所示。即使考虑碳成本，只要碳价格低于转换价格，燃煤电厂就比燃气电厂更有利可图。

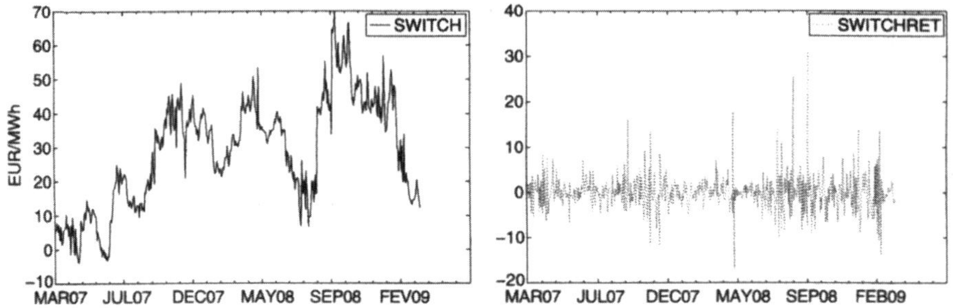

图 2-11 转换价格:2007 年 3 月 9 日—2009 年 3 月 31 日的原始数据(左图)和对数收益率(右图)

与能源变量类似，在表2-8中我们证明了碳价格和电力变量（考虑对数收益率）的互相关性的绝对值不超过0.6。接下来，我们可以对碳价格和电力变量进行回归分析。

2. 回归分析

我们进行以下回归：

$$y_t = \alpha + \phi y_{t-1} + \beta_4 Clean\ Dark_t + \beta_5 Clean\ Spark_t + \beta_6 Switch_t + \varepsilon_t \quad (2\text{-}16)$$

表 2-8 对数收益率形式的碳（EUA）和电力（DARK，SPARK，SWITCH）变量间的互相关性

	EUARET	DARKRET	SPARKRET	SWITCHRET
EUARET	1			
DARKRET	0.0687	1		
SPARKRET	−0.0455	0.1775	1	
SWITCHRET	0.1617	0.3075	−0.3586	1

其中，ϕ 为 AR（1）过程的参数，β_4 到 β_6 分别为 *DARKRET*，*SPARKRET* 和 *SWITCHRET* 的系数估计。该回归可以用表2-9中的R编码估计。

表 2-9 R编码：包含电力变量的线性回归模型

```
path<-"C:/"
setwd(path)
library(dynlm)
data=read.csv("data_chapter2.csv",sep=",")
attach(data)
eua=data[,2]
dark=data[,8]
spark=data[,9]
switch=data[,10]
modelelectricity<-dynlm(formula=eua~L(eua)+dark+spark+switch)
summary(modelelectricity)
layout(matrix(1:4,2,2))
plot(modelelectricity)
acf(residuals(modelelectricity))
acf(residuals(modelelectricity),type='partial')
```

该编码输出产生的结果见表2-10。

除了AR（1）过程（在1%的显著水平）的影响，在本例中我们发现在10%的显著性水平上清洁点火差价 (*spark*) 对碳价格也有统计学意义上的影响。根据方程（2-16），无论是清洁黑暗差价还是转换价格对估计的模型都没有解释力。然而，需要注意的是，由清洁黑暗差价 (*dark*) 得到的系数 β_4 的符号为负，这与方程（2-9）中识别的煤炭变量的符号一致。此外，用户可用电力变量的不同滞后期进行试验。

表 2-10 **R输出：包含电力变量的线性回归模型**

```
Call:
dynlm(formula = eua ~ L(eua) + dark + spark + switch)

Residuals:
       Min         1Q     Median         3Q        Max
-1.268e-17 -6.167e-19 -1.168e-19  4.896e-19  2.937e-17

Coefficients:
              Estimate Std. Error    t value Pr(>|t|)
(Intercept)  0.000e+00  9.685e-20  0.000e+00   1.0000
L(eua)       1.000e+00  2.679e-18  3.733e+17   <2e-16 ***
dark        -1.420e-18  1.089e-18 -1.304e+00   0.1930
spark        1.498e-18  8.746e-19  1.713e+00   0.0873 .
switch       4.100e-20  2.754e-20  1.489e+00   0.1371
---
Signif. codes:  0 '***' 0.001 '**' 0.01 '*' 0.05 '.' 0.1 ' ' 1

Residual standard error: 2.227e-18 on 524 degrees of freedom
Multiple R-squared:     1,      Adjusted R-squared:     1
F-statistic: 3.489e+34 on 4 and 524 DF,  p-value: < 2.2e-16
```

第14到15行绘制了方程（2-16）中电力模型残差的自相关和偏自相关函数。通过观察图2-12，我们得出结论：该回归的残差不是自相关的。F 检验统计量的 p 值也证实了该回归的联合显著性。

请注意影响电力生产商燃料转换行为的因素将在第5章进一步分析。

我们已详细说明了能源价格被认为会影响碳价格路径的渠道，在下一节中我们将考虑第三种碳价格的驱动因素——极端天气事件。

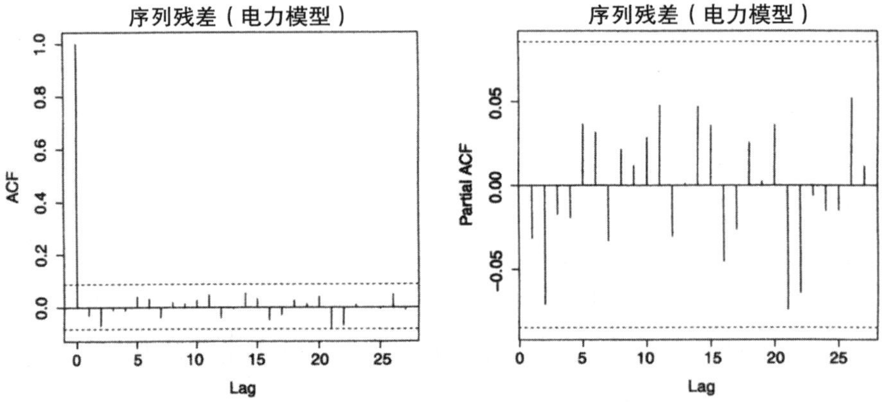

图 2-12 方程(2-16)中估计模型残差的自相关和偏自相关函数

2.3　极端天气事件

当考察碳价格的驱动因素时，气温和天气事件的影响也要考虑进来。下面我们将举例说明这些影响背后的基本原理。

2.3.1　气温和碳价格的关系

低温和高温一起构成了天气最重要的维度[45]。[1]天气情况会影响能源需求，进而影响碳价格路径。例如，寒冷的冬天会导致暖气使用的增加，从而导致了对电量的额外需求。相反，炎热的夏天引起了对空调的额外需求，这也会增加电力的生产。更多的电力生产通过更多的燃料使用来实现（与CO_2排放相联系），最后将会产生对CO_2配额更多的需求（对CO_2的价格有正影响）。因此，我们可以选取一个宽泛的欧洲气温指数作为适合的碳价格驱动因素。

为了阐明我们的观点，我们详细描述了Metnext天气指数的功能[2]，这一国家商业气候指数被定义为该国各地区按人口加权的日均气温，这种方法让我们可以得到地区经济活动权重的一个很好的近似。18个国家以摄氏度表示的该指数计算如下[3]：

$$\theta = \frac{\sum_{i=1}^{N} p_i \times \theta_i}{\sum_{i=1}^{N} p_i} \tag{2-17}$$

其中，N为所涉及国家的地区数，p_i为地区i的人口，θ_i为地区i所研究月份的平均温度。

随后，CDC气候研究所[4]扩展了该种方法以考虑碳市场的特性。它们的欧洲气温指数等于由Metnext提供的18个国家按各国在配额分配总量中所占比重加权的国家气温指标θ的均值：

① 由于数据的局限性（以及在欧洲层面缺乏可用性），我们在这里没有考虑与降雨或风相关的其他潜在天气事件。

② 网址：http://www.weatherindices.com/index。

③ 奥地利、比利时、德国、丹麦、西班牙、芬兰、法国、英国、匈牙利、爱尔兰、意大利、荷兰、挪威、波兰、葡萄牙、瑞典、斯洛伐克和斯洛文尼亚。

④ 网址：http：//www.cdcclimat.com。

$$T = \frac{\sum_{j=1}^{4} Q_j \times \theta_j}{\sum_{j=1}^{4} Q_j} \quad (2\text{-}18)$$

其中，T 为月度指数，Q_j 为国家 j 在其国家分配计划中分配的配额数量，θ_j 为国家 j 的国家气温指数。该欧洲气温指数（以摄氏度表示）的一个例子见图2-13的左图。

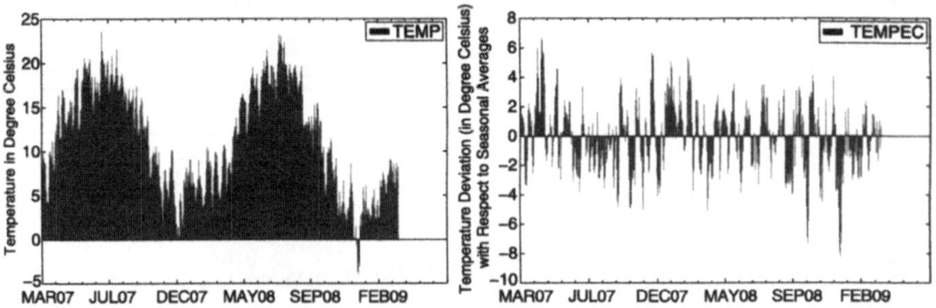

图2-13 天气事件：2007年3月9日—2009年3月31日欧洲气温指数（左图）和以摄氏度表示的相对于季度均值（右图）的气温离差

然而，值得强调的是气温对于碳价格的影响本质上是非线性的，也就是说，只有高于或低于给定的临界值时，我们才可以识别气候事件在计量经济学上具有显著的影响[2]。这就是为什么在图2-13的右图中，我们也重现了相对于十年季度均值的气温离差（以摄氏度表示）。该图背后的主要观点是只有*未预料到的*气温事件才能对碳价格产生影响。如果气温与季度均值相符，那么市场参与者（经纪人、分析师、投资者……）能够正确地预测它们。

这就是为什么我们不打算在下一部分进行基于气温指数或季度均值离差的回归分析。这些变量对有关碳价格变化的解释力不够强大（在统计上）。我们需要构建其他的计量经济变量来捕捉极端天气事件的影响。

2.3.2 实证应用

出于实证应用的目的，我们考虑以下回归：

$$y_t = \alpha + \beta_7 Tempcold_t + \beta_8 Temphot_t + \varepsilon_t \quad (2\text{-}19)$$

其中，$Tempcold_t$ 为捕捉低温影响的虚拟变量（当气温指数在给定月份低于10年季度均值-1.97摄氏度时，该变量等于1），$Temphot_t$ 为捕捉高温影响的虚拟变量（当气温指数在给定月份高于十年季度均值1.47摄氏度时，该变量等于1）。正如2.1.1节所述，虚拟变量是研究天气对碳价格影响的合适的工具。该回归可通过表2-11中的R编码来估计。

表2-11　**R编码：关于极端天气事件的线性回归模型**

```
path<-"C:/"
setwd(path)
library(stats)
data=read.csv("data_chapter2.csv",sep=",")
attach(data)
eua=data[,2]
tempcold=data[,11]
temphot=data[,12]
modelweather<-lm(eua~tempcold+temphot)
summary(modelweather)
layout(matrix(1:4,2,2))
plot(modelweather)
acf(residuals(modelweather))
acf(residuals(modelweather),type='partial')
```

结果如表2-12所示。

表2-12　**R输出：关于极端天气事件的线性回归模型**

```
Call:
lm(formula = eua ~ tempcold + temphot)

Residuals:
     Min        1Q    Median        3Q       Max
-0.10435 -0.01521 -0.00075  0.01435  0.54939

Coefficients:
             Estimate Std. Error t value Pr(>|t|)
(Intercept) -0.008816   0.004597  -1.918   0.0557 .
tempcold     0.009256   0.004621   2.003   0.0457 *
temphot      0.009561   0.004612   2.073   0.0386 *
---
Signif. codes:  0 '***' 0.001 '**' 0.01 '*' 0.05 '.' 0.1 ' ' 1

Residual standard error: 0.03611 on 526 degrees of freedom
Multiple R-squared: 0.009094,   Adjusted R-squared: 0.005327
F-statistic: 2.414 on 2 and 526 DF,  p-value: 0.09047
```

我们可以观察到，分别捕捉 $Tempcold_t$ 和 $Temphot_t$ 影响的系数 β_7 和 β_8，在5%的水平是统计显著的。因此，在本例中，通过遵循2.3.1节所解释的经济逻辑，我们能够确认极端气温事件，例如气温事件高于或低于十年季度均值，对碳价格有统计上的显著影响。

F 检验统计量的 p 值表明接受结果的联合显著性。如图2-14中的自相关和偏自相关函数所示，我们也可以接受原假设：回归的残差不是自相关的。

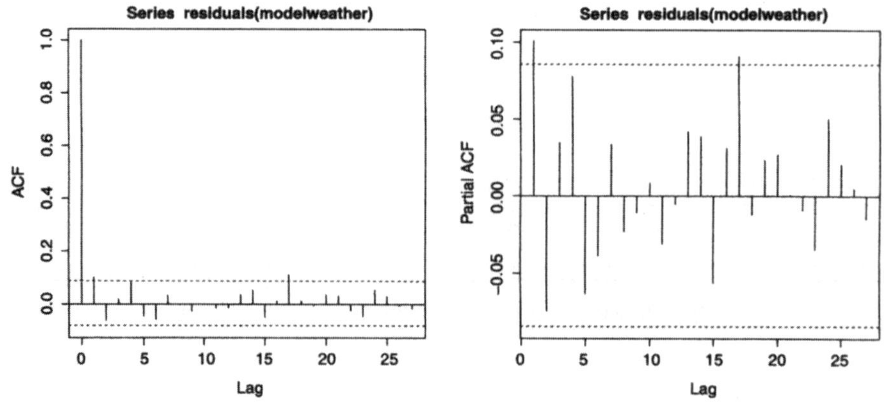

图 2-14 方程(2-19)估计模型残差的自相关和偏自相关函数

最后，我们邀请读者本着上面实例的精神，通过使用线性回归模型或在下一章介绍的GARCH模型，将这里考虑的所有碳价格的驱动因素结合起来。如之前的学术文献所示[2]，这些驱动因素的影响（主要是能源变量和极端气温事件）根据所考虑的时期和制度决策影响（这也可通过考虑子样本来解释）的不同而有所区别。

专栏 2-5 （同方差检验）本章没有涉及非常量方差（即异方差性）的概念，该概念会在第3章逐步介绍。

下面我们简要介绍用来考察回归模型中残差异方差性存在的主要统计检验。

根据怀特检验，异方差性的一般检验可以写成：

$$\hat{\varepsilon}_t^2 = a_0 + a_1 X_{t-1} + b_1 X_{t-1}^2 + \cdots + a_p X_{t-p} + b_p X_{t-p}^2 + v_t \quad (2-20)$$

其中，$\hat{\varepsilon}_t$为估计的残差，X_{t-p}为滞后内生变量。该检验基于拉格朗日乘数（LM），其中T为观测值的数量，R^2为方程（2-20）的R统计量的平方。如果$TR^2 < \chi^2(2p)$，则接受异方差性的原假设（更多细节见Hamilton（1996，[33]））。

根据Engle自回归条件异方差检验（Engle ARCH test），也可以通过进行以下回归来检验异方差性的原假设：

$$\hat{\varepsilon}_t^2 = \alpha_0 + \sum_{i=1}^{l} \alpha_i \hat{\varepsilon}_{t-1}^2 \quad (2-21)$$

如果$TR^2 < \chi^2(l)$，则接受异方差性的原假设。

残差的异方差性检验可以通过以下命令在R中执行：

```
1 library（lmtest）
2 library（vars）
3 model<-lm(eua~ar(1)+ar(p))
4 bptest(model,~ar(1)*ar(p)+I(ar(1)^2)+I(ar(p)^2))
5 model<-VAR（eua，p=2）
6 arch（model）
```

第1行和第2行加载了相关库。通过包含所有的解释变量和辅助回归中的平方/交叉乘积，第3行和第4行将怀特检验作为bptest（）命令的特例进行了运算。第5行和第6行在VAR(p)的框架下运行了Engle ARCH检验（见第4章）。

↘ 附录

关于CO_2和能源价格的BEKK广义自回归条件异方差建模

在多元广义自回归条件异方差（MGARCH）模型Baba-Engle-Kraft-

Kroner（[11，30]，BEKK）规范的基础上，我们在本部分强调了价格波动在碳（EUA）和能源（石油、天然气、煤炭）市场中的传导。请注意第3章详细描述了单变量GARCH的建模框架。本部分的数据可以从下列地址获得：http://sites.google.com/site/jpchevallier/publications/books/springer/data_chapter2_appendix.csv。

BEKK MGARCH 模型：我们研究的多元GARCH模型源于Bollerslev，Engle和Wooldridge（1998，[11]）的贡献，他们提供的误差修正-广义自回归条件异方差（VEC-GARCH）模型是对单变量GARCH模型的直接扩展。我们更详细地介绍以下BEKK MGARCH模型[30]：

$$H_t = CC' + \sum_{j=1}^{q}\sum_{k=1}^{K} A'_{kj} r_{t-j} r'_{t-j} A_{kj} + \sum_{j=1}^{p}\sum_{k=1}^{K} B'_{kj} H_{t-j} B_{kj} \tag{2-22}$$

其中，A_{kj}，B_{kj}和C为$N \times N$的参数矩阵，C为下三角矩阵以保证H_t的正定性。需要注意的是当且仅当$\sum_{j=1}^{q}\sum_{k=1}^{K} A_{kj} \otimes A_{kj} + \sum_{j=1}^{P}\sum_{k=1}^{K} B_{kj} \otimes B_{kj}$的特征值的绝对值小于1时，BEKK模型是协方差平稳的，其中$\otimes$为克罗内克积的符号。由于完整的BEKK模型估计的计算量巨大，①我们通过执行以下“对角阵BEKK”MGARCH模型来限制参数的数量：

$$H_t = CC' + A' r_{t-1} r'_{t-1} A + DE[A' r_{t-1} r'_{t-1} A | \Im_{t-2}] D \tag{2-23}$$

在方程（2-23）中，我们对价格回报r_t向量的特定线性组合的方差和协方差进行建模。

用R进行估计：表2-13给出了用R对BEKK MGARCH模型进行估计的编码。注意R软件的MGARCH BEKK程序包可从以下地址下载：http://www.quantmod.com/download/mgarchBEKK/。

第1行至第10行加载了相关库和数据。第11行执行了BEKK MGARCH模型的估计，返回的结果如表2-14所示。

方差-协方差方程的系数对于自身和交叉新息（Innovations）通常是显著的，对于石油、天然气、煤炭和CO_2单个价格序列自身和交叉

① 随着$(p+q)KN^2 + N(N+1)/2$参数个数的增加，可能很难在估计中获得收敛性。

波动溢出也是显著的，这表明存在强烈的ARCH和GARCH的影响。显而易见，大部分估计的ARCH和GARCH的系数在1%的水平上是显著的。

表 2-13　　R编码：估计BEKK MGARCH模型

```
1  path<-"C:/"
2  setwd(path)
3  library(mgarchBEKK)
4  data=read.csv("data_chapter2_appendix.csv",sep=",")
5  attach(data)
6  eua=data[,2]
7  oil=data[,3]
8  gas=data[,4]
9  coal=data[,5]
10 mgarch.mat<-data.frame(eua,oil,gas,coal)
11 model.BEKK<-mvBEKK.est(mgarch.mat,order=c(1,1,1,1),
   params=NULL)
12 mvBEKK.diag(model.BEKK)
```

第12行提供了残差图，如图2-15所示。我们不能识别残差序列的任何模式，因此我们得出结论：碳和能源市场的BEKK MGARCH模型设定是良好的（没有证据表明残差存在自相关性）。

感兴趣的读者可以参考Chevallier（2012，[14]），该文献将这种分析扩展到恒定条件相关（[10]，CCC）和动态条件相关（[29，31]，DCC）的MGARCH模型。同时，DCC MGARCH模型已经应用于EUAs和CERs之间的关系[13]。

表 2-14　　R输出：估计BEKK MGARCH模型

```
        Number of estimated series :  4
        Length of estimated series :  529
        Estimation Time            :  7.7362
        Total Time                 :  7.760683
        BEKK order                 :  1 1 1 1
        Eigenvalues                :  1.371115 1.017605 0.9884797 0.72346 0.6930659 0.5845497 0.506614
                                      0.4460167 0.3941953 0.2683696 0.1986257 0.08505935 0.05234043
                                      0.03286894 0.007029388 0.004263158
        aic                        :  -5351.701
        unconditional cov. matrix  :  0.001148309 0.0001154143 -0.0006690489 0.0001950053 0.0001154143
                                      0.0006749642 -0.0004209732 -0.0001267162 -0.0006690489 -0.0004209732
                                      0.001150107 9.731776e-05 0.0001950053 -0.0001267162 9.731776e-05
                                      0.0001509592
        var(resid 1 )                :  0.9853412
        mean(resid 1 )               :  0.02929001
        var(resid 2 )                :  0.956688
        mean(resid 2 )               :  -0.001323343
        var(resid 3 )                :  1.045084
        mean(resid 3 )               :  0.01247064
        var(resid 4 )                :  1.034191
        mean(resid 4 )               :  0.05121381
        Estimated parameters         :

        C estimates:
           [,1]         [,2]         [,3]          [,4]
[1,] -0.0181858 -0.002252538  0.017789029 -2.384224e-03
[2,]  0.0000000  0.014754446 -0.022988227 -6.830455e-03
[3,]  0.0000000  0.000000000  0.007573896  2.210108e-07
[4,]  0.0000000  0.000000000  0.000000000 -1.180576e-04

        ARCH estimates:
           [,1]       [,2]        [,3]       [,4]
[1,]  0.7660670 0.07154282  0.27820714 0.27219474
[2,]  0.2332687 0.33612697 -0.03536674 0.02553457
[3,] -0.2442194 0.01900365  0.01417112 0.22302539
[4,]  0.1541698 0.05541739  0.05950522 0.18045794

        GARCH estimates:
             [,1]          [,2]        [,3]        [,4]
[1,] -0.1066946471 -0.456940766 -0.56919659 -0.01460560
[2,]  0.5081535812 -0.141011118  0.58304368 -0.27584249
[3,] -0.0004665412  0.461722817  0.42903780 -0.01917917
[4,]  0.0311903261 -0.003331396  0.02776824 -0.70484255

        asy.se.coef                  :

        C estimates, standard errors:
            [,1]        [,2]        [,3]        [,4]
[1,] 0.001856379 0.013672040 0.012979851 0.004585833
[2,] 0.000000000 0.004089436 0.005244723 0.001519628
[3,] 0.000000000 0.000000000 0.008788042 0.007997546
[4,] 0.000000000 0.000000000 0.000000000 0.008027800

        ARCH estimates, standard errors:
           [,1]       [,2]       [,3]       [,4]
[1,] 0.07108107 0.11079524 0.10873442 0.05337258
[2,] 0.06340028 0.05735820 0.06200331 0.05674444
[3,] 0.01243639 0.03171205 0.05404650 0.01870268
[4,] 0.06916141 0.06702569 0.05706629 0.06795449

        GARCH estimates, standard errors:
           [,1]       [,2]       [,3]       [,4]
[1,] 0.10369959 0.13957939 0.18168679 0.11921919
[2,] 0.07110973 0.08714015 0.18288946 0.11336719
[3,] 0.25998745 0.06305122 0.09347202 0.04677360
[4,] 0.24299070 0.06075734 0.38037655 0.09695227
```

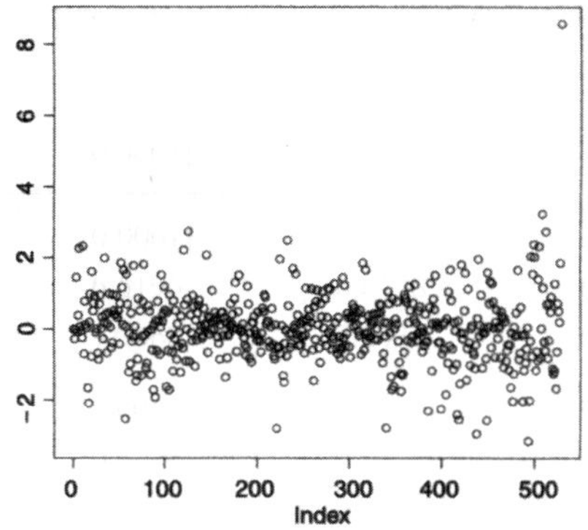

图 2-15　方程(2-23)中估计的BEKK MGARCH模型的残差序列

↘ 习题

习题2-1 （碳价格的单位根检验）

（a）考虑图2-16中的时间序列：你观察到了峰值吗（向上的高峰之后紧接着向下的跳跃）?轨迹是由随机震荡形成的吗?价格序列是围绕一个随机趋势演变的吗?在某些特定时期波动性会更大、峰值出现更频繁吗?

（b）考虑图2-17的时间序列：你观察到相关峰值遵循一个特定的模式吗?在 d 天和 $d-n$ 天之间哪种价格比其他滞后价格相关性更强?

（c）考虑表2-15和表2-16，报告了ADF，PP和KPSS检验：你得出了什么结论?对于哪种时间序列可以拒绝 H_0 ?对于哪种时间序列你不能拒绝 H_0 ?详细描述将非平稳变量转换为平稳变量的方法，以及如果过程是趋势平稳（TS）或差分平稳（DS）时可能产生的偏差。

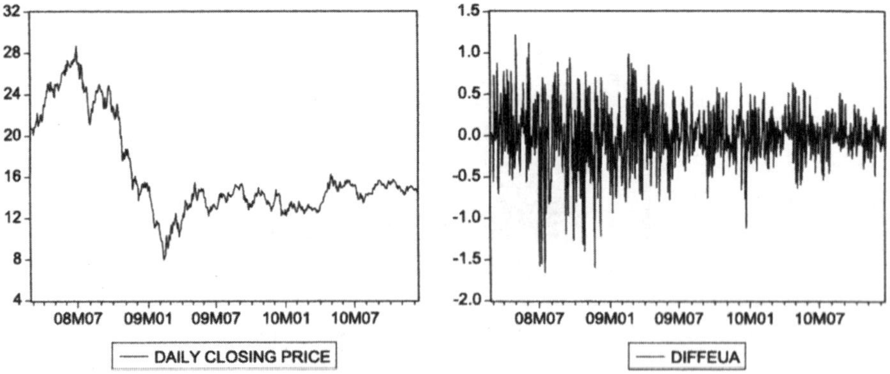

图 2-16　ECX EUA期货合同的原始时间序列（左图）和对数形式（右图）

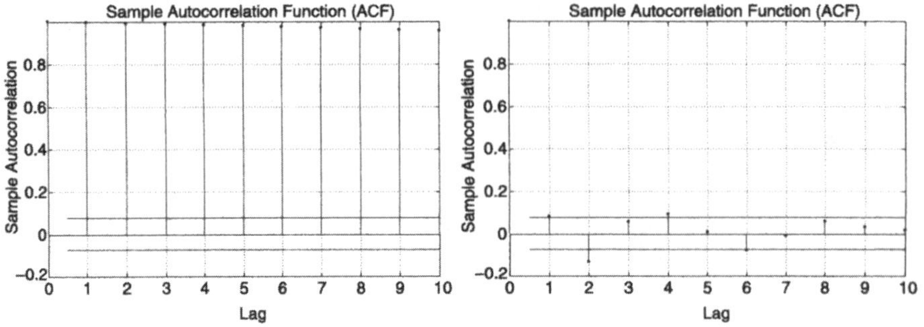

图 2-17　ECX EUA期货合同原始数据的ACF函数（左图）和对数形式的ACF函数（右图）

习题2-2 （碳价格均值回归模型的校准）

最简单的均值回归模型是所谓的AR（1）模型：

$$x_{t+1}=\rho x_t+\beta+e_{t+1} \tag{2-24}$$

其中，（e_t）为服从 $N(0,\sigma^2)$ 的独立同分布。

校准分为两个步骤：

1. 系数 ρ 和 β 由 x_{t+1} 对 x_t 的OLS回归决定；

2. σ 为回归残差的标准差。

（a） 你将如何校准该模型来模拟CO_2价格序列？

（b） 考虑表2-17给出的结果：你观察到了什么？

（c） 考虑表2-18给出的诊断测试：对于 H_0 假设使用Box-Pierce检验

残差是不相关的你可以得出什么结论?对于 H_0 假设使用Jarque-Bera检验残差遵循高斯定律你可以得出什么结论?对于 H_0 假设使用Engle ARCH检验残差存在异方差性你可以得出什么结论?

表 2-15　　EUA_t **变量的单位根检验**

Null Hypothesis: EUA has a unit root		
Exogenous: None		
Lag Length: 0 (Automatic based on SIC, MAXLAG = 19)		
	t-Statistic	Prob.*
Augmented Dickey-Fuller test statistic	−0.9301	0.3135
Test critical values:		
1% level	−2.5682	
5% level	−1.9412	
10% level	−1.6164	
*MacKinnon (1996, [40]) one-sided *p*-values		
Null Hypothesis: EUA has a unit root		
Exogenous: None		
Bandwidth: 1 (Newey-West using Bartlett kernel)		
	Adj. *t*-Stat	Prob.*
Phillips-Perron test statistic	−0.9206	0.3174
Test critical values:		
1% level	−2.5682	
5% level	−1.9412	
10% level	−1.6164	
*MacKinnon (1996, [40]) one-sided *p*-values		
Null Hypothesis: EUA is stationary		
Exogenous: Constant		
Bandwidth: 22 (Newey-West using Bartlett kernel)		
		LM-Stat.
Kwiatkowski-Phillips-Schmidt-Shin test statistic		1.5748
Asymptotic critical values*:		
1% level		0.7390
5% level		0.4630
10% level		0.3470
*Kwiatkowski-Phillips-Schmidt-Shin (1992, [39])		

注：ADF和PP：选择模型1（不包含截距和趋势）。KPSS：选择不包含趋势的模型2。

表 2-16 $D(EUA_t)$变量的单位根检验

Null Hypothesis: D(EUA) has a unit root

Exogenous: Constant

Lag Length: 1 (Automatic based on SIC, MAXLAG = 19)

	t-Statistic	Prob.*
Augmented Dickey-Fuller test statistic	−20.4963	0.0000
Test critical values:		
1% level	−3.4393	
5% level	−2.8653	
10% level	−2.5688	

*MacKinnon (1996, [40]) one-sided p-values

Null Hypothesis: D(EUA) has a unit root

Exogenous: Constant

Bandwidth: 2 (Newey-West using Bartlett kernel)

	Adj. t-Stat	Prob.*
Phillips-Perron test statistic	−24.9767	0.0000
Test critical values:		
1% level	−3.4393	
5% level	−2.8653	
10% level	−2.5688	

*MacKinnon (1996, [40]) one-sided p-values

Null Hypothesis: D(EUA) is stationary

Exogenous: Constant

Bandwidth: 1 (Newey-West using Bartlett kernel)

	LM-Stat.
Kwiatkowski-Phillips-Schmidt-Shin test statistic	0.1408
Asymptotic critical values*:	
1% level	0.7390
5% level	0.4630
10% level	0.3470

*Kwiatkowski-Phillips-Schmidt-Shin (1992, [39])

注：ADF和PP：选择模型1（不包含截距和趋势）。KPSS：选择不包含趋势的模型2。

表 2-17　　均值回归模型的估计

Dependent Variable: DIFFEUA
Method: Least Squares
Sample (adjusted): 2/28/2008 12/09/2010
Included observations: 711 after adjustments

Variable	Coefficient	Std. Error	*t*-Statistic	Prob.
C	−0.0082	0.0143	−0.5742	0.5660
DIFFEUA(-1)	0.0620	0.0374	1.6564	0.0981
R-squared	0.0038	Mean dependent var		−0.0087
Adjusted R-squared	0.0024	S.D. dependent var		0.3840
S.E. of regression	0.3836	Akaike info criterion		0.9244
Sum squared resid	104.3328	Schwarz criterion		0.9372
Log likelihood	−326.6300	F-statistic		2.7438
Durbin-Watson stat	1.9850	Prob(F-statistic)		0.0980

表 2-18　　均值回归模型的诊断检验

Diagnostic tests	
Box-Pierce test	0.8470
Jarque-Bera test	0.0001
Engle ARCH test	0.0034

注：Box-Pierce 检验计算了 20 个滞后期，Jarque-Bera 检验的 p 值是给定的，Engle ARCH 检验计算了 1 个滞后期。

（d）基于你对于问题（c）的答案，你如何纠正估计模型可能存在的设定偏误问题？

参考文献

1. Alberola E，Chevallier J（2009）European carbon prices and banking restrictions：evidence from Phase I（2005—2007）. Energy J 30：51-80

2. Alberola E，Chevallier J，Cheze B（2008）Price drivers and

structural breaks in European carbon prices 2005–07. Energy Policy 36: 787–797

3. Alberola E, Chevallier J, Cheze B (2008) The EU emissions trading scheme: the effects of industrial production and CO_2emissions on European carbon prices. Int Econ 116: 93–125

4. Alberola E, Chevallier J, Cheze B (2009) Emissions compliances and carbon prices under the EU ETS: a country specific analysis of industrial sectors. J Policy Model 31: 446–462

5. Bai J, Perron P (1997) Estimation of a change point in multiple regression models. Rev Econ Stat 79: 551–563

6. Bai J, Perron P (1998) Estimating and testing linear models with multiple structural changes.Econometrica 66: 47–78

7. Bai J, Perron P (2003) Computation and analysis of multiple structural change models. J Appl Econom 18: 1–22

8. Banerjee A, Dolado JJ, Galbraith JW, Hendry DF (1993) Cointegration, error correction, and the econometric analysis of non - stationary data. Oxford University Press, Oxford

9. Benz E, Trück S (2009) Modeling the price dynamics of CO_2emission allowances. Energy Econ 31: 4–15

10. Bollerslev T (1990) Modelling the coherence in the short - run nominal exchange rates: amultivariate generalized ARCH model. Rev Econ Stat 72: 498–505

11.Bollerslev T, Engle RF, Wooldridge JM (1988) A capital asset pricing model with time-varying covariances. J Polit Econ 96: 116–131

12. Bunn DW, Fezzi C (2009) Structural interactions of European carbon trading and energy prices. J Energy Markets 2: 53–69

13. Chevallier J (2011) Anticipating correlations between EUAs and CERs: a dynamic conditional correlation GARCH model. Econ Bull 31: 255–272

14. Chevallier J (2012) Macroeconomics, finance, commodities: Interactions with carbon markets in a data-rich model. Econ Model 28: 557–567

15. Chevallier J， Ielpo F， Mercier L （2009） Risk aversion and institutional information disclosure on the European carbon market： a case-study of the 2006 compliance event. Energy Policy37： 15–28

16. Christiansen AC， Arvanitakis A， Tangen K， Hasselknippe H （2005） Price determinants in the EU emissions trading scheme. Climate Pol 5： 15–30

17. Conrad C， Rittler D， Rotfuss W （2011） Modeling and explaining the dynamics of European Union Allowance prices at high-frequency. Energy Econ. doi： 10.1016/j.eneco.2011.02.011

18. Convery FJ （2009） Reflections—the emerging literature on emissions trading in Europe. Rev Environ Econ Policy 3： 121–137

19. Convery FJ， Redmond L （2007） Market and price developments in the European Union emissions trading scheme. Rev Environ Econ Policy 1： 88–111

20.Daskalakis G， Markellos RN （2009） Are electricity risk premia affected by emission allowance prices? Evidence from the EEX， Nord Pool and Powernext. Energy Policy 37： 2594–2604

21.Daskalakis G， Psychoyios D， Markellos RN （2009） Modelling CO_2 emission allowance prices and derivatives： evidence from the European trading scheme. J Bank Finance 33： 1230–1241

22. Dalgaard P （2002） Introductory statistics with R. Springer statistics and computing. Springer， New York/Dordrecht/Heidelberg/London

23.DelarueE， D' haeseleer WD （2007） Price determination of ETS allowances through the switching level of coal and gas in the power sector. Int J Energy Res 31： 1001–1013

24.Dickey DA， Fuller WA （1979） Distribution of the estimators for autoregressive time series with a unit root. J Am Stat Assoc 74： 427–431

25.Dickey DA， Fuller WA （1981） Likelihood ratio statistics for autoregressive time series with a unit root. Econometrica 49： 1057–1072

26.Ellerman AD， Buchner BK （2007） The European Union emissions trading scheme: origins, allocation, and early results. Rev Environ Econ Pol 166–187

27. Ellerman AD, Buchner BK (2008) Over-allocation or abatement? A preliminary analysis of the EU ETS based on the 2005–06 emissions data. Environ Resour Econ 41: 267–287

28.Ellerman AD, Convery F, De Perthuis C (2010) Pricing carbon: the European Union emissions trading scheme. Cambridge University Press, Cambridge

29.Engle RF (2002) Dynamic conditional correlation: a simple class of multivariate generalized autoregressive conditional heteroskedasticity models. J Bus Econ Stat 20: 39–350

30.Engle RF, Kroner KF (1995) Multivariate simultaneous generalized ARCH. Econom Theory11: 122–150

31.Engle RF, Sheppard K (2001) Theoretical and empirical properties of dynamic conditional correlation MGARCH. NBER working paper No 8554, National Bureau of Economic Research, Massachusetts, USA

32. Gujarati DN (2004) Basic econometrics, 4th edn. McGraw-Hill, New York

33. Hamilton JD (1996) Time series analysis, 2nd edn. Princeton University Press, Princeton

34. Harvey AC (1993) Time series models, 2nd edn. Harvester Wheatsheaf, New York

35. Hintermann B (2010) Allowance price drivers in the first phase of the EU ETS. J EnvironEconManag 59: 43–56

36. Kanen JLM (2006) Carbon trading and pricing. Environmental Finance Publications, London

37. Keppler JH, Mansanet - Bataller M (2010) Causalities between CO_2, electricity, and other energy variables during phase I and phase II of the EU ETS. Energy Policy 38: 3329–3341

38. Kleiber C， Zeileis A （2008） Applied econometrics with R. Springer series use R! Springer， New York/Dordrecht/Heidelberg/London

39.Kwiatkowski DP， Phillips PCB， Schmidt P， Shin Y （1992） Testing the null hypothesis of stationarity against the alternative of the unit root： how sure are we that economic time series are non stationary? J Econom 54：159–178

40. MacKinnon JG （1996） Numerical distribution functions for unit root and cointegration tests.J Appl Econom 11：601–618

41.Mansanet - Bataller M， Pardo A （2009） Impacts of regulatory announcements on CO_2prices.J Energy Mark 2：77–109

42. Mansanet - Bataller M， Pardo A， Valor E （2007） CO_2 prices， energy and weather. Energy J28：73–92

43. Paolella MS， Taschini L （2008） An econometric analysis of emission allowance prices. J Bank Finance 32：2022–2032

44.Phillips PCB， Peron P （1988） Testing for a unit root in time series regression. Biometrika75：335–346

45. Roll R （1984） Orange juice and weather. Am Econ Rev 74：861–880

46. Shumway RH， Stoffer DS （2011） Time series analysis and its applications with R examples， 3rd edn. Springer texts in statistics. Springer， New York/Dordrecht/Heidelberg/London

47. Zeileis A， Kleiber C （2005） Validating multiple structural change models—a case study.J ApplEconom 20：685–69

[第3章]

与宏观经济的联系

摘要 上一章研究了和能源及制度变量等相关的影响因素，本章将致力于研究碳价格和宏观经济风险因素之间的联系。首先，本章将研究股票和债券市场的几个变量，以及它们对碳市场的影响。其次，本章将通过因子模型对宏观经济、金融和大宗商品指标进行研究分析。再次，本章将运用非线性检验、自激励门限自回归模型、平滑转换自回归模型和马尔科夫机制转换模型对碳价格和工业生产之间的关系进行研究。总的来说，结果表明，碳排放配额在能源商品中形成了一个非常特殊的市场，除此之外，它与宏观经济的交互作用主要受几个参数的影响。

3.1 股票和债券市场

本节致力于研究碳价格和源自于股票及债券市场的主要宏观经济风险因素之间的实证关系:国债收益率、股息收益率、“垃圾”债券相对于优质公司债券的超额收益率，以及商品多样化投资组合带来的超额收益率。在此之前，我们将详细阐述应用到碳价格的GARCH模型框架。

3.1.1 碳价格的GARCH模型

根据[9]和[59]，碳价格可以通过GARCH（p，q）类模型进行充分的模拟。因此，我们采用了AR（1）-GARCH（1，1）模型的最简化形式:

$$r_t = \mu + \rho_1 r_{t-1} + \varepsilon_t, \quad \varepsilon_t | \Omega_{t-1} \sim \text{i.i.d.}\left(0, \sigma_t^2\right) \tag{3-1}$$

$$\sigma_t^2 = \omega + \alpha \varepsilon_{t-1}^2 + \beta \sigma_{t-1}^2 \tag{3-2}$$

其中，r_t 是第 t 天欧盟碳排放配额（EUA）期货合约收益率，μ 是一个常数，ε_t 是均值为0、条件方差为 σ_t^2 的误差项 。准极大似然估计法（QML）运用波勒斯列夫-伍德里奇稳健性标准误差估计AR（1）-GARCH（1，1）模型，新息服从正态分布。通过Berndt-Hall-Hall-Hausman优化算法（Berndt等（1974，[13]））可获得参数估计值。

专栏 3-1 （ARCH（q）及GARCH（p,q）模型）当数值产生过程呈现出方差非线性时（即方差依赖于所有信息,包括时间的变化）,可以依靠基于条件方差内生参数化的计量经济模型。

设 ε_t 为误差项:

$$E\left(\varepsilon_t | \underline{\varepsilon_{t-1}}\right) = 0 \tag{3-3}$$

$$V\left(\varepsilon_t | \underline{\varepsilon_{t-1}}\right) = \sigma_t^2 \tag{3-4}$$

$\underline{\varepsilon_{t-1}} = \left(\varepsilon_{t-1}, \varepsilon_{t-2}, \cdots\right)$, σ_t^2 为 ε_t 的条件方差, ε_t 随时间而变化（与ARMA模型相反）。注意,我们也可以用一个标准化的过程 z_t 代替 ε_t：

$$z_t = \varepsilon_t \left(\sigma_t^2\right)^{-1/2} = \frac{\varepsilon_t}{\sigma_t} \tag{3-5}$$

其条件期望等于零,且具有一个单一的方差。

继 Engle （1982,[35]）的开创性贡献以来,自回归条件异方差（ARCH）模型便依赖于条件方差的二次参数化。σ_t^2 由 q 个往期新息值的平方的线性函数给出。ARCH（q）过程为:

$$\sigma_t^2 = \alpha_0 + \sum_{i=1}^{q} \alpha_i \varepsilon_{t-i}^2 = \alpha_0 + \alpha(L)\varepsilon_t^2 \tag{3-6}$$

L为滞后算子, $\alpha_0 > 0$, $\alpha_i \geqslant 0 \forall i$ 。对系数的约束可保证条件方差为正,若 $\sum_{i=1}^{q} \alpha_i < 1$,则方差是有限的。

此模型将波动聚类（即往往在大幅的价格波动后,伴随着较大幅度的随机价格波动）纳入了考虑范围。

此后,在Bollerslev（1986,[14]）指导下,GARCH模型引入了方差的滞后值，这将对滞后结构进行明确和简化的描述。GARCH（p,q）的过程被定义为：

$$\sigma_t^2=\alpha_0+\sum_{i=1}^{q}\alpha_i\varepsilon_{t-i}^2+\sum_{j=1}^{p}\beta_j\sigma_{t-j}^2=\alpha_0+\alpha(L)\varepsilon_t^2+\beta(L)\sigma_t^2 \tag{3-7}$$

其中，$\alpha_0>0$，$\alpha_i\geqslant 0\forall i$，$\beta_j\geqslant 0\forall j$。类似地，对系数的约束保证了条件方差为正。值得注意的是，当 $p=0$ 时，GARCH（p,q）模型简化为ARCH（q）模型。

在GARCH模型中，由于条件方差具有二次形式，伴随下跌过程的波动可能比伴随上升过程的波动更为重要。条件方差的这种对称性可能并不完全令人满意。此外，由于参数具有非负性约束，某种冲击会对波动产生同样的积极作用，这与随机或周期性波动过程并不兼容。Nelson（1991，[58]）的指数广义自回归条件异方差模型（EGARCH）和Zakoian（1994，[80]）的门限广义自回归条件异方差模型（TGARCH）就是为了应对以上模型的限制而设定的（见 Engle和Patton （2001，[39]），Engle（2001，[36]）和Engle（2003,[37]）在这个论题上的建设性评论）。

此模型可以通过表3-1中所提供的R编码进行估计。本例中使用的数据集可通过以下网址下载:http://sites.google.com/site/jpchevallier/publications/books/springer/data_chapter3.csv。

表3-1 R编码:GARCH模型

```
1  path<-"C:/"
2  setwd(path)
3  library(fGarch)
4  data=read.csv("data_chapter3.csv",sep=",")
5  attach(data)
6  eua=data[,2]
7  modelgarch<-garchFit( ~ garch(1,1), data = eua)
8  summary(modelgarch)
9  plot(modelgarch)
```

第1—6行载入了相关数据库。[①]第7行执行了GARCH（1，1）模型的估计，如表3-1所示。第一个R输出结果展现了GARCH模型的数值优化

① 注:运行R程序包“fGarch”需安装Rmetrics。见https://www.rmetrics.org/。

过程（为节省空间此处略过）。

如表3-2所示，第8行给出了GARCH模型的系数估计。

此表包含了有关GARCH模型拟合优度的很多有用的信息。事实上，我们可以观察到，ARCH模型和GARCH模型的系数是非常显著的（在1%的置信水平）。此外，根据不同滞后期的Ljung-Box检验所得高p值判断，残差似乎并非自相关。最后，ARCH模型检验结果表明，异方差性已被适当考虑到EUA的时间序列中。

如图3-1所示，第9行提供了更多的诊断图。从直观来看，我们可以确认残差（或标准化残差）不存在自相关。此外，以GARCH（1，1）模型的过程为蓝本，我们最终能够得到EUAs的条件方差。总体而言，本节对GARCH模型估计过程作为一个宝贵的工具如何充分模拟碳价格的波动进行了说明。

关于GARCH模型的详细信息，有兴趣的读者可参阅Bollerslev，Chou和Kroner（1992，[15]），Bera和Higgins（1993，[10]），Bollerslev，Engle和Nelson（1994，[16]），Li，Ling和McAleer（2002，[53]）的相关著作。

3.1.2　与股票和债券市场的关系

本节主要讨论了宏观经济冲击对碳市场的传导效应。①基于之前Bessembinder和Chan（1992，[12]）、Bailey和Chan（1993，[4]）、Fleming和Ostdiek（1999，[44]），还有Sadorsky [63，64]关于农业和能源期货市场的研究工作，Chevallier（2009，[26]）对这种传导效应进行了研究。市场和宏观经济之间关系的依据源于企业为适应其生产能力进行必要的套利，当商品需求（和因此带来的实际生产活动）高时，企业需要生产并且排放更多的CO_2。这些对碳配额的额外需求对碳价有正影响，反之亦然。②

金融经济学文献普遍认为有四类宏观经济风险因素：

（1）股息收益率；

（2）“垃圾”债券的收益率；

（3）国债收益率；

① 由于在EU ETS第一阶段和第二阶段之间对配额储存进行限制，现货碳价格系列不在这里讨论(详见第2章的此话题)。

② 这一基本关系将在本章接下来的部分进行更详细的解释。

（4）市场投资组合的超额收益率。

表3-2　　R输出结果：GARCH模型的系数估计

```
Title:
 GARCH Modelling

Call:
 garchFit(formula = ~garch($1, 1$), data = eua)

Mean and Variance Equation:
 data ~ garch($1, 1$)
<environment: 0214a74c>
 [data = eua]

Conditional Distribution:
 norm

Coefficient(s):
        mu       omega      alpha1       beta1
4.9252e-04  1.3111e-09  8.4561e-02  9.4023e-01

Std. Errors:
 based on Hessian

Error Analysis:
        Estimate  Std. Error  t value Pr(>|t|)
mu     4.925e-04   1.001e-03    0.492    0.623
omega  1.311e-09   3.722e-06    0.000    1.000
alpha1 8.456e-02   1.854e-02    4.562 5.07e-06 ***
beta1  9.402e-01   1.439e-02   65.318  < 2e-16 ***
---
Signif. codes:  0 '***' 0.001 '**' 0.01 '*' 0.05 '.' 0.1 ' ' 1

Log Likelihood:
 1149.913    normalized:  2.173748

Description:
 Fri May 20 20:06:29 2011 by user: jchevall

Standardised Residuals Tests:
                                Statistic p-Value
 Jarque-Bera Test   R    Chi^2  9601.376  0
 Shapiro-Wilk Test  R    W      0.8878204 0
 Ljung-Box Test     R    Q(10)  10.37186  0.4084968
 Ljung-Box Test     R    Q(15)  15.50072  0.4159866
 Ljung-Box Test     R    Q(20)  21.48272  0.3692258
 Ljung-Box Test     R^2  Q(10)  0.1748325 1
 Ljung-Box Test     R^2  Q(15)  0.3461913 1
 Ljung-Box Test     R^2  Q(20)  0.457268  1
 LM Arch Test       R    TR^2   2.13203   0.999175

Information Criterion Statistics:
      AIC       BIC       SIC      HQIC
-4.332374 -4.300079 -4.332487 -4.319732
```

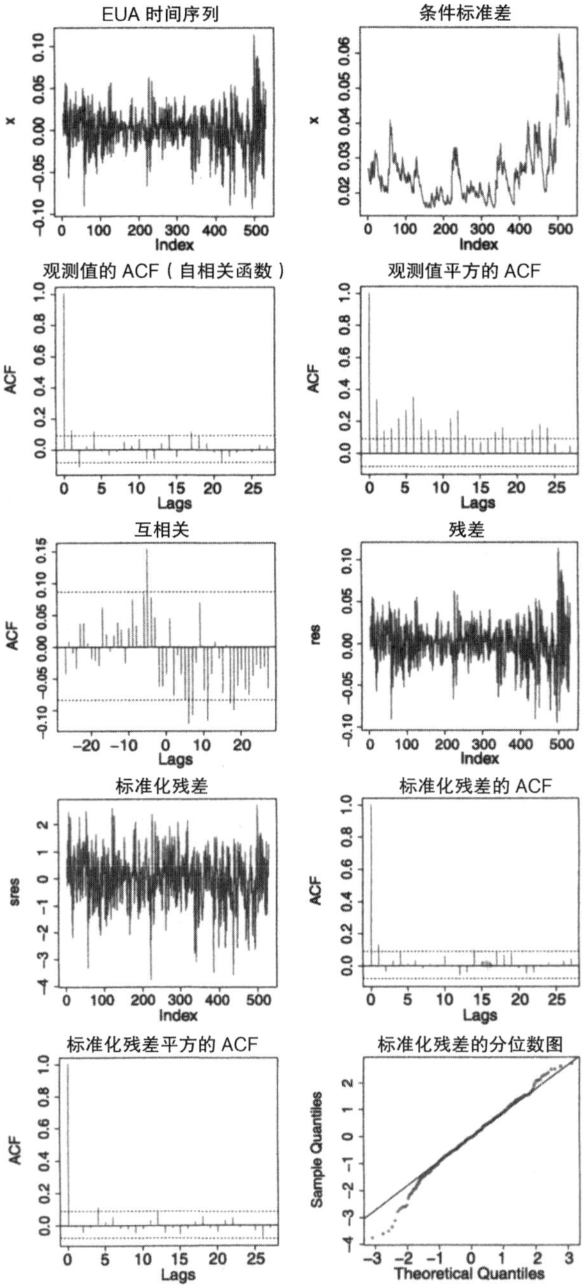

图 3-1　GARCH 模型诊断图

这些指标一般在期货市场有显著的预测效果（Fama和French [41，43]）。存在于股票、债券和大宗商品之间的内在关系表明，这些市场通过相互影响从而导致均衡的价格。当然，上述影响会因给定市场在宏观经济冲击中的风险暴露程度差异而有所不同。①我们希望评估这些宏观经济变量对碳价格的影响是否是显著的，要做到这一点，我们就要详细研究与碳市场相关的每一个因素。

1. 股息收益率

正如Chevallier（2009，[26]）所述，如果大宗商品期货价格反映了嵌入股票市场状况演变中的系统性风险，我们预计可以确定碳期货和股票市场之间的关系是统计性显著的。

如图3-2所示，股市变量可以通过Euronext 100或Dow Jones Euro Stoxx 50的指数来近似表示，这些指数所代表的是欧洲交易所流动性最强的股票的价值加权投资组合。它们各自的股息收益率，如图3-2右侧所示，可用于计量经济分析。股息收益率往往在经济增长缓慢的时期会更高（Fama和French（1987，[40]））。

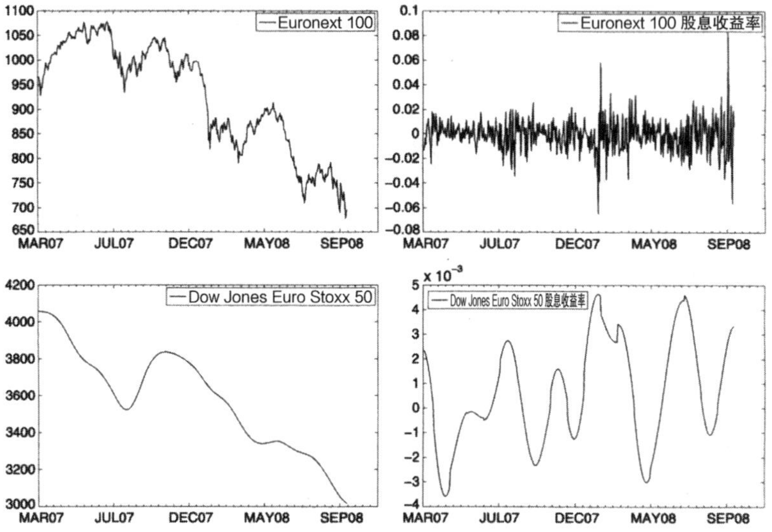

图3-2 股票市场的宏观经济风险因素

① 例如,木材和取暖油通常比黄金和白银对商业周期更加敏感,这在股市中会呈现微小的不同(并可能被视为在市场动荡时期的避风港)。

2. 垃圾债券收益率

公司债券与股票相比可以被视为风险较低的投资。高质量和低质量债券的不同取决于对投资者持有风险资产带来风险的货币补偿。在此背景下，“垃圾”债券变量可以被定义为不同质量评级的企业长期债券之间的收益率之差，它们被用来作为违约风险的代表性变量，并可能被视为股市回报率的强有力的预测指标（Fama 和 French（1989，[41]））。

例如，图3-3左上和中上分别显示了穆迪评级为AAA和BAA的公司债券。图3-3的右图中垃圾债券收益率是由BAA债券收益率减去AAA债券收益率而计算出的（即它所代表的是最低质量债券与最高质量债券的收益率之差）。这个变量有望快速反映市场状况，除此之外，我们还可以从统计学上检验其是否与碳市场之间存在反馈效应。

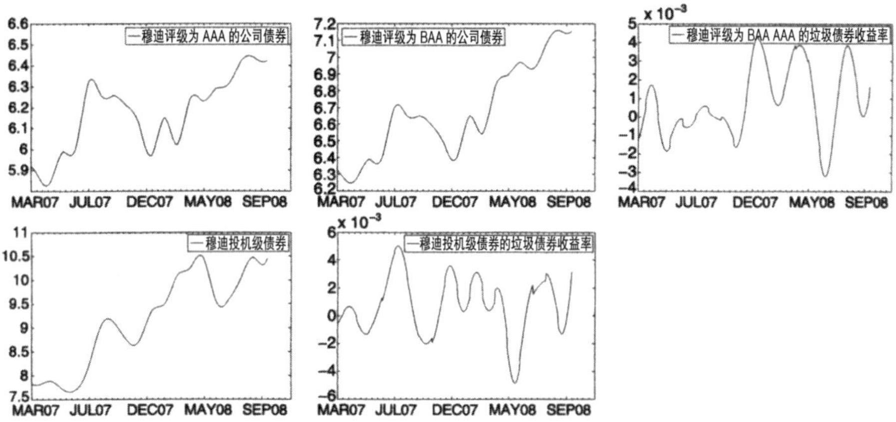

图 3-3 债券市场的宏观经济风险因素

3. 国债收益率

我们可以把利息率看作一个主要的宏观经济指标。利息率的变化是系统性风险变化的重要指标之一，因为宏观经济政策的传导广泛借助于增加或减少利率基点来实现，它还可以追踪商业周期的潜在变化。

如图3-4所示，90天美国国债收益率曲线可以作为当前经济状况的判断指标。这个变量基于交易活跃的美国国债场外交易市场收盘时买入的收益率，被市场参与者用作与宏观经济趋势挂钩的短期贴现率，因此，这个变量往往在经济增长（衰退）时期是高（低）的。除此之外，图3-4下部的图表明，欧洲央行发行的两年期欧元区政府基准债券收益率也可以如此来使用。后者具有捕捉具体到EU ETS的宏观经济环境变化的优势，因此，我们可以预期利率收益与碳价之间存在正相关关系。

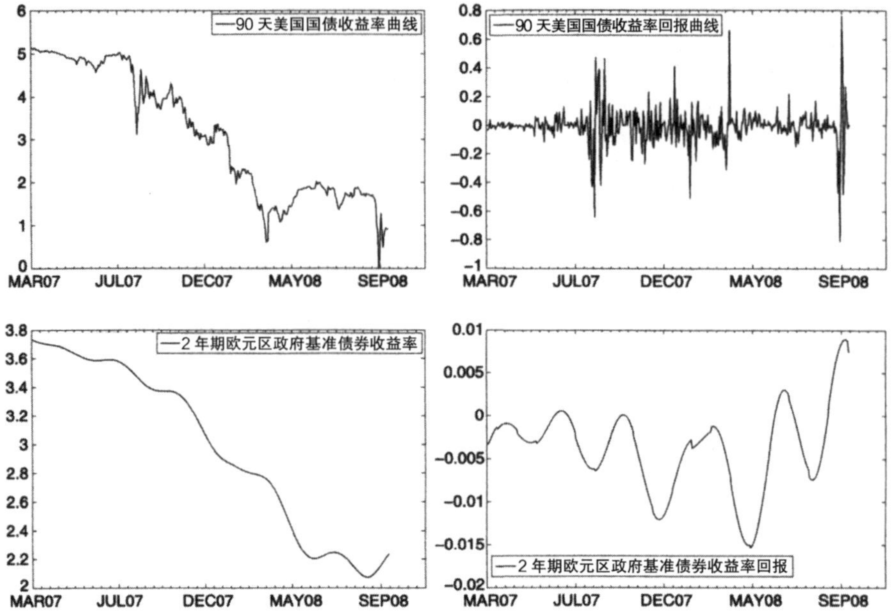

图3-4 利率市场的宏观经济风险因素

4. 市场投资组合的超额收益率

超额收益率通常由商品的连续复利指数收益率和90天国债连续复利指数收益率之间的差额算得。选择商品指数作为市场投资组合，这与碳配额在商品领域已经成为一种新资产的观点是一致的（也存在明显的例外情况:存货成本几乎不存在，在第5章中将详细介绍）。

图3-5上部展示了路透/杰弗里斯商品研究局（Reuters/Jefferies-CRB）期货指数，可以代表大宗商品价格的整体趋势。该期货指数反映了经济条件的变化，这里的经济条件指的是影响一揽子最活跃交易商品如金

属、农产品和能源产品的条件。部分商品如黄金，能够在市场动荡时期提供安全的避风港，因此与碳市场之间关系的符号取决于指数的周期性或反周期性。在图3-5的下部，高盛商品指数（GSCI）也遵循相同的逻辑，可以捕捉与全球大宗商品市场挂钩的风险因素的影响。

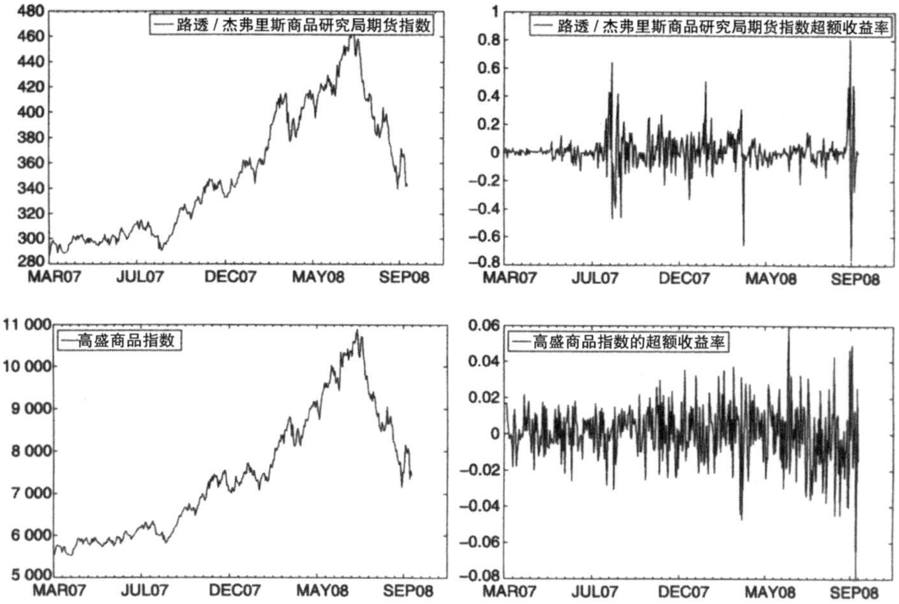

图3-5　大宗商品市场的宏观经济风险因素

5. GARCH模型估计结果

确定对碳市场有影响的宏观经济风险因素的经济学策略可以写为:

$$Y_t = \theta X_t^{'} + \varepsilon_t \tag{3-8}$$

$$\sigma_t^2 = \omega + \sum_{i=1}^{p} \alpha_i \varepsilon_{t-i}^2 + \sum_{j=1}^{q} \beta_j \sigma_{t-j}^2 \tag{3-9}$$

其中，σ_t^2 是条件方差，是一个由常数项 ω，ARCH项 ε_{t-i}^2 和GARCH项 σ_{t-j}^2 组成的函数。宏观经济风险因素作为外生回归量 $X_t^{'}$ 被包含在GARCH模型的均值方程中。

综合上述碳期货和宏观经济风险因素之间的预期关系，我们可以预测，股市和超额收益率变量与碳市场之间的关系是负相关的，而国债利率和垃圾债收益率则应与碳价格呈正相关关系（Chevallier（2009，[26]））。

专栏 3-2 （进阶的GARCH（p，q）模型）可以测试各种形式的GARCH用于跟踪宏观经济风险因素与碳市场之间的关系。其中的一些似乎特别适合于检测均值回归或杠杆影响（Benz和Trueck（2009，[9]），Chevallier（2009，[26]））。

成分GARCH模型:标准的GARCH（p，q）模型可以写为:

$$\sigma_t^2 = \bar{\omega} + \alpha\left(\varepsilon_{t-i}^2 - \bar{\omega}\right) + \beta\left(\sigma_{t-j}^2 - \bar{\omega}\right) \tag{3-10}$$

如果条件方差显示均值回归到 $\bar{\omega}$ ，引入成分GARCH模型（CGARCH）如下:

$$\sigma_t^2 - m_t = \bar{\omega} + \alpha\left(\varepsilon_{t-i}^2 - \bar{\omega}\right) + \beta\left(\sigma_{t-j}^2 - \bar{\omega}\right) \tag{3-11}$$

$$m_t = \omega + \rho\left(m_{t-1} - \omega\right) + \phi\left(\varepsilon_{t-i}^2 - \sigma_{t-j}^2\right) \tag{3-12}$$

其中, ω 是随时间变化的长期波动性水平， m_t 是长期成分，式（3-11）描述了条件方差的短期波动部分。

指数GARCH模型: 回顾一下尼尔森提出的基于条件方差的指数GARCH模型（EGARCH）（1991，[58]）:

$$\log\left(\sigma_t^2\right) = \omega + \sum_{i=1}^{p} \alpha_i \left|\frac{\varepsilon_{t-i}}{\sigma_{t-i}}\right| + \sum_{j=1}^{q} \beta_j \log\left(\sigma_{t-j}^2\right) + \sum_{k=1}^{r} \gamma_k \frac{\varepsilon_{t-k}}{\sigma_{t-k}} \tag{3-13}$$

其中, γ 检验的是杠杆效应的存在。不妨回顾一下相关金融经济学文献，杠杆效应意指与价格降低相关联的更高水平的波动。

GARCH-in-Mean模型: 将条件方差的对数引入均值方程，就可以得到GARCH（p，q）-in-Mean模型（Engle等（1987，[38]））:

$$Y_t = \theta X_t' + \lambda \log\left(\sigma_t^2\right) + \varepsilon_t \tag{3-14}$$

Power ARCH模型: Power ARCH模型（PARCH）是基于标准差而不是方差建模，形式如下（Ding等（1993，[32]））:

$$\sigma_t^\delta = \omega + \sum_{i=1}^{p} \alpha_i \left(\left|\varepsilon_{t-i}\right| - \gamma_i \varepsilon_{t-i}\right)^\delta + \sum_{j=1}^{q} \beta_j \sigma_{t-j}^\delta \tag{3-15}$$

其中， $\delta > 0$ ， $\left|\gamma_i\right| \leq 1 \forall i = 1, \cdots, \tau$ ， $\gamma_i = 0 \forall i > \tau$ ， $\tau < p$ 。 δ 是标准差的势参数， γ 参数用来捕捉 τ 阶误差项的非对称性。

门限GARCH模型（TGARCH）：最后来看Zakoian（1994，[80]）提出的非对称TGARCH模型，模型如下：

$$\sigma_t^2 = \omega + \sum_{i=1}^{p} \alpha_i \varepsilon_{t-i}^2 + \sum_{j=1}^{q} \beta_j \sigma_{t-j}^2 + \sum_{k=1}^{r} \gamma_k \varepsilon_{t-k}^2 \Gamma_{t-k} \tag{3-16}$$

其中，当 $\varepsilon_t < 0$ 时 $\Gamma_t=1$，否则为零。$\varepsilon_{t-i} > 0$ 或者 $\varepsilon_{t-i} < 0$ 时，分别表示好结果和坏结果。

通过使用不同的ARMA-GARCH模型对宏观经济变量和碳期货价格进行估计，[①]Chevallier（2009，[26]）在股票、债券市场与碳市场之间建立了一个弱关联。此外，该结果并不能为利率和全球大宗商品市场之间的关系提供明显的证据支持。有趣的是，这些结果挑战了市场分析师的观点:宏观经济风险因素对碳市场有立竿见影的影响。相反地，Chevallier（2009，[26]）的这篇文章显示，只有债券市场的违约率和股票市场的股票收益率才会对碳期货价格产生统计学意义上的显著影响。

因此，之前的计量经济学分析显示宏观经济风险因素通过股票市场对碳价格的影响是有限的。碳配额是一种容易存储的商品，[②]这一事实有助于解释为何股票和债券市场的影响是有限的，而且几乎与国债利率没有关联。此外，碳价格与其他能源市场的相互作用，如第2章中提到的:价格基础实际上是欧盟委员会规定的配额需求与电力运营商的能源需求的函数。这种与电力生产商的燃料转换行为之间的相互作用可以解释碳价格变化和其他能源价格变化之间的直接联系，并且可以解释为什么碳市场和宏观经济变量之间的联系并不紧密。最后，由于其作为环境市场的特定的制度特征，我们也可以解释为什么与股票、债券和大宗商品市场相比，碳市场对宏观经济的风险因素更不敏感。

接下来，我们利用因素模型对碳市场和特定宏观经济、金融和大宗商品指数之间的内在联系做进一步的详细探究。

---

① 请注意,本章并不提供进行这项研究的数据。
② 例如相对于黄金和白银,工业企业不用承担任何存储碳配额的成本(见第5章详细介绍)。

3.2 宏观经济、金融和大宗商品指标

由于Stock和Watson（2002，[65，66]）的贡献，因子模型在应用计量经济学中开始越来越受欢迎。这种模型采用了主成分分析法（PCA），从大数据集中提取和总结信息，用于一个给定的时间序列分析。其主要优点在于:计量经济学家并不需要事先了解哪些变量会对纳入考量范围内的时间序列产生影响（例如，基于以前的理论或实证研究）的事前分析。相反，计量经济学家需要站在不可知论的立场上建立大数据集（由我们的环境、宏观经济、金融和商品变量组成），从这些信息中选取有限数量的因素，并通过观察分析这些现象研究结果的解释力。这些因子模型（Fama和French（1992，[42]））还可以应用到向量自回归框架（VAR）内，[①]正如我们在EUAs的实证应用。

3.2.1 基于主成分分析选取因子

给定一个k维随机变量 $\mathrm{r}=(r_1,\cdots,r_k)'$，协方差矩阵为 $\sum_r$，主成分分析则是基于 r_i 的一些线性组合来解释 $\sum_r$ 的结构（Tsay（2010，[78]））。[②]

设 $\mathrm{w}_i=(w_{i1},\cdots,w_{ik})'$ 为k维实值向量，$i=1,\cdots,k$。随机向量r的线性组合为:

$$y_i=\mathrm{w}_i'\mathrm{r}=\sum_{j=1}^{k}w_{ij}r_j \tag{3-17}$$

其中，r为k个变量的返回值，y_i 为对第j个变量赋予权重 w_{ij} 后的组合的返回值。如上所述，主成分分析法（PCA）的核心在于找到线性组合，使得:

- $i\neq j$，y_i 和 y_j 不相关;
- y_i 的方差无限大。

根据随机变量的线性组合特性，可知（Tsay（2010，[78]））

① 基本的VAR模型的描述见第4章。
② 需要注意的是主成分分析(PCA)也可用于r的相关矩阵 ρ_r。

$$\mathrm{Var}(y_i) = \mathrm{w}_i' \sum_r \mathrm{w}_i, i = 1, \cdots, k \tag{3-18}$$

$$\mathrm{Cov}(y_i, y_j) = \mathrm{w}_i' \sum_r \mathrm{w}_j, i, j = 1, \cdots, k \tag{3-19}$$

因此，r 的第一主成分为线性组合 $y_1 = \mathrm{w}_1'\mathrm{r}$ ，其中 $\mathrm{w}_1'\mathrm{w}_1 = 1$ 时， $\mathrm{Var}(y_1)$ 取最大值。 r 的第二主成分为线性组合 $y_2 = \mathrm{w}_2'\mathrm{r}$ ，其中 $\mathrm{w}_2'\mathrm{w}_2 = 1$ 且 $\mathrm{Cov}(y_2, y_1)$ =0 时， $\mathrm{Var}(y_2)$ 取最大值。 r 的第 i 个主成分为线性组合 $y_i = \mathrm{w}_i'\mathrm{r}$ ， $\mathrm{w}_i'\mathrm{w}_i = 1$ 且 $\mathrm{Cov}(y_i, y_j) = 0$ ， $j = 1, \cdots, i-1$ 时， $\mathrm{Var}(y_i)$ 取最大值。

有兴趣的读者可以参考Tsay（2010，[78]）关于这个问题基于协方差矩阵 $\sum_r$ 的谱分解的解答。结论是，由第 i 个主成分解释的 r 总方差的比重是第 i 个特征值与 $\sum_r$ 所有特征值之和的比值。

在实证应用中，计算由 i 个第一主成分解释的总方差的累积比重也是有用的。通过遵循此程序，可选取少量因子（但相应的具有较大的累积比例），如下一节的EUAs所示。

3.2.2　对EUAs的要素增强型向量自回归模型分析

本节首先给出使用数据，然后是计量经济学框架和估计结果。

1. 数据

首先，我们将2008年4月至2009年6月EUA的现货和期货价格时间序列纳入考量范围，如图3-6所示。[①]

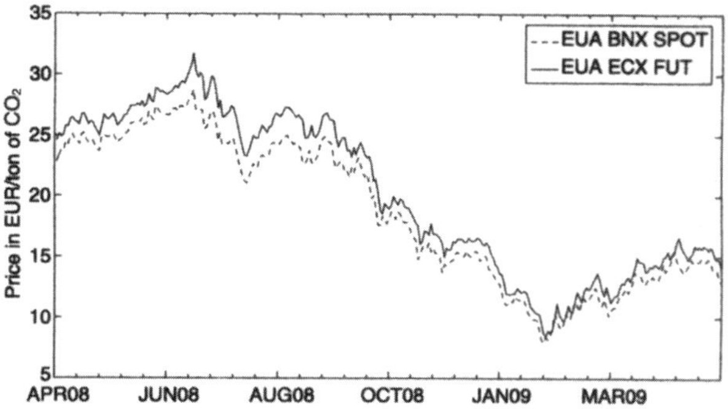

图3-6　2008年4月至2009年6月欧盟排放配额(EUA)现货与期货价格

① 本章数据不可下载。

其次，我们按照上述PCA方法从由宏观经济、金融和商品指标组成的大型数据库中提取两个因子。该数据集包含了大量与股票、债券、工业生产、市场和价格指数、汇率以及各种货币总量相关的时间序列，它还包括了被认为与碳市场相关的商品和能源变量。①

如图3-7，因子载荷量代表了每个时间序列对因子的贡献度。它们表明，总的来说，宏观经济和金融时间序列对第一个主分量的贡献最大，而商品在第二主分量的权重最大（见 Chevallier（2011，[27]）变量列表）。总之，这两个因子约占数据集中总方差的50%。

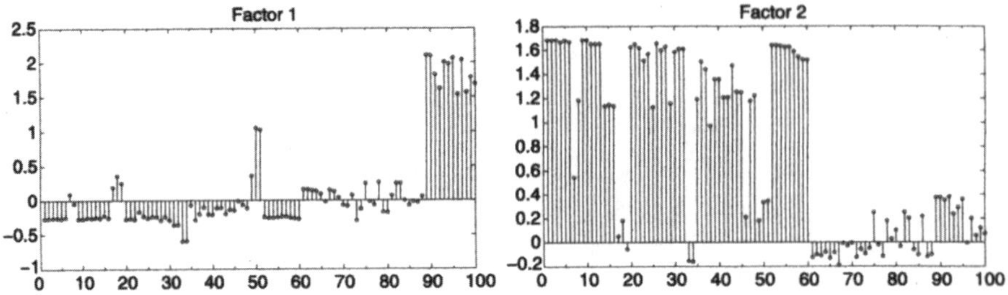

图3-7 通过主成分分析从宏观经济和金融(左图)及商品(右图)变量大数据集提取的因子载荷量

接下来，我们在Bernanke（2005，[11]）等人的研究理论指导下设定一个要素增强型向量自回归模型（FAVAR），以分析碳价格和各因子返回值的关系。

2. 要素增强型向量自回归模型（Factor-Augmented VAR Model）

y_t 记为时间序列变量的一个 $M\times 1$ 向量，y_{it} 表示一个特定的变量，FAVAR建立在常用的状态空间形式表达的动态因子模型结构之上：

$$y_{it}=\lambda_{0i}+\lambda_i f_t+\gamma_i r_t+\varepsilon_{it} \tag{3-20}$$

$$f_t=\Phi_1 f_{t-1}+\cdots+\Phi_p f_{t-p}+\varepsilon_t^f \tag{3-21}$$

对于 $i=1,\cdots,M$，f_t 被定义为不可观测潜在因子的 $q\times 1$ 向量（其中 $q<<M$），它包含从假设为推动经济的动力的 M 个变量中提取的信息，λ_i 是所谓因子载荷量的 $1\times q$ 矩阵，λ_{0i} 代表每个因变量的截距，r_t 代表观

① 见 Chevallier(2011,[27])对于收集在大数据库中以代表广泛的经济环境的时间序列的描述。

测变量的 $k_r \times 1$ 向量，ε_{it} 是独立同分布，N（0，σ_i^2），且 ε_t^f 是独立同分布，N（0，Σ^f）。

FAVAR扩展了因子的状态方程，使得 r_t 具有VAR形式：

$$\begin{pmatrix} f_t \\ r_t \end{pmatrix} = \tilde{\Phi}_1 \begin{pmatrix} f_{t-1} \\ r_{t-1} \end{pmatrix} + \cdots + \tilde{\Phi}_p \begin{pmatrix} f_{t-p} \\ r_{t-p} \end{pmatrix} + \tilde{\varepsilon}_t^f \tag{3-22}$$

其中，$\tilde{\varepsilon}_t^f$ 是独立同分布，N（0，$\tilde{\Sigma}^f$）。我们把因子理解为总结包含在宏观经济、金融和商品时间序列的大数据集里的信息。FAVAR模型通过遵循两步骤过程进行估计：（1）PCA被用于提取因子，（2）通过标准VAR方法估计状态方程的参数。①

3. 脉冲响应函数分析（Impulse-Response Function Analysis）

本节中，我们分析的目的在于通过脉冲响应函数（IRF）分析FAVAR框架。事实上，这种计量经济学策略能够加深我们对碳市场如何对各项因子的外生冲击作出反应的了解。

根据Bernanke等（2005，[11]）的观点，这项工作可以通过确定“慢速变动”与“快速变动”的变量进行。前一种类型的变量不能同时对意外冲击作出反应，与之相应的变量有产出、生产、消费、就业或利率。后一种类型的变量会对经济冲击作出立即调整，与之相应的如资产价格。此识别方法对于解释宏观经济、金融或商品领域带来的冲击是必要的。

通过模拟宏观经济、金融和商品环境中的经济衰退冲击，我们得出图3-8中相应的碳现货和期货市场的脉冲响应函数。同时要注意的是，这种程式化的运用只符合统计上的假象。对于给经济产生不利影响的外部冲击如2008年的次贷危机，可以从建模角度来考虑。

有趣的是，该结果表明，碳价格变量倾向于对外生冲击作出负面反应（在0.2标准偏差的范围内），但会有一个延迟（我们设定中的三个时期）。②其次，冲击带来的影响会消失，这是FAVAR模型平稳

① 标准的初始条件可参考库普(2003,[52])。这个数值方法比马尔科夫链蒙特卡罗方法(MCMC)更容易实现。还要注意的是,PCA只提供系数方程的解决方案,并未考虑因子动力学(见Stock和Watson(2005,[67]))。

② 因此,这一结果是符合碳市场和基于纯粹理论依据的宏观经济之间的关系的。

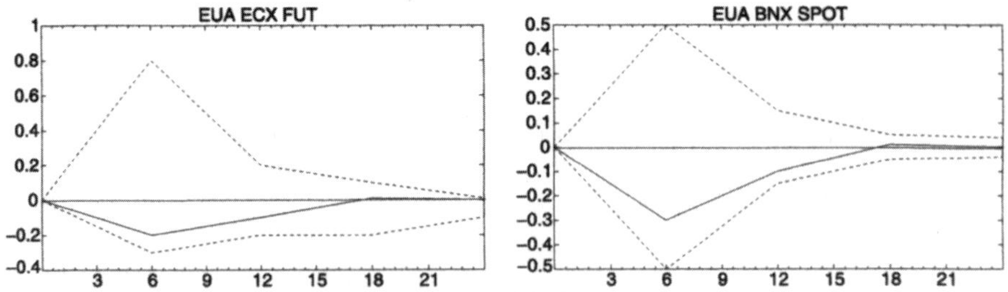

图3-8 通过FAVAR模型对伴随经济衰退冲击的碳期货（左图）和现货（右图）价格的IRF分析

性的象征。因此，这样的结果趋向于肯定在更宽泛的设定中与股票和债券市场相关的研究结果。

综上所述，相较于先前的部分，主要结论仍然保持不变:一方面，我们可以确定碳现货和期货市场之间的联系;另一方面我们也可以识别碳现货和宏观经济之间的联系，但是对于其他资产类型来说，这种联系是相当弱的，该结果可以通过碳市场的主要制度特征被解释成构建的“环境”市场。例如，2008年10月，主要经济指标在“信贷危机”中呈现出急剧下降的趋势，然而，碳价格仅从2009年1月起才针对这种情况作出调整。

最后，有兴趣的读者可参阅Ludvigson及Ng[54，55]和Zagaglia（2010，[81]）的文献，他们分别将因子模型应用于风险溢价和石油市场。

在下一节中，我们将深入研究EUAs预期将如何对受工业生产及相关商业周期变动影响的宏观经济作出响应。

3.3 工业生产

本节将对碳价格与工业生产之间的联系（被称作“碳-宏观经济关系”）构建模型，展开如下:当工业生产增长时，相关的CO_2排放量增加，因此经营者需要更多的CO_2配额以支付其排放量。按照经济学原理，市场上其他条件不变时，需求端的紧约束会导致碳价格上涨。

据我们所知，只有Alberola等（2008a，2009）通过在部门和国家层面上的计量经济学分析打开了这个“黑匣子”。他们指出，经济活动可能是导致CO_2价格波动最明显的和最不被理解的驱动因素。Alberola等[2，3]表明，在一般情况下，由于经济增长导致能源需求增加和较高的工业生产，碳价格不仅对能源价格的预测误差和极端温度事件作出反应，而且还会对EU ETS所覆盖的四个国家（德国、西班牙、波兰和英国）的三个部门（燃料燃烧、造纸和钢铁）的工业生产作出反应。

在下文中，我们开展了广泛的非线性检验，以了解欧盟工业生产和碳价格的动态。然后我们基于自激励门限自回归方法来研究每个时间序列的非线性阈值的出现。最后，展示如何基于平滑过渡和马尔科夫自回归模型来同时分析工业生产与碳价格。

让我们首先来看一下所使用的数据。

3.3.1　数据

图3-9显示的是从2005年1月到2010年7月的时间序列。①数据来源于欧盟统计局和ECX。NBER商业周期参考数据由灰色的垂直线条表示。

对于工业生产，欧盟27个成员国季度调整的工业生产指数月度数据从欧盟统计局获取。对于碳价格，EUA的期货价格每日数据从欧洲气候交易所ECX获取，EUA期货月度价格则通过在给定月份的日观察值的平均值简单计算得来。表3-3显示的是描述性统计量。②

直观来看，所考虑的时间序列的原始数据都不是平稳的。然而，在图3-9的右图中，当转换为对数形式时就显得平稳了。在第一步的检验过程中将使用单位根检验（ADF，PP，KPSS），见表3-4。③

---

① 请注意本章的数据不提供下载。

② Std. Dev.是标准差,JB代表Jarque Bera检验,LB代表Ljung-Box检验,其p值被计算为20个滞后期(该值与10或15个滞后期定性地相似),相同的评论适用于Engle ARCH检验。

③ 对于ADF和PP检验,原假设为*EU27PRODINDRET(EUAFUTRET)*有一个单位根(其中*EU27PRODINDRET(EUAFUTRET)*代表欧盟27国季度调整的工业生产指数的对数形式(EUA期货价格的对数形式))。对于ADF检验,1(0)之后的长度是基于Schwarz信息准则。对于PP检验,带宽5(1)的Bartlett内核被指定使用Newey-West过程。对于这两个检验,模型1被选择(不存在趋势和截距)。检验在5%水平上的临界值是基于MacKinnon(1996)。对于KPSS,原假设为*EU27PRODINDRET(EUAFUTRET)*是固定的。带宽5(3)的Bartlett内核被设定使用Newey-West过程。在5%水平上的渐进临界值是基于KPSS (1992)。模型2(有截距)(模型3(有截距和确定的趋势))被选定。

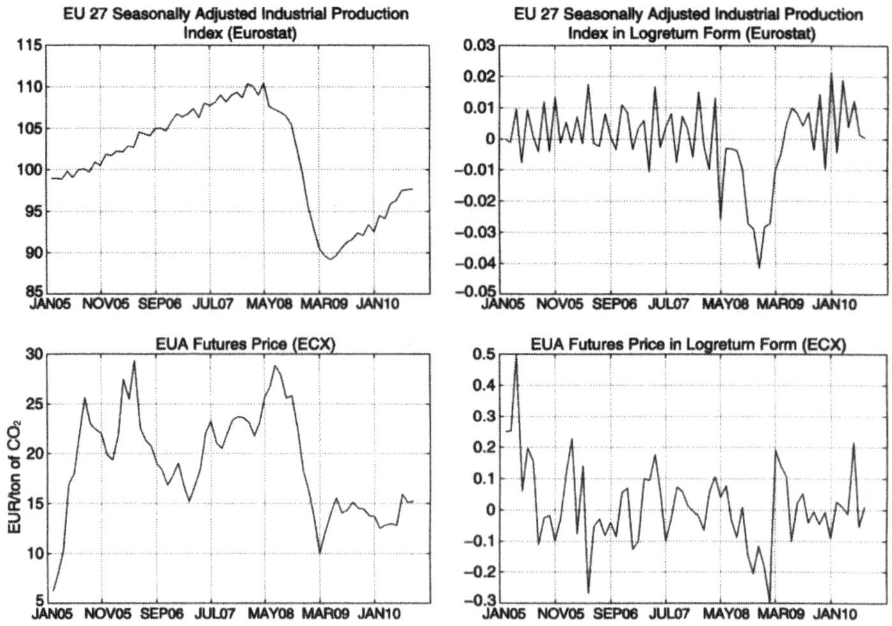

图3-9 2005年1月—2010年7月欧盟27国工业产品指数(上图)和EUA期货价格(下图),其中左边为原始数据,右边为对数形式数据

因而,这两个变量都是一阶单整的(I(1))。

表3-3 **描述性统计量**

	EU27INDPROD	*EU27INDPRODRET*	*EUAFUT*	*EUAFUTRET*
Mean	101.3036	−0.000199	18.92626	0.013585
Median	102.1396	0.000295	19.06000	−0.004721
Maximum	110.4501	0.021329	29.33158	0.497638
Minimum	89.18148	−0.041477	6.225364	−0.299232
Std. Dev.	6.269672	0.012285	5.240281	0.131340
Skewness	−0.387235	−1.060101	−0.091494	0.637325
Kurtosis	1.960821	4.506348	2.371070	4.813195
JB	4.689154	18.60194	1.197730	13.50913
Prob. JB	0.095888	0.000091	0.549435	0.001166
LB test (p-value)	0.000001	0.000020	0.000001	0.413700
ARCH test (p-value)	0.002400	0.082600	0.070500	0.588600
Observations	67	66	67	66

表3-4　单位根检验

EU27PRODINDRET	*t*-Statistic	Test critical values
Augmented Dickey-Fuller test statistic	−2.528185	−1.945987
Phillips-Perron test statistic	−6.382038	−1.945903
	LM-Stat.	Asymptotic critical values
Kwiatkowski-Phillips-Schmidt-Shin test statistic	0.166097	0.463000
EUAFUTRET	*t*-Statistic	Test critical values
Augmented Dickey-Fuller test statistic	−5.953323	−1.945903
Phillips-Perron test statistic	−5.892110	−1.945903
	LM-Stat.	Asymptotic critical values
Kwiatkowski-Phillips-Schmidt-Shin test statistic	0.108755	0.146000

在图3-9的右图中，转换后的时间序列似乎仍是非平稳的，尤其是在欧盟27国工业生产指数的对数形式（从2008年5月到2009年3月）中。为了进一步研究这一问题，我们使用了普通最小二乘法-累积平方和检验（OLS-CUSUM，Ploberger和Kramer（1992，[62]）），它是基于OLS残差的累积，而不是单一的交替。

正如图3-10所示，结果表明我们无法确定任何的结构不稳定性。也就是说，这些变量的经验波动过程都保持在合理的范围之内，在这些数据中并不存在结构突变。接下来，我们将进行非线性检验。

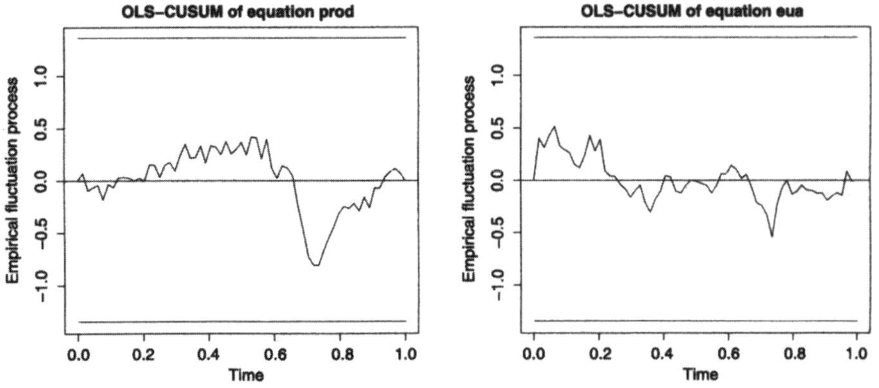

图3-10　EU27PRODINDRET(左图)和EUAFUTRET(右图)的OLS-CUSUM检验

3.3.2 非线性检验

本节列出了几种分析数据特征的非线性检验。人们普遍认识到，宏观经济和金融时间序列（如股票市场）以冲击的发生为特征。由于这些冲击的存在，相关返回值的线性模型可能对市场走势作出错误的设定。如果冲击的动态传播不同于时间序列“平常”的行为，那么依赖于线性传播机制的模型必然是不正确的（Bradley和Jansen（2004，[17]））。

针对这些局限性，非线性时间序列模型通常会展现出丰富的动态结构（Franses和Van Dijk（2003，[45]），Cryer和Chan（2008，[30]））。在对真实数据体现出的非线性动态需要建模的推动下，非线性时间序列分析在20世纪70年代后期被首次开发出来。除了一些拥有完备的理论对可观测时间序列进行解释的案例外，非线性数据的机制通常是未知的。因此，非线性时间序列实证分析的一个基本问题是关于一般非线性类模型的选择。

多种检验被提出以评估时间序列分析中非线性建模的需要（Tong（1990，[75]），Granger和Teräsvirta（1993，[47]））。由于本质上存在无数的非线性模型，我们只将注意力放在Keenan（1985，[51]）、Tsay（1986，[77]）和Brock等[6，8]所研究的一些检验上。

1.Keenan（1985）

令Y_1，…，Y_n表示观测值，Keenan（1985，[51]）的检验可以通过以下模型得出。

$$Y_t = \theta_0 + \phi_1 Y_{t-1} + \cdots + \phi_m Y_{t-m} + \exp\left\{\eta\left(\sum_{j=1}^{m}\phi_j Y_{t-j}\right)^2\right\} + \varepsilon_t \tag{3-23}$$

其中，ϕ是自回归参数，m为一些预先设定的正整数，ε_t是被假定为有零均值和有限方差的独立同分布的误差项。如果$\eta = 0$，指数项变为1，并且可以被纳入到截距项，则前面的模型变为AR（m）模型。另一方面，对于非零η，前述模型是非线性的。因此，通过使用下面的检验统计量检验η是否为0时，Keenan（1985）的检验与F检验是相同的:

$$\hat{F} = \frac{\eta^2(n-2m-2)}{RSS-\eta^2} \tag{3-24}$$

其中，RSS为残差平方和。根据线性原假设，检验统计量 $\hat{F}$ 的分布大致为一个自由度为1和 $(n-2m-2)$ 的 F 分布。一个更正规的便利方法是拉格朗日乘数检验（见Tong（1990，[75]））。

2.Tsay（1986）

Keenan（1985，[51]）的检验仅在检测近似线性条件均值函数的平方形式的非线性（Cryer和Chan（2008，[30]））时是强而有效的。Tsay（1986，[77]）通过考虑更一般的非线性选择扩展了这种方法：

$$Y_t=\theta_0+\phi_1 Y_{t-1}+\cdots+\phi_m Y_{t-m} \tag{3-25}$$

$$+\delta_{1,1}Y_{t-1}^2+\delta_{1,2}Y_{t-1}Y_{t-2}+\cdots+\delta_{1,m}Y_{t-1}Y_{t-m} \tag{3-26}$$

$$+\delta_{2,2}Y_{t-2}^2+\delta_{2,3}Y_{t-2}Y_{t-3}+\cdots+\delta_{2,m}Y_{t-2}Y_{t-m}+\cdots \tag{3-27}$$

$$+\delta_{m-1,m-1}Y_{t-m+1}^2+\delta_{m-1,m}Y_{t-m+1}Y_{t-m}+\delta_{m,m}Y_{t-m}^2+\varepsilon_t \tag{3-28}$$

其中，通过 $\exp(x)\approx 1+x$，我们可知非线性模型近似为二次AR模型。二次项的系数目前不受约束，Tsay（1986，[77]）的检验相当于检验所有的 $m(m+1)/2$ 系数 $\delta_{i,j}$ 是否为零。其次，这可以通过 F 检验得出前面的方程中所有的 $\delta_{i,j}$ 为零。作为一个拉格朗日乘数检验，Tsay（1986，[77]）的检验经过了严格的推导，见Tong（1990，[75]）。

3.Brock等（1987，1996）

Brock等（1987，[6]）的检验（后来在Brock，Dechert和Scheinkman（1996，[8]）中出版，此后简写为BDS），最初用于检验独立同分布（i.i.d）的原假设，以检测非随机混沌动力学。[①]然而，一些研究表明，本检验对广泛的线性和非线性选择都是强有效的（相关例子参见Brock等（1991，[7]））。如果原假设不可被拒绝，那么原来的线性模型也不可被拒绝。如果原假设被拒绝，则拟合线性模型的设定有误，从这个意义上来说，它也可以被看作是一个非线性检验。

BDS检验背后的理念是相关积分，它是衡量数据中时间模式重复频率的方式。考虑一个时间序列 x_t，$t=1,2,\cdots,T$，定义其 m 维历史数据为 $x_t^m=(x_t,x_{t-1},\cdots,x_{t-m+1})$ 个。其嵌入维数为 m 的相关积分可估算为：

① 粗略地讲，如果遵循一个非线性确定性的过程，一个时间序列被认为是“混沌的”，但看起来是随机的。

$$C_{m,\delta}=\frac{2}{T_m(T_m-1)}\sum\sum_{m\leqslant s<t\leqslant T}I\left(x_t^m,x_s^m,\delta\right) \tag{3-29}$$

其中，$T_m=T-m+1$ 和 $I(x_t^m,x_s^m,\delta)$ 是一个指标函数，相当于如果对于 $i=0,1,\cdots,m-1$，$|x_{t-i}-x_{s-i}|<\delta$，则它等于1，否则为0。直观地说，相关积分估计了任何两个 m 维的点在彼此的 δ 距离之内的概率。如果 x_t 是独立同分布，这种概率在极端情况下应该等于 $C_{1,\delta}^m=Pr\left(|x_t-x_s|<\delta\right)^m$。Brock 等（1996）定义的BDS统计量如下：

$$V_{m,\delta}=\sqrt{T}\frac{C_{m,\delta}-C_{1,\delta}^m}{s_{m,\delta}} \tag{3-30}$$

其中，$s_{m,\delta}$ 为 $\sqrt{T}(C_{m,\delta}-C_{1,\delta}^m)$ 的标准差，可按照Brock等人（1987，[6]）记录的方法进行估计。在相当适中的正则性条件下，BDS统计量的分布收敛为 N（0，1），因此当 $|V_{m,s}|>1.96$ 时，独立同分布的原假设在5%显著水平被拒绝。

4.结果

Keenan（1985，[51]）和Tsay（1986，[77]）的非线性检验的结果如表3-5和表3-6所示。

在表3-5中，为了进行非线性检验，我们必须指定可行的自回归阶数 m。在这一过程是线性的原假设下，该阶数可以通过最小化信息准则来指定，例如赤池信息准则（Akaike Information Criterion， AIC）。对于 *EU27INDPRODRET* 来说，$m=6$ 是基于AIC确定的。

表3-5 Keenan（1985）和Tsay（1986）对 *EU27INDPRODRET* 的非线性检验结果

	Test Statistic	*p*-value	Order
Keenan (1985)	1.8238	0.1827	6
Tsay (1986)	3.0470	0.0022	6

表3-6 Keenan（1985）和 Tsay（1986）对 *EUAFUTRET* 的非线性检验结果

	Test Statistic	*p*-value	Order
Keenan (1985)	0.2277	0.6348	1
Tsay (1986)	0.1218	0.7282	1

表3-7 Brock等（1987，1996）对*EU27INDPRODRET*的独立同分布检验结果

Embedding dimension =	[2]	[3]		
δ for close points	[0.0061]	[0.0123]	[0.0184]	[0.0246]
Test Statistics	[0.0061]	[0.0123]	[0.0184]	[0.0246]
[2]	6.5196	6.6728	6.2597	6.7664
[3]	9.3868	7.2437	6.2892	6.8695
p-value	[0.0061]	[0.0123]	[0.0184]	[0.0246]
[2]	0	0	0	0
[3]	0	0	0	0

有趣的是，我们得到了互相矛盾的结果。Keenan（1985，[51]）检验并不拒绝线性假设（p值为0.1827），而Tsay（1986，[77]）检验显然拒绝线性假设（p值为0.0022）。

在表3-6中，我们考虑了*EUAFUTRET*的时间序列。可行的AR阶数为1。Keenan（1985，[51]）检验和Tsay（1986，[77]）检验都不能拒绝线性假设，其P值分别为0.6348和0.7282。Brock等人[6，8]独立同分布的检验结果见表3-7和表3-8。

在表3-7中，原假设为*EU27INDPRODRET*是独立同分布的。用于检验的δ=（0.5，1.0，1.5，2.0）的缺省值被转换回原始数据单位，m和δ的大多数组合在常规显著性水平上拒绝独立同分布的原假设。因此，BDS检验结果表明，数据中可能存在非线性结构。同样的评论适用于表3-8中的*EUAFUTRET*。

如表3-9所总结的，对于数据中是否存在非线性特征我们得出了混合的实验证据。Tsay和BDS检验显示了*EU27INDPRODRET*结构的非线性，而Keenan检验不拒绝线性假设。对于*EUAFUTRET*，Keenan和Tsay检验都不拒绝线性假设，而BDS检验显示了一个非线性结构。我们发现Keenan和Tsay对*EU27INDPRODRET*的互相矛盾的检验结果的确令人费解。图3-9的直观结论是，*EU27INDPRODRET*的时间序列仍有可能存在一些不稳定性（由于次贷危机的衰退性冲击）。因此，这个有关存在几种情况的问题需要在下一节进一步研究。

表3-8 Brock等（1987，1996）对*EUAFUTRET*的独立同分布检验结果

Embedding dimension =	[2]	[3]		
δ for close points	[0.0657]	[0.1313]	[0.1970]	[0.2627]
Test Statistics	[0.0657]	[0.1313]	[0.1970]	[0.2627]
[2]	6.5231	5.3256	4.8749	4.6857
[3]	10.8570	6.6217	5.5321	5.5028
p-value	[0.0657]	[0.1313]	[0.0197]	[0.2627]
[2]	0	0	0	0
[3]	0	0	0	0

表3-9 非线性检验结果总结

Evidence of Nonlinearity	Keenan (1985)	Tsay (1986)	Brock et al. (1987, 1996)
EU27INDPRODRET	No	Yes	Yes
EUAFUTRET	No	No	Yes

3.3.3 自激励门限自回归模型

在本节中，我们将时间序列的单变量模型纳入考虑范围。事实上，理解工业生产和碳价格收益率的单变量动态是对它们的联合分布进行后验分析的一个重要出发点。

门限模型是最简单的非线性模型，它们在非线性时间序列分析中的应用很好地记录在Tong [73-75]，Tong和Lim（1980，[76]）开创性的工作中，并导致各领域正在进行的大量理论创新和应用。门限模型有许多变型，在此，我们专注于研究两机制自激励门限自回归（SETAR）模型，其中两个线性子模型之间的转换仅取决于门限变量的位置（见Tong（1990，[75]），Chan（1993，[22]），Chan和Tsay（1998，[25]）和其中的参考文献）。对于SETAR模型，门限变量是过程本身的一个特定滞后值：因此，形容为自我激励。考虑如下模型（Cryer，Chan（2008，[30]））：

$$Y_t=\begin{cases}\phi_{1,0}+\phi_{1,1}Y_{t-1}+\cdots+\phi_{1,p_1}Y_{t-p_1}+\sigma_1 e_t, & 若Y_{t-d}\leq r\\ \phi_{2,0}+\phi_{2,1}Y_{t-1}+\cdots+\phi_{2,p_2}Y_{t-p_2}+\sigma_2 e_t, & 若Y_{t-d}>r\end{cases} \tag{3-31}$$

其中，ϕ 为自回归参数，σ 为噪声标准差，r 是门限，$\{e_t\}$ 是一个独

立同分布的随机变量序列，具有零均值和单位方差。需要注意的是，两个子模型的自回归阶数 p_1 和 p_2 不必相同，且时滞参数 d 可能大于最大的自回归阶数。由方程（3-31）定义的模型表示为具有时滞参数 d 的 $\text{SETAR}(2;p_1,p_2)$ 模型。SETAR模型是遍历性的，因此当 $|\phi_{1,1}|+\cdots+|\phi_{1,p}|<1$ 且 $|\phi_{2,1}|+\cdots+|\phi_{2,p}|<1$ 时，该模型是渐近平稳的（见Chan和Tong（1985，[23]））。

在下文中，我们首先检验门限非线性和单位根。其次，我们用SETAR模型分别估计欧盟工业生产和碳期货价格，以获取关于每个时间序列行为的更多的信息。

1. 门限非线性和单位根检验

由于Keenan（1985，[51]）和Tsay（1986，[77]）的非线性检验主要用于检测二次非线性，它们可能对门限非线性并不敏感。因此，下面我们介绍一个关于门限模型的似然比（LR）检验作为特定的替代。原假设是AR（p）模型，备择假设是p阶两机制自激励门限自回归（SETAR）模型，具有恒定的噪声方差，即 $\sigma_1=\sigma_2=\sigma$ ，有了这些假设，方程（3-31）可以改写为（Cryer，Chan（2008，[30]））：

$$Y_t=\phi_{1,0}+\phi_{1,1}Y_{t-1}+\cdots+\phi_{1,p}Y_{t-p}+\{\phi_{2,0}+\phi_{2,1}Y_{t-1}+\cdots+\phi_{2,p}Y_{t-p}\}I(Y_{t-d}>r)+\sigma e_t \qquad (3\text{-}32)$$

其中，I（.）是一个指标变量，当且仅当括号内的表达式为真时等于1。在这个模型设定中，系数 $\phi_{2,0}$ 代表较高的机制相对于较低的机制的截距变化，$\phi_{2,1},\cdots,\phi_{2,p}$ 也是同样的涵义。原假设表明 $\phi_{2,0}=\phi_{2,1}=\cdots=\phi_{2,p}=0$ ，而时滞参数可能在理论上比自回归阶数要大，这在实践中的案例里是很少出现的。因此，它假定 $d\leqslant p$ 且线性有效，该检验的大样本分布不依赖于 d 。在实践中，该检验具有固定的 d 和 p 。似然比（LR）检验统计量为:

$$T_n=(n-p)\log\left\{\frac{\hat{\sigma}^2(H_0)}{\hat{\sigma}^2(H_1)}\right\} \qquad (3\text{-}33)$$

其中，$n-p$ 为有效样本大小，$\hat{\sigma}^2(H_0)$ 为线性 $\text{AR}(p)$ 拟合噪声方差的极大似然估计，$\hat{\sigma}^2(H_1)$ 为在有限区间内搜索门限值的SETAR拟合噪声方差的极大似然估计。在原假设下，（麻烦的）参数 r 是不存在的。因此，在 H_0 假设下的似然比检验的样本分布，不再近似为自由度为 p 的 χ^2 分布，相反，它有一个非标准的抽样分布。Chan（1991，[21]）得出了一个对于小 p 值来说高度精确的计算 p 值的近似方法。该检验取决于搜索门限参数的区间，通常情况下，区间被定义为 $\{Y_t\}$ 的第 $a\times 100$ 个百分位数到 $b\times 100$ 个百分位数，a 和 b 的选择必须保证有足够的数据落入这两种机制，以拟合线性子模型。[①]

假设新息是正态分布的，门限非线性的 LR 检验结果如表 3-10 和表 3-11 所示。

表 3-10　　p=6 时 *EU27INDPRODRET* 门限非线性 LR 检验

d	1	2	3	4	5
Test Statistic	46.570	43.209	64.870	25.273	58.466
p-value	0.000	0.000	0.000	0.012	0.000

表 3-11　　p=1 时 *EUAFUTRET* 门限非线性 LR 检验

d	1	2	3	4	5
Test Statistic	1.133	1.597	4.494	3.037	7.250
p-value	0.116	0.311	0.341	0.297	0.192

注：*d* 为时滞参数。

回忆一下，在表 3-5 和表 3-6 中，基于 AIC 准则，*EU27INDPRODRET* 和 *EUAFUTRET* 的最优自回归阶数分别是 $p=6$ 和 $p=1$。因此，我们在表 3-10 和表 3-11 中插入这些值进行门限非线性 LR 检验。

对于 *EU27INDPRODRET*，假设 $a=0.25$，$b=0.75$，[②]我们已经尝试了在不同时滞参数 $d=1,\cdots,5$ 下的门限非线性 LR 检验，检验统计量结果如表 3-10 所示。所有检验的 p 值都小于 1%，这表明数据生成过程是高度非线性的。注意，当 $d=3$ 时，检验统计达到最大值。其次，考虑表 3-11：$a=0.25$，$b=0.75$ 且 $1\leqslant d\leqslant 5$ 时，检验统计量和 p 值没有显示任何门限非

① 此限制是必要的,因为如果真实的模型是线性的,阈值参数是未定义的,在这种情况下,一个不受限制的搜索可能会导致阈值估计接近最小值或最大值,使得大样本近似无效(Cryer,Chan(2008,[30]))。

② 请注意,重复试验 $a=0.1$ 和 $b=0.9$ 产生相同的效果。以上适用于本章的其余部分。

线性的证据，时滞参数可能为5。

回到表3-9的注释，对于*EU27INDPRODRET*时间序列的门限非线性LR检验，倾向于确认非线性结构的存在。然而对于*EUAFUTRET*，综合考量这些结果会得出数据不存在非线性证据的结论（不管BDS检验结果）。

接下来，我们同时考虑非线性（门限）与非平稳性（单位根）的检验。正如Pippenger和Goering [60，61] 及Dufreno和Mignon（2002，[33]）所指出的，当基础过程遵循门限模型时，需要开发一个方法来检测平稳性（或协整关系）。Caner和Hansen（2001，[20]）推导出下面这样一种检验，近期被Basci和Caner所应用（2005，[5]）：

$$\Delta y_t = \theta_1' x_{t-1} + e_t \text{，若} |y_{t-1} - y_{t-m-1}| < \lambda \tag{3-34}$$

$$\Delta y_t = \theta_2' x_{t-1} + e_t \text{，若} |y_{t-1} - y_{t-m-1}| \geqslant \lambda \tag{3-35}$$

其中，y_t 为所选择的时间序列，$x_{t-1} = (y_{t-1}, 1, \Delta y_{t-1}, \cdots, \Delta y_{t-k})'$，$t = 1,2,\cdots,T$，$e_t$ 为独立同分布的误差项，m 代表时滞参数，且 $1 \leqslant m \leqslant k$。门限变量为 $y_{t-1} - y_{t-m-1}$ 的绝对值。门限 λ 是未知的，且在紧凑区间 $\lambda \in \Lambda = [\lambda_1, \lambda_2]$ 内取值，这些值的选择根据 $P(|y_{t-1} - y_{t-m-1}| \leqslant \lambda_1 = 0.15$，$P(|y_{t-1} - y_{t-m-1}| \leqslant \lambda_2) = 0.85$。接下来，我们分解系数：

$$\theta_1 = \begin{pmatrix} \rho_1 \\ \beta_1 \\ \alpha_1 \end{pmatrix}, \theta_2 = \begin{pmatrix} \rho_2 \\ \beta_2 \\ \alpha_2 \end{pmatrix}$$

其中，ρ_1和ρ_2是标量，β_1和β_2具有与y_t相同的维度，α_1和α_2是$k\times 1$向量，（ρ_1，ρ_2）代表y_{t-1}的斜率，（β_1，β_2）是确定性成分的斜率，（α_1，α_2）在两机制中代表（$\Delta y_{t-1},\cdots,\Delta y_{t-k}$））的斜率（这种模型见于Caner和Hansen（2001，[20]）。方程（3-34）可改写为：

$$\Delta y_t = \theta_1' x_{t-1} 1_{\{|y_{t-1} - y_{t-m-1}| < \lambda\}} + \theta_2' x_{t-1} 1_{\{|y_{t-1} - y_{t-m-1}| \geqslant \lambda\}} + e_t \tag{3-36}$$

$1_{\{\cdot\}}$ 为指标函数。在零单位根下，我们有 $H_0: \rho_1 = \rho_2 = 0$。正如Basci和Caner（2005，[5]）所强调的，手头有两个有趣的选择:第一，如果时间序列遵循一个平稳门限自回归模式，感兴趣的选择是 $H_1{:}\rho_1 < 0, \rho_2 < 0$。第二，在部分单位根的情况下：

$$H_2: \begin{cases}\rho_1<0 \text{ 且 } \rho_2=0 \\ \rho_1=0 \text{ 且 } \rho_2<0\end{cases} \tag{3-37}$$

如果 H_2 成立，那么时间序列是非平稳的，但我们不处理经典单位根。Caner和Hansen（2001，[20]）给出了 H_0 对 H_1 和 H_0 对 H_2 的检验统计量。由于 H_1 是单边的，我们用一个简单的单边 Wald 统计量检验 H_0:$\rho_1=\rho_2=0$：

$$R_{1T}=t_1^2 1_{\{\hat{\rho}_1<0\}}+t_2^2 1_{\{\hat{\rho}_2<0\}} \tag{3-38}$$

t_1,t_2 分别代表 $\hat{\rho}_1,\hat{\rho}_2$ 的 t 值。为了检验 H_0 对 H_2，我们使用 t 统计量的负值 $-t_1,-t_2$。对于两种单位根检验来说，Caner和Hansen（2001，[20]）已经得到了极限分布，临界值列于其文章中的表3。即使单位根检验呈现渐近分布，我们也可从有限样本的自举法中受益。

现在，让我们通过单边Wald检验（ R_{1T} ）和 t_1,t_2 的单位根检验以确定上述机制是否非平稳。我们使用Caner和Hansen（2001，[20]）在5.3节中描述的自助程序，因为这似乎在有限样本下更有效。因而，单边Wald检验和 t 比率检验的自举 p 值如表3-12所示。

表3-12　**门限单位根检验的自举 p 值（Caner和Hansen，2001）**

Variable	R_{1T}	t_1	t_2
EU27INDPROD	0.002*	0.274	0.011*
EUAFUT	0.002*	0.014*	0.322

注: R_{1T}， t_1,t_2 为Caner和Hansen（2001）所描述的单位根检验， R_{1T} 检验 H_0 对 H_1， t_1 和 t_2 检验 H_0对 H_2。在各自的列下，我们给出的是自举 p 值， m 是通过最小化误差平方和（SSE）估计的，自举 p 值来自10 000次重复计算，*表示10%的显著水平。

R_{1T} 统计量在10%水平上都是显著的，自举 p 值为0.002。因此，两个时间序列均拒绝单边Wald检验（单位根对两机制平稳非线性模型）。

对于*EU27INDPROD*来说，个体 t 比值 t_1,t_2 的自举 p 值分别为0.274和0.011，拒绝的原因是第二个机制 t_1,t_2 检验的 p 值是统计显著的。

对于*EUAFUT*， t_1,t_2 的自举 p 值分别为0.014和0.322，拒绝的原因是第一个机制 t 检验的 p 值是统计显著的。

总的来说，这些检验统计量表明，对*EU27INDPROD*来说，$\rho_1=0$且$\rho_2<0$，对*EUAFUT*来说，$\rho_1<0$且$\rho_2=0$。因此，我们可以得出这样的结论:这两个时间序列都是部分平稳的门限过程。

2. 单变量结果

SETAR模型的估计 Cryer和Chan（2008，[30]）基于对数似然函数或条件最小二乘法详细描述了SETAR模型的估计方法。在实践中，两个机制的AR阶数不必是相同的或已知的。因此，一个估计阶数的有效的估计过程是必不可少的。回想一下，对于线性ARMA模型，AR阶数可以通过最小化AIC来估计。对于固定的r和d，SETAR模型基本上是与阶数分别为p_1和p_2的两个AR模型相拟合的，因此AIC变为:

$$AIC(p_1,p_2,r,d)=-2\log(\text{最大似然估计},r,d)+2(p_1+p_2+2) \quad (3\text{-}39)$$

其中参数的数量（不包括r,d，σ_1和σ_2）等于p_1+p_2+2。基于门限参数应在一定区间内存在以保证任一机制中均有足够的数据用于估计的约束条件，我们通过最小化AIC来估计参数。通过使用这种方法并在第十和第九十的百分位数之间进行门限的搜索，表3-13和表3-14显示了$1\leq d\leq 5$时的名义AIC值。

虽然最高自回归阶数设置为6，但对于*EU27INDPRODRETAIC*来说，AIC最小时，对于较低的机制我们选择4阶，对于较高的机制我们选择1阶（表3-13）。对于*EUAFUTRET*，通过使用相同的方法（表3-14），对于较低的机制我们选择1阶，对于较高的机制我们选择4阶。对于这两个时间序列来说，当$d=3$时名义AIC最小，因此我们将时滞参数设为3。

接下来，我们在表3-15和表3-16中总结了相应的模型拟合。每个机制的子模型都通过对落入该机制的数据采用普通最小二乘法进行估计。第i个机制的“无偏”噪声方差

$\hat{\sigma}_i^2$通过如下方程与其极大似然值相对应:

$$\hat{\sigma}_i^2=\frac{n_i}{n_i-p_i-1}\hat{\sigma}_i^2 \quad (3\text{-}40)$$

其中，p_i为第i个子模型的自回归阶次。此外，$(n_i-p_i-1)\tilde{\sigma}_i^2/\sigma_i^2$近似服从自由度为$n_i-p_i-1$的$\chi^2$分布。

表3-13 与*EU27INDPRODRET*拟合的SETAR模型的AIC

d	AIC	$\hat{r}$	$\hat{p}_1$	$\hat{p}_2$
1	−405.80	−0.004	6	5
2	−409.30	−0.004	6	3
3	−427.70	−0.002	4	1
4	−399.60	−0.004	6	3
5	−409.60	−0.001	6	3

注: d 是时滞参数，$\hat{r}$ 是门限参数的估计，$\hat{p}_1$ 和 $\hat{p}_2$ 分别为SETAR模型拟合的两个AR模型的估计阶数。

表3-14 与*EUAFUTRET*拟合的SETAR模型的AIC

d	AIC	$\hat{r}$	$\hat{p}_1$	$\hat{p}_2$
1	−102.50	0.052	3	3
2	−97.79	0.011	0	0
3	−106.00	0.059	1	4
4	−101.40	0.011	1	2
5	−100.20	−0.007	0	1

注: d 是时滞参数，$\hat{r}$ 是门限参数的估计，$\hat{p}_1$ 和 $\hat{p}_2$ 分别为SETAR模型拟合的两个AR模型的拟合估计阶数。

表3-15 *EU27INDPRODRET*的 d=3的SETAR（2，4，1）拟合模型

	Estimate	Std. Error	t-statistic	p-value
$\hat{d}$	3			
$\hat{r}$	−0.002			
Lower Regime ($n_1 = 27$)				
$\hat{\phi}_{1,0}$	−0.013	0.003	−4.688	0.001
$\hat{\phi}_{1,1}$	0.263	0.150	1.755	0.093
$\hat{\phi}_{1,2}$	1.098	0.161	6.842	0.001
$\hat{\phi}_{1,3}$	−0.808	0.222	−3.642	0.001
$\hat{\phi}_{1,4}$	−0.358	0.138	−2.605	0.016
$\tilde{\sigma}_1^2$	0.008			
Upper Regime ($n_2 = 35$)				
$\hat{\phi}_{2,0}$	0.007	0.001	6.878	0.001
$\hat{\phi}_{2,1}$	−0.545	0.967	−5.636	0.001
$\tilde{\sigma}_2^2$	0.005			

注:d 为时滞参数，i=1，2时的 n_i 为各子机制的观测值数量，估计模型由式（3-31）确定。

表3-15显示了*EU27INDPRODRET*的 $d=3$ 时SETAR（2，4，1）拟合模型的估计结果，滞后阶数为3时门限估计为-0.002。较低的机制包含27个观测值，较高的机制包含35个观测值。在一般情况下，由于其中一个机制的样本较小，门限太接近最小或最大观测值的门限估计可能是不可靠的，幸运的是，这里的情况并非如此。值得注意的是，在这两种机制下，所有的系数估计值在统计上都是显著的。因此，该模型提供了一个良好的数据拟合。

表3-16　*EUAFUTRET*的 d=3时 SETAR（2，1，4）拟合模型

	Estimate	Std. Error	t-statistic	p-value
$\hat{d}$	3			
$\hat{r}$	0.059			
Lower Regime ($n_1=43$)				
$\hat{\phi}_{1,0}$	−0.025	−0.003	0.017	0.884
$\hat{\phi}_{1,1}$	0.306	0.306	0.0147	0.043
$\tilde{\sigma}_1^2$	0.109			
Upper Regime ($n_1=17$)				
$\hat{\phi}_{2,0}$	0.134	0.043	3.121	0.009
$\hat{\phi}_{2,1}$	−0.535	0.164	−3.271	0.007
$\hat{\phi}_{2,2}$	0.077	0.119	0.646	0.530
$\hat{\phi}_{2,3}$	−1.113	0.310	−3.595	0.004
$\hat{\phi}_{2,4}$	−0.187	0.096	−1.946	0.076
$\tilde{\sigma}_2^2$	0.063			

注:d为时滞参数，i=1，2时的 n_i 为各子机制的观测值数量，估计模型由式（3-31）确定。

表3-16显示了*EUAFUTRET*的 $d=3$ 时SETAR（2，1，4）拟合模型的估计结果，时滞参数为3时门限估计为0.059。较低的机制包含43个观测值，较高的机制仅包含17个观测值。值得注意的是，在较低的机制和滞后阶数为2的较高机制下，截距的系数均不显著。因此，*EUAFUTRET*（与*EU27INDPRODRET*相比）的SETAR模型估计结果更不让人满意，这与我们之前拒绝该时间序列的非线性是一致的。

对这两种机制的解读存在一个有趣的问题，探索机制性质的一种方法是识别图3-11绘制的时间序列的哪些数据落在哪个机制中。在上面这个图中，对于*EU27INDPROD*来说，落入较低机制的数据（其滞后3阶的值小于-0.002）由实心圆表示，而那些落入较高机制的数据由空心圆表示。同样的，在下面这个图中，对于*EUAFUT*来说，落入较低机制的数据（其滞后3阶的值小于0.059）由实心圆表示，而那些落入较高机制的数据由空心圆表示。此图表明，估计的较低机制（实心圆）主要与*EU27INDPROD*的衰退期相对应，并与*EUAFUT*的价格下降期相对应。相反的是，估计的较高机制（空心圆）主要与*EU27INDPROD*衰退期前后相对应，并与*EUAFUT*的价格上涨期相对应。有趣的是，请注意，从2009年1月起，碳市场以较低机制为特征，表示对金融危机的滞后调整。

模型的诊断 在这里，我们通过残差分析讨论一些针对模型诊断的较为正规的统计方法（Cryer，Chan（2008，[30]））。原始残差 $\hat{\varepsilon}_t$ 由下式给出：

$$\begin{aligned}\hat{\varepsilon}_t = Y_t &- \left\{\hat{\phi}_{1,0} + \hat{\phi}_{1,1}Y_{t-1} + \cdots + \hat{\phi}_{1,p}Y_{t-p}\right\}I(Y_{t-\hat{d}} \leqslant \hat{r}) \\ &- \left\{\hat{\phi}_{2,0} + \hat{\phi}_{2,1}Y_{t-1} + \cdots + \hat{\phi}_{2,p}Y_{t-p}\right\}I(Y_{t-\hat{d}} > \hat{r})\end{aligned} \tag{3-41}$$

标准化残差 $\hat{e}_t$ 由下式得出：

$$\hat{e}_t = \frac{\hat{\varepsilon}_t}{\hat{\sigma}_1 I(Y_{t-\hat{d}} \leqslant \hat{r}) + \hat{\sigma}_2 I(Y_{t-\hat{d}} > \hat{r})} \tag{3-42}$$

正如在线性情况下，标准化残差的时间序列图看起来应该是随机的，如果SETAR模型设定正确，它们应该近似于独立同分布。因此，我们需要从图中寻找异常值和任何系统模式的存在，在这种情况下，这可能为设定一个更合适的模型提供线索。标准误差的独立性假设可以通过检查标准化残差的ACF来核实，非常数方差可以通过检验绝对标准化残差的样本ACF来核实。

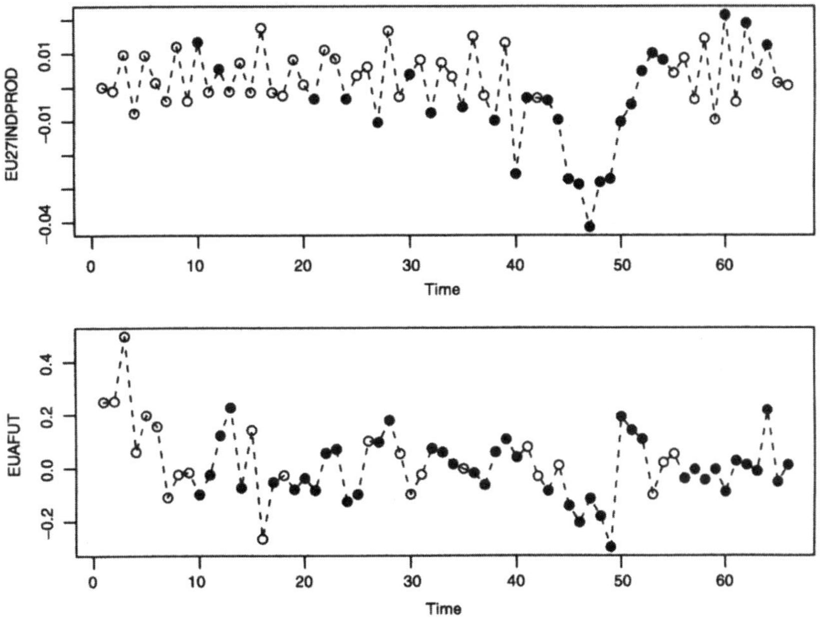

图3-11　欧盟27国的工业生产指数（上图）和欧洲期货价格（下图）通过SETAR模型估计的门限值

注:实心（空心）圆表示落入拟合门限自回归模型较低（高）机制内的数据。

此外，我们基于残差自相关大小的综合测度方法来考虑混成检验的一般化。由于残差相互依赖，有必要使用残差自相关的二次方形式:

$$B_m = n_{eff}\sum_{i=1}^{m}\sum_{j=1}^{m} q_{i,j}\hat{\rho}_i\hat{\rho}_j \tag{3-43}$$

其中，$n_{eff}=n-\max(p_1,p_2,d)$ 是有效样本大小，$\hat{\rho}_i$ 是标准化残差的第 i 个滞后样本自相关值，$q_{i,j}$ 是Cryer和Chan（2008，[30]）给出的一些与模型相关的常数。如果真正的模型是一个SETAR模型，$\hat{\rho}_i$ 可能接近于零，B_m 也是如此，但如果模型设定不正确，B_m 往往很大。二次形式的设计使 B_m 近似服从自由度为 m 的 χ^2 分布。在实践中，B_m 的 p 值可能对照一个范围内的 m 值进行绘制，以对标准化误差的独立性假设进行更全面的评估。

模型诊断示于图3-12和图3-13。图3-12最上面的图代表针对 *EU27INDPRODRET* 拟合的 $d=3$ 时SETAR（2，4，1）模型的标准化残差时间序列图。除了一些可能的异常值，图中没有显示特定的模式（因为标准化残差围绕零分布）。中间的图是标准化残差的ACF图。置信区间基于简单规则 $1.96/\sqrt{n}$ ，应视为对残差ACF的显著性具有粗略的指导意义，没有发现残差自相关的滞后项是显著的。最下面的图报告了更严格的混成检验 p 值。对于所有 m 来说，p 值非常大，由于没有发现 p 值是显著的（即我们接受残差不相关的原假设），我们可以推断，SETAR（2，4，1）模型设定良好。d=3时 *EUAFUTRET* 的SETAR（2，1，4）模型诊断结果如图3-13所示。

总之，本节基于SETAR模型，致力于对欧盟工业生产和碳期货收益进行单变量时间序列分析。由于各自时间序列的非线性特征，拟合的SETAR模型似乎对于 *EU27INDPRODRET* 比对于 *EUAFUTRET* 拟合得更好。然而，我们已经获得了关于识别数据的门限效用的有用知识。首先，欧盟工业生产的时间序列特征表现为经济衰退前后两个机制，这对应于美国金融危机的开始期/低谷期。其次，欧盟碳期货价格时间序列的特征表现为随价格趋势的增加或减少的两个机制。从2009年1月起，我们识别了碳市场（和更一般的商品市场，见Chevallier（2011，[27]））相对全球经济衰退的延迟调整。此外，我们已经检查过估计模型的残差不相关性。

现在让我们将分析扩展到两种双变量门限模型，以同时分析两个时间序列。

3.3.4 平滑转换和马尔科夫转换自回归模型的比较

一个不容置疑的假设是，经济波动水平是碳价水平的决定因素:当工业生产增加时，相关的二氧化碳排放量增加，因此企业需要更多的配额来覆盖它们的碳排放。

我们在这里基于两种时间序列模型扩展碳宏观经济关系的分析。第一，当门限变量超过一定的值时，门限机制转换发生。虽然这种类型的模型可以捕捉到很多通常在经济时间序列中观测到的非线性特征，但表明机制转换是突然的或不连续的似乎是违反直觉的。因此，STAR模型的关注点主要在于假设机制转换是以平滑的形式逐渐发生的。观测值可以在机制之间平滑转换，有时一种机制更有影响力，有时另一种机制更有影响力。另一种解释是，STAR模型实际上允许机制是“连续的”，每一种机制都与一个不同的转换函数值相关联。[①]这类模型在之前的文献中受到广泛关注。例如，Teräsvirta和Anderson（1992，[72]）用平滑转换自回归模型描述了商业周期中的非线性特征，如生产和失业。

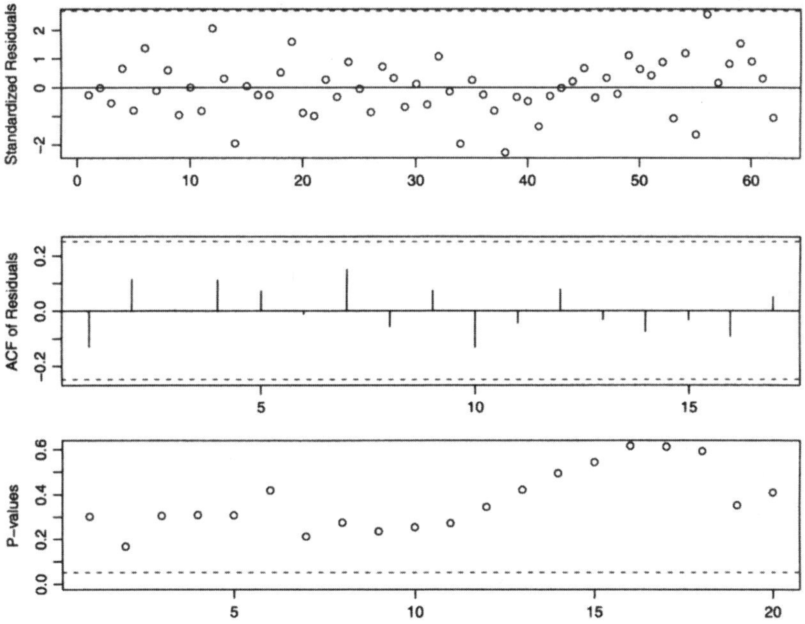

图3-12　关于*EU27INDPRODRET*的*d*=3时SETAR(2,4,1)模型的诊断

第二，自从Hamilton（1989，[48]）引入马尔科夫转换模型来估计机制或状态相关变量后，该模型已被广泛应用于经济学和金融学领域，这些模型也被用来捕捉金融市场的波动性。Cai（1994，[19]）与Hamilton和Susmel（1994，[50]）采用马尔科夫转换模型估计金融数据的高低波动机制。用这种方法构建的机制是解读商业周期的重要工具，它们基于可获得的信息集，通过将概率分配到未观测到的“扩张”和“收缩”机制，建立对经济潜伏状态的最佳推断。显然，当一个序列被认为经历了从一种行为

① 门限值的不连续性被一个平滑转换函数(通常为逻辑和指数函数)取代,对STAR模型详细的回顾见Van Dijk等(2002,[79])。

转换到另一种行为再返回来时，这种方法是有用的，但是这里引发机制转换的“驱动变量”是不可观测的。

因此，这两种模型是互补的，因为它们允许我们探讨碳和宏观经济的关系中“平滑”的与“突然”的变化，因而，对比两种计量模型设定的结果是有价值的。Deschamps（2008，[31]）已经以美国失业率为背景完成了这样的计量应用。

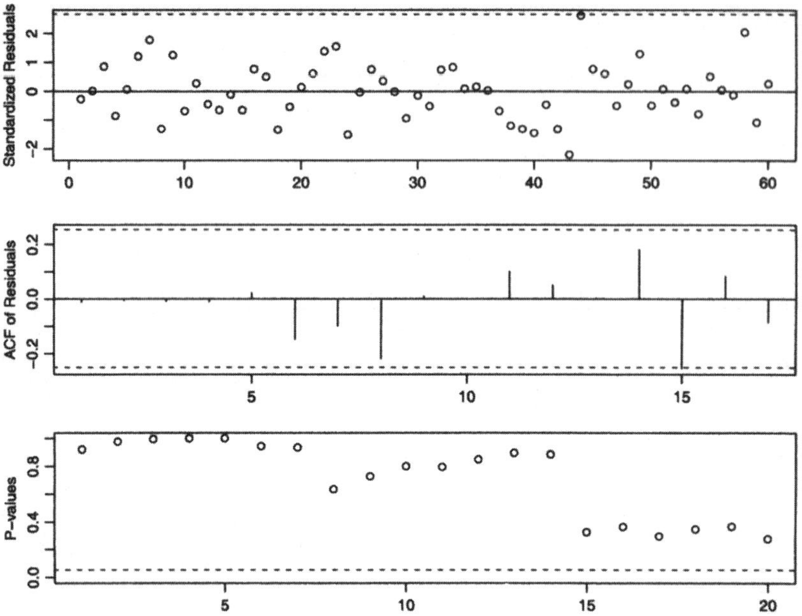

图3-13　关于*EU27INDPRODRET*的*d*=3时SETAR(2,1,1)模型的诊断

1. 模型设定

在下文中，我们将 *EUAFUTRET* 作为内生变量 y_t，*EU27IND PRODRET* 作为外生变量 x_t 的一部分（其他变量如自回归和滞后成分）。

平滑转换自回归　对SETAR模型的一种批判是条件均值方程不连续，门限是条件均值函数的各个间断点。针对这种批判，Chan和Tong（1986，[24]）和Teräsvirta（1994，[69]）（其他学者的文章还可参见Van Dijk等（2002，[79]））提出了平滑门限自回归模型。①

① 同样可参见Bradley和Jansen(2004,[17])对于STAR模型关于股票收益和工业生产的应用。

根据Teräsvirta（2004，[71]），包含逻辑转换函数的标准STAR模型（LSTAR）的形式是：

$$y_t = \phi' z_t + \theta' z_t G(\gamma, c, s_t) + u_t,\ u_t \sim \text{i.i.d.}(0, \sigma^2) \tag{3-44}$$

$$G(\gamma, c, s_t) = \left(1 + \exp\left\{-\gamma \prod_{k=1}^{K}(s_t - c_k)\right\}\right)^{-1},\ \gamma > 0 \tag{3-45}$$

其中，$z_t=(w_t', x_t')'$是解释变量的一个（$(m+1)\times 1$）的向量，$w_t' = (1, y_{t-1}, \cdots, y_{t-p})'$，$x_t' =(x_{1t}, \cdots, x_{kt})'$。$\phi$和$\theta$分别是线性和非线性部分的参数向量。转换函数$G(\gamma, c, s_t)$由转换变量$s_t$、斜率参数$\gamma$和位置参数向量$c$决定。$K$最常见的选择是$K$=1（$LSTAR1$）和$K$=2（$LSTAR2$）。转换变量$s_t$可以是$z_t$的一部分，也可以是另一个变量，例如$s_t=t$（*trend*）。按以下步骤运行STAR模型。

设定*AR*部分　第一步，我们需要从选择线性AR模型开始，y_t和x_t的最大滞后阶数决定了所包含的滞后的数量。①

线性检验　第二步，我们可以检验模型中是否存在STAR类型的非线性（Luukkonen等（1988，[57]））。这也有助于确定转换变量，以及$LSTAR1$或$LSTAR2$是否应该被用到。如果s_t是z_t的一个因素则使用以下辅助回归：

$$y_t = \beta_0' z_t + \sum_{j=1}^{3} \beta_j' \tilde{z}_t s_t^j + u_t^* \tag{3-46}$$

其中，$z_t = (1, \tilde{z}_t)'$。线性原假设是$H_0: \beta_1 = \beta_2 = \beta_3 = 0$。这个线性约束采用$F$检验进行核查。

选择模型的类型　第三步，一旦线性检验被拒绝，就要选择是设定$LSTAR1$还是$LSTAR2$模型。可以基于以下检验顺序进行选择：H_{04}：$\beta_3=0$，H_{03}：$\beta_2=0|\beta_3=0$，H_{02}：$\beta_1=0|\beta_2=\beta_3=0$。这个检验是基于与线性检验相同的辅助回归。②

找出初始值　第四步，查找初始值，STAR模型的参数是由非线性优化程序来估计的。格点搜索创建一个线性网格c和一个对数线性网格γ，对于γ和c的每一个值，计算残差平方和，与残差平方和的最小值相对应

---

① 注意转换变量s_t如果不是一个趋势，那么必须是这些变量滞后的一部分。

② 注意这些工作同样可以通过检查信息准则，或残差平方和来完成。

的值作为起始值。[①]

估计参数　第五步，一旦找到一个良好的初始值，未知参数 c，γ,θ,ϕ 的估计，可以通过Newton-Raphson算法使条件极大似然函数最大化得到（更多细节见Lütkepohl和Krätzig（2004，[56]））。

检验STAR模型　第六步，对非线性模型的质量进行核查以防错误设定（参见Van Dijk等（2002，[79]）的详细阐述）。STAR模型的检验是线性模型错误设定检验的一般化。[②]无误差自相关检验是Godfrey（1988，[46]）所描述的一般检验的一个特殊情况。这一点Teräsvirta（1998，[70]）在对STAR模型的应用中探讨过。该过程是残差估计值 $\tilde{\mu}_t$ 对其滞后项 $\tilde{\mu}_{t-1}$， $\tilde{\mu}_{t-q}$ 和模型相关参数的对数似然函数的偏导数进行回归。检验统计量如下:

$$F_{LM}=\frac{\{(SSR_0-SSR_1)/q\}}{\{SSR_1/(T-n-q)\}} \tag{3-47}$$

其中，n 为模型参数的个数，SSR_0 是STAR模型的残差平方和，SSR_1 是辅助回归的残差平方和。

接下来，我们需要来检查模型是否仍然存在非线性。为了达到这个目的，无附加的非线性检验假设，残余非线性仍然是STAR类型。我们的选择定义如下:

$$y_t=\phi' z_t+\theta' z_t G(\gamma_1,c_1,s_{1t})+\psi' z_t H(\gamma_2,c_2,s_{2t})+u_t \tag{3-48}$$

其中，H 是另一个转换函数，u_t~i.i.d.（0，σ^2）。为了检验这个选择，需要应用以下的辅助模型:

$$y_t=\beta_0' z_t+\theta' z_t G(\gamma_1,c_1,s_{1t})+\sum_{j=1}^{3}\beta_j'\tilde{z}_t s_{2t}^{j}+u_t^{*} \tag{3-49}$$

该检验是残差估计值 $\hat{u}_t$ 对 $\left(\tilde{z}_t',s_{2t},\tilde{z}_t' s_{2t}^2,\tilde{z}_t' s_{2t}^3\right)'$ 和模型相关参数的对数似然函数的偏导进行回归。没有残余非线性的原假设为 $\beta_1=\beta_2=\beta_3=0$。 s_{2t} 的选择可能是 z_t 中可获取变量的一个子集，或者是 s_{1t}。 F 统计用来进行线性检验。

---

① 同样需要注意的是,为了使 γ 无标度,要除以转换变量样本标准差的 K 次幂 $\hat{\sigma}_s^K$ 。

② 注意STAR模型也可以开发对于异方差性的传统ARCH LM检验和对于正态性的Jarque-Bera检验。

最后，参数稳定性检验将验证参数恒定的原假设，与之对照的是参数平滑连续变化。我们的选择可以写成如下形式：

$$y_t=\phi(t)'z_t+\theta(t)'z_tG(\gamma,c,s_t)+u_t,\ u_t\sim \text{i.i.d.}\left(0,\sigma^2\right) \tag{3-50}$$

其中，$\phi(t)=\phi+\lambda_\phi H_\phi(\gamma_\phi,c_\phi,t^*)$，$\theta(t)=\theta+\lambda_\theta H_\theta(\gamma_\theta,c_\theta,t^*)$，$t^*=\frac{t}{T}$。原假设是参数没有变化，即$\gamma_\phi=\gamma_\theta=0$。参数$\gamma$和$c$假设是连续的。使用下列非线性辅助回归：

$$y_t=\beta_0'z_t+\sum_{j=1}^{3}\beta_j'z_t(t^*)^j+\sum_{j=1}^{3}\beta_{j+3}'z_t(t^*)^jG(\gamma,c,s_t)+u_t^* \tag{3-51}$$

相应的检验结果给出了三种转换函数：

$$H(\gamma,c,t^*)=(1+\exp\{-\gamma\prod_{k=1}^{K}(t^*-c_k)\})^{-1}-\frac{1}{2},\quad \gamma>0 \tag{3-52}$$

其中K分别等于1，2，3，并且假设$\gamma_\phi=\gamma_\theta$。

马尔科夫转换　作为另一种选择，通过使用Hamilton（1989，[48]）提出的一个流行的多变量模型可以证实多机制的存在，其中的参数取决于由马尔科夫链规定的隐藏状态过程:这种模型叫做马尔科夫转换模型。让我们考虑以下模型设定来研究碳和宏观经济之间的关系。

$$y_t=\mu_{S_t}+\beta_{1,S_t}x_{1t}+\beta_{2,S_t}x_{2t}+\beta_{3,S_t}x_{3t}+\varepsilon_t,\ \varepsilon_t\sim N(0,\sigma_{S_t}^2) \tag{3-53}$$

其中，$S_t=1,\cdots,K$是在时间t的状态，K是状态的数量；$\sigma_{S_t}^2$是在状态S_t时的误差方差，β_{i,S_t}是解释变量i在状态S_t时的系数，ε_t是服从高斯分布的残差向量。机制生成过程是一个具有有限状态数的遍历马尔科夫链，由转换概率定义：

$$p_{ij}=\text{Prob}\left(S_{t+1}=j\,|\,s_t=i\right),\ \sum_{j=1}^{K}p_{ij}=1\ \ \forall i,j\in\{1,\cdots,K\} \tag{3-54}$$

未观测到的状态变量S_t的最佳推断采用的是概率形式。

与STAR模型相似，内生变量y_t是*EUAFUTRET*。在马尔科夫转换的模型设定中，包涵三个解释变量，i={*EUAFUTRET*（−1），*EU27INDPRODRET*，*EU27INDPRODRET*（−1）}。β_{1,S_t}捕捉AR（1）过程的影响。β_{2,S_t}捕捉*EU27INDPRODRET*的影响，β_{3,S_t}捕捉*EU27INDPRODRET*（−1）的影响。

通过设定 s=[1111]， β_{i,S_t} 系数和模型方差都随着转换概率转换。通常，为了监测经济周期中的繁荣与萧条时期，我们将状态数 K 设定为2。因此，状态 $K=1$ 表示“高增长”阶段，状态 $K=2$ 表示“低增长”阶段（更多细节请参见 Hamilton（2008，[49]）和其中的参考文献）。当 $K=1$ 时，内生变量的增长率由人口参数 μ_1 给出，当 $K=2$ 时，增长率是 μ_2。

该模型的估计基于 $S_t=1,2$ 的高斯极大似然估计。P是转换矩阵，它控制从状态 $K=1$ 向状态 $K=2$ 转换的转换概率:

$$P=\begin{bmatrix} p_{11} & p_{21} \\ p_{12} & p_{22} \end{bmatrix}$$

因为他们代表每种状态过程的全部概率，因此矩阵P中每一列的和为1。

2. 结果

平滑转换自回归 表3-17给出了对STAR模型的线性检验结果。[①]

表3-17 **STAR模型的线性检验 p 值**

Hypothesis	Transition variable		
	EUAFUTRET(−1)	*EU27INDPRODRET*	*EU27INDPRODRET*(−1)
H_0	0.00023	0.00576	0.00381
H_{04}	0.22380	0.06847	0.06985
H_{03}	0.69885	0.21148	0.38651
H_{02}	0.00001	0.00789	0.00011
Model chosed	*LSTAR*1	*LSTAR*1	*LSTAR*1

对于考虑的所有转换变量，p 值是非常小的。在每一种情况下，由于检验 H_{03} 的 p 值比 H_{04} 和 H_{02} 相应的 p 值大得多，选择 *LSTAR*1 模型是非常明确的。表3-18列出了通过最小化STAR模型的残差平方和（SSR）得出的 γ 和 c 初始值的网格搜索结果。

表3-19和表3-20给出了STAR模型的估计结果。[②]

① (−1)项括号表示变量滞后一期。
② 注意转换变量 *EUAFUTRET*(−1),STAR模型没有对矩阵临近奇点进行估计。

表3-18　　γ和c初始值的网格搜索结果

Parameter	Transition variable		
	EUAFUTRET(−1)	*EU27INDPRODRET*	*EU27INDPRODRET*(−1)
γ	9.0186	10.0000	10.0000
c	−0.0285	−0.1069	−0.1069
SSR	0.0047	0.0051	0.0054

表3-19　转换变量为*EU27INDPRODRET*时*LSTAR*1模型的估计结果

Variable Linear Part	Estimate	Std. Dev.	t-stat.	p-value
Constant	−0.03558	0.0127	−2.8024	0.0070
EUAFUTRET(−1)	−0.10713	0.4073	0.2631	0.7935
EU27INDPRODRET	0.12510	0.0595	−2.1018	0.0402
EU27INDPRODRET(−1)	−0.12631	0.0581	2.1734	0.0341
Nonlinear Part				
Constant	0.03855	0.0128	3.0196	0.0038
EUAFUTRET(−1)	0.37668	0.4263	−0.8836	0.3808
EU27INDPRODRET	−0.11834	0.0605	1.9556	0.0556
EU27INDPRODRET(−1)	0.12370	0.0593	−2.0860	0.0416
γ	55.49749	61.6420	0.9003	0.3719
c	−0.11187	0.0056	−20.0185	0.0000
Diagnostic tests				
AIC	0.3453			
SC	0.0107			
HQ	0.2133			
Adjusted R^2	0.5809			
Variance of transition variable	0.0166			
Std. Dev. of transition variable	0.1290			
Variance of residuals	0.0001			
Std. Dev. of residuals	0.0087			

从表3-17可以看出，用*EU27INDPRODRET*作为转换变量导致p值最小。因此，表3-19提供了当*EU27INDPRODRET*被选为碳与宏观经济关系的一个可能的STAR模型中适当的转换变量时的估计结果。在线性和非线

性部分，我们可以说，*EU27INDPRODRET*和*EU27INDPRODRET*（-1）的系数估计是统计显著的。[①]因此，我们能够确定，碳和宏观经济关系中，一些影响确实从工业生产向碳价格变化传导。对于其中的系数符号，我们可以初步地解释为工业生产指数的同期变动对碳价格变动产生负影响（即，工业生产下降先于碳价格下降），而工业生产指数变化在滞后一期时对碳价格产生正影响（即，经济活动的上升鼓励碳价格走高）。此外，正如图3-14中的每一个点对应一个观测值，转换函数作为观测值的函数具有较大的斜率。当*EU27INDPRODRET*（-1）作为转换变量时（表3-20），获得的结果性质上是相似的。

根据表3-21，表3-17中显示的非线性因素被充分地模型化了（即 p 值很大）。

参数的稳定性检验结果可在表3-22中找到。[②]

结果显示，总的来说，STAR模型估计有恒定的参数。再次设定得到的 p 值较大（表3-22的最后一列），估计的STAR模型因此通过所有参数稳定性检验，这一问题被认为不值得进一步研究。其他诊断检验没有表明模型设定有误:当*EU27INDPRODRET*（*EU27INDPRODRET*（-1））被选为转换变量时，Jarque-Bera正态检验和ARCH-LM检验的 p 值分别为0.18和0.72（0.01和0.32）。

最后，表3-23显示STAR模型的残差是不相关的。

根据给定的信息集，我们的STAR模型足以描绘碳和宏观经济的关系。然而这一结论也不排除其他一些非线性模型能更好地拟合数据，正如我们在下一章将要探讨的。

马尔科夫转换　表3-24报告了单变量马尔科夫转换模型的估计结果。[③]

对两个均值系数 μ_{S_t} 的检验都是统计上显著的，表明在两种机制之间

---

① 注意γ(斜率参数)的估计是不显著的。巨大的标准差估计反映出当γ很大时,准确估计γ是困难的,并且转移函数因此而接近一个阶跃函数(更详细的讨论请参考Teräsvirta(1993, [47])或Teräsvirta [69,70]。

② 当检验遇到矩阵求逆问题时,NA表示“不可用”。df表示自由度。

③ 标准误差呈现在括号当中。***、**、*分别表示在1%、5%和10%水平下统计学显著。

存在增长的转变。在机制1（扩张）中，产出的月平均增长率为0.66%，

表3-20　转换变量为*EU27INDPRODRET*（-1）时*LSTAR*1模型的估计结果

Variable Linear Part	Estimate	Std. Dev.	*t*-stat.	*p*-value
Constant	−0.03096	0.0166	1.8609	0.0681
EUAFUTRET(−1)	−0.72039	0.2184	3.2987	0.0017
EU27INDPRODRET	0.08077	0.0327	2.4693	0.0167
EU27INDPRODRET(−1)	−0.14137	0.0715	1.9785	0.0529
Nonlinear Part				
Constant	0.02866	0.0168	−1.7092	0.0931
EUAFUTRET(−1)	1.04911	0.2668	−3.9316	0.0002
EU27INDPRODRET	−0.07794	0.0346	−2.2526	0.0283
EU27INDPRODRET(−1)	0.14237	0.0722	−1.9718	0.0537
γ	29.57175	22.1172	1.3370	0.1867
c	−0.10670	0.0058	−18.4580	0.0000
Diagnostic tests				
AIC	0.1371			
SC	0.8025			
HQ	0.0051			
Adjusted R^2	0.4839			
Variance of transition variable	0.0175			
Std. Dev. of transition variable	0.1324			
Variance of residuals	0.0001			
Std. Dev. of residuals	0.0097			

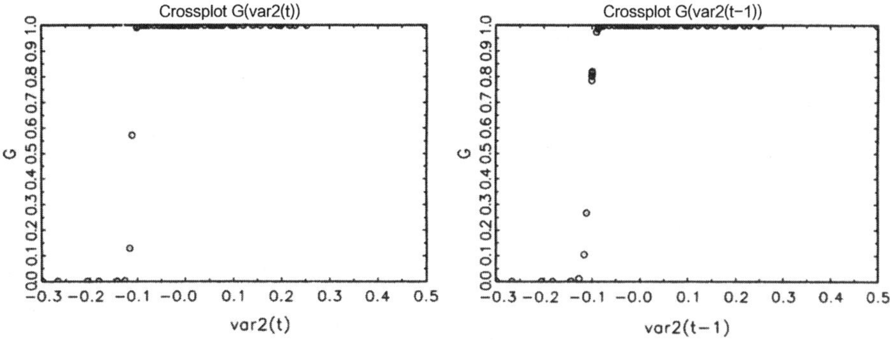

图3-14　STAR模型的转换函数:作为转换变量*EU27INDPRODRET*的观测值函数(左图),作为转换变量*EU27INDPRODRET*(−1)的观测值函数(右图)

表3-21 STAR模型无附加的非线性检验的*p*值

Hypothesis	Transition variable	
	EU27INDPRODRET	*EU27INDPRODRET*(−1)
H_0	0.31482	0.89850
H_{04}	0.49260	0.91746
H_{03}	0.62651	0.48974
H_{02}	0.87790	0.72642

表3-22 STAR模型参数稳定性检验的*p*值

Transition Variable	*EU27INDPRODRET*			
Transition Function	*F*-value	df1	df2	*p*-value
H_1	0.9202	8.0000	45.0000	0.5090
H_2	1.0498	16.0000	37.0000	0.4324
H_3	NA	NA	NA	NA
Transition Variable	*EU27INDPRODRET*(−1)			
Transition Function	*F*-value	df1	df2	*p*-value
H_1	0.6478	8.0000	45.0000	0.7335
H_2	0.8122	16.0000	37.0000	0.6640
H_3	1.2496	24.0000	29.0000	0.2812

而在机制2（衰退）中，平均增长率为-0.41%。AR（1）在10%的水平上显著。我们还发现，*EU27INDPRODRET*在机制1（高增长）时对*EUAFUTRET*有着一个同期正向的影响。其他的系数估计是统计上不显著的。

表3-24最下面几行报告了潜在变量S_t（括号中是标准误差）的转换概率矩阵。在扩张时期，序列最有可能保持在机制1（估计概率等于93.12%）。相反，序列从机制1向机制2转换的概率较低（等于7.21%）。一旦经济发现自己处于一个萧条时期，下一个月处于萧条期的概率估计为68%。最后，如果经济处于机制2（衰退时期），它直接向增长机制转变的概率等于32.13%。

表3-23　　滞后期为8时STAR模型的无误差自相关检验

Transition Variable	*EU27INDPRODRET*			
Lag	*F*-value	*df*1	*df*2	*p*-value
1	0.0109	1	53	0.9171
2	5.2987	2	51	0.8100
3	3.9422	3	49	0.1350
4	3.0792	4	47	0.2480
5	2.4220	5	45	0.5000
6	2.5939	6	43	0.3110
7	2.1392	7	41	0.6060
8	1.7813	8	39	0.1105
Transition Variable	*EU27INDPRODRET*(−1)			
Lag	*F*-value	*df*1	*df*2	*p*-value
1	1.5433	1	53	0.2196
2	3.8507	2	51	0.2770
3	5.1381	3	49	0.3600
4	4.1786	4	47	0.5600
5	3.6815	5	45	0.7100
6	3.7627	6	43	0.4300
7	3.7249	7	41	0.3300
8	3.3488	8	39	0.5200

让我们现在来看看每个机制的平均持续时间。假设机制2能够平均持续3.16个月，那么扩张阶段的平均持续期是14.12个月。所以，各机制的转换概率表明第一种机制是更持久的。遍历概率表明，在我们的样本数据中，经济在大约68%的时间内处于第一种机制。相对的，机制2的遍历概率是32%。最后，机制2的标准差（0.0163）比机制1的标准差（0.0092）相对高一些，这和经济萧条期比经济繁荣期更不稳定的观点是一致的。

图3-15和图3-16分别展示了相关的平滑和机制转换概率。[①]经济从一个机制向另一个机制转换，在2005年1月到4月、2006年4月到6月、

① 在直到$t-1$信息是可得的条件下(样本中所有的信息)，t时间的机制(平滑的)概率是状态t在t时运行的概率。机制1是“扩张”，机制2是“紧缩”。NBER商业周期参考日期由灰色垂直线表示。

表 3-24 对单变量马尔科夫转换模型的估计结果

Log-likelihood	51.35		
μ (Regime 1)	0.0066***		
	(0.0014)		
μ (Regime 2)	−0.0041***		
	(0.0148)		
Equation for *EUAFUTRET*	*EUAFUTRET*(−1)	*EU27INDPRODRET*	*EU27INDPRODRET*(−1)
β_i (Regime 1)	0.2191*	2.0289*	1.1821
	(0.1298)	(1.0601)	(1.1343)
β_i (Regime 2)	0.2238	2.6879	−1.2769
	(0.3258)	(6.3797)	5.4435
Standard error (Regime 1)	0.0092		
Standard error (Regime 2)	0.0163		
Transition Probabilities Matrix	Regime 1	Regime 2	
Regime 1	0.9312***	0.3213	
	(0.1206)	(0.2130)	
Regime 2	0.0721	0.6800***	
	(0.0668)	(0.0982)	
Regime Properties	Prob.	Duration	
Regime 1	0.6833	14.12	
Regime 2	0.3167	3.16	

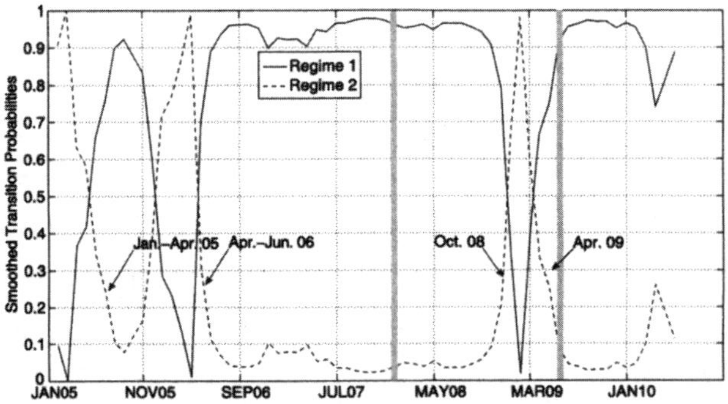

图 3-15 由单变量马尔科夫模型估计的平滑转换概率

2008年10月以及2009年4月尤其明显。对于前两个时间点，我们可以谨慎地将它们与EU ETS早期的市场发展联系起来。从2005年1月到4月，在EU经济持续发展的背景下，市场经纪人对于碳价格真实水平的预期是不同的。在2006年4月，由于相对于核证二氧化碳排放量来讲出现了“过度分配”的情况，使得碳价格出现很强的向下调整特征（Ellerman和Buchner（2008，[34]））。这种价格高度波动的情况一直持续到2006年6月（Alberola等（2008，[1]））。至于第三个时间点，2008年10月则与碳-宏观经济关系中的第一个高增长-低增长转换相对应。确实，欧盟的工业生产从2007年7月开始下降，然而直到2008年10月，碳市场多数经营者试图出售碳配额来换取现金的时候才调整到这种状态（Chevallier（2009，[26]））。最后，最近的时间点则表现出大多数商品市场对全球衰退冲击延迟调整的特征（Caballero等（2008，[18]），Tang和Xiong（2009，[68]））。

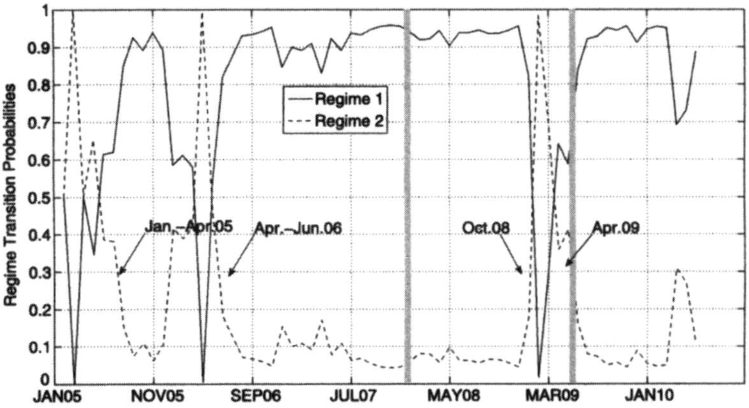

图3-16 由单变量马尔科夫模型估计的机制转换概率

综上所述，本节通过STAR模型和马尔科夫转换模型提供了第一个从2005年1月至2010年7月期间碳-宏观经济关系的经验分析。让我们回顾一下这两个变量关系背后的经济学原理。首先，经济活动促进了对工业产品的高需求，进而，纳入EU ETS的企业需要生产更多，从而，排放更多的CO_2来满足消费者的需求。这就产生了对CO_2配额更多的需求来覆盖工业排放，并最终导致碳价格上升。

一方面，当我们在STAR模型中把欧盟的工业生产指数作为适当的转换变量时，可以确定，工业生产指数的同期（滞后）变化对EUA碳价的变动产生负影响（正影响）。给定信息集，STAR模型似乎是捕捉潜在非线性的合理的模型设定。另一方面，工业生产在扩张时期对碳价格有正影响（在10%的置信水平上）。单变量的马尔科夫转换模型使我们对高增长与低增长时期之间的转换有一个更精确的理解，即2005年1月到4月、2006年4月到6月、2008年10月和2009年4月。这些事件都与宏观经济基本情况和EU ETS实际的市场发展紧密相关。

主要的政策含义可以归纳为以下几点:（1）宏观经济活动和碳价格变化之间有联系，（2）更准确地说，这种联系似乎是通过工业生产（和相关的CO_2排放）来影响碳价格，（3）STAR模型和单变量马尔科夫转换模型足以捕捉这种联系，并且给出了互补的结果。马尔科夫机制转换模型还被应用于EUAs和CERs之间的相互影响，详见第4章的附录。最后，其他关于碳—宏观经济关系的门限向量误差修正模型和马尔科夫转换VAR模型的计量应用可以在Chevallier（2011，[28，29]）中找到。

参考文献

1. Alberola E， Chevallier J， Cheze B （2008） Price drivers and structural breaks in European carbon prices 2005-07. Energy Policy 36:787-797

2. Alberola E， Chevallier J， Cheze B （2008） The EU emissions trading scheme: the effects of industrial production and CO2 emissions on European carbon prices. Int Econ 116:93-125

3. Alberola E， Chevallier J， Cheze B （2009） Emissions compliances and carbon prices under the EU ETS: a country specific analysis of industrial sectors. J Policy Model 31:446-462

4. Bailey W， Chan K C （1993） Macroeconomic influences and the

variability of the commodity futures basis. J Finance 48:555–573

5. Basci E， Caner M （2005） Are real exchange rates nonlinear or nonstationary? Evidence from a new threshold unit root test. Stud Nonlinear DynEconom 9:1–19

6. Brock W， Dechert W D， Scheinkman JA （1987） A test for independence based on the correlation dimension.Working paper， Department of Economics， University of Wisconsin， Madison， USA

7. Brock W A， Hsieh D A， LeBaron B （1991） Nonlinear dynamics， chaos， and instability: statistical theory and economic evidence. MIT Press， Cambridge

8. Brock W A， Dechert W D， Scheinkman J A， LeBaron B （1996） A test for independence based on the correlation dimension. Econom Rev 15: 197–235

9. Benz E， Trück S （2009） Modeling the price dynamics of CO2 emission allowances. Energy Econ 31:4–15

10. Bera A K， Higgins M L （1993） ARCH models: properties， estimation and testing. J Econ Surv 7:305–366

11. Bernanke B， Boivin J， Eliasz P （2005） Measuring monetary policy: a factor augmented vector autoregressive （FAVAR） approach. Q J Econ 120:387–422

12. Bessembinder H， Chan K C （1992） Time-varying risk premia and forecastable returns in futures markets. J Financ Econ 32:169–193

13. Berndt E， Hall B， Hall R， Hausman J （1974） Estimation and inference in nonlinear structural models. Ann Econ SocMeas 3:653–665

14. Bollerslev T （1986） Generalized autoregressive conditional heteroskedasticity. J Econom 31:307–327

15. Bollerslev T， Chou R Y， Kroner K F （1992） ARCH modeling in finance: a review of the theory and empirical evidence. J Econom 52:5–59

16. Bollerslev T， Engle R F， Nelson D B （1994） ARCH models.

Handb Econom 4:2959–3038

17. Bradley M D, Jansen D W (2004) Forecasting with a nonlinear dynamic model of stock returns and industrial production. Int J Forecast 20:321–342

18. Caballero R, Farhi E, Gourinchas P (2008) Financial crash, commodity prices and global imbalances. Brookings Pap Econ Act 2:1–55

19. Cai J (1994) A Markov model of unconditional variance in ARCH. J Bus Econ Stat 12:309–316

20. Caner M, Hansen B E (2001) Threshold autoregression with a unit root. Econometrica 69:1555–1596

21. Chan K S (1991) Percentage points of likelihood ratio tests for threshold autoregression. J R Stat Soc B 53:691–696

22. Chan K S (1993) Consistency and limiting distribution of the least squares estimator of a continuous autoregressive model. Ann Stat 21:520–533

23. Chan K S, Tong H (1985) On the use of the deterministic Lyapunov function for the ergodicity of stochastic difference equations. Adv Appl Probab 17:666–678

24. Chan K S, Tong H (1986) On estimating thresholds in autoregressive models. J Time Ser Anal 7:179–190

25. Chan K S, Tsay RS (1998) Limiting properties of the conditional least squares estimator of a continuous TAR model. Biometrika 85:413–426

26. Chevallier J (2009) Carbon futures and macroeconomic risk factors: a view from the EU ETS. Energy Econ 31:614–625

27. Chevallier J (2011) Macroeconomics, finance, commodities: interactions with carbon markets in a data-rich model. Econ Model 28:557–567

28. Chevallier J (2011) Evaluating the carbon - macroeconomy relationship: Evidence from threshold vector error - correction and Markov - switching VAR models. Econ Model (forthcoming). doi:10.1016/j.econmod.2011.08.003

29. Chevallier J （2011） A model of carbon price interactions with macroeconomic and energy dynamics. Energy Econ （forthcoming）. doi: 10.1016/j.eneco.2011.07.012

30. Cryer J D， Chan K S （2008） Time series analysis with applications in R， 2nd edn. Springer texts in statistics. Springer， New York

31. Deschamps P J （2008） Comparing smooth transition and Markov-switching autoregressive models of US unemployment. J Appl Econom 23:435–462

32. Ding Z， Granger CWJ， Engle R F （1993） A long memory property of stock market returns and a new model. J Empir Finance 1:83–106

33. Dufrenot G， Mignon V （2002） Recent developments in nonlinear cointegration with applications to macroeconomics and finance. Springer， New York

34. Ellerman A D， Buchner B K （2008） Over-allocation or abatement? A preliminary analysis of the EU ETS based on the 2005–06 emissions data. Environ Resour Econ 41:267–287

35. Engle R F （1982） Autoregressive conditional heteroskedasticity with estimates of variance of United Kingdom inflation.Econometrica 50:987–1008

36. Engle R F （2001） GARCH 101: the use of ARCH/GARCH models in applied econometrics.J Econ Perspect 15:157–168

37. Engle R F （2003） Risk and volatility: econometric models and financial practice. Nobel Lecture， December 2003

38. Engle R F， Lilien D M， Robins R P （1987） Estimating time varying risk premia in the term structure: the ARCH–M model. Econometrica 55: 391–408

39. Engle R F， Patton A J （2001） What good is a volatility model? Quant Finance 1:237–245

40. Fama E F， French K R （1987） Dividend yields and expected stock returns. J Financ Econ 22:3–25

41. Fama E F, French K R (1989) Business conditions and expected returns on stocks and bonds.J Financ Econ 25:23–49

42. Fama E F, French K R (1992) The cross-section of expected stock returns. J Finance 47:427–465

43. Fama E F, French K R (1993) Common risk factors in the returns on stocks and bonds. J Financ Econ 33:3–56

44. Fleming J, Ostdiek B (1999) The impact of energy derivatives on the crude oil market. Energy Econ 21:135–167

45. Franses P H, Van Dijk D (2003) Nonlinear time series models in empirical finance, 2nd edn. Cambridge University Press, Cambridge

46. Godfrey L (1988) Misspecification tests in econometrics. Cambridge University Press, Cambridge

47. Granger C W J, Teräsvirta T (1993) Modelling nonlinear economic relationships. Oxford University Press, Oxford

48. Hamilton J D (1989) A new approach to the economic analysis of nonstationary time series and the business cycle. Econometrica 57:357–384

49. Hamilton J D (2008) Regime-switching models. In: Durlauf SN, Blume LE (eds) The new Palgrave dictionary of economics, 2nd edn. Palgrave Macmillan, Basingstoke, pp. 1–15

50. Hamilton J D, Susmel R (1994) Autoregressive conditional heteroskedasticity and changes in regime. J Econom 64:307–333

51. Keenan D M (1985) A Tukeynonadditivity-type test for time series nonlinearity. Biometrika 72:39–44

52. Koop G (2003) Bayesian econometrics. Wiley, New York

53. Li W K, Ling S, McAleer M (2002) Recent theoretical results for time series models with GARCH errors. J Econ Surv 16:245–269

54. Ludvigson S C, Ng S (2007) The empirical risk-return tradeoff: a factor analysis approach.J Financ Econ 83:171–222

55. Ludvigson S C, Ng S (2009) Macro factors in bond risk premia.

Rev Financ Stud 22:5027–5067

56. Lütkepohl H， Krätzig M （2004） Applied time series econometrics. Cambridge University Press， Cambridge

57. Luukkonen R， Saikkonen P， Teräsvirta T （1988） Testing linearity against smooth transition autoregressive models. Biometrika 75:491–499

58. Nelson D B （1991） Conditional heteroskedasticity in asset returns: a new approach. Econometrica 59:347–370

59. Paolella M S， Taschini L （2008） An econometric analysis of emission allowance prices. J Bank Finance 32:2022–2032

60. Pippenger M K， Goering G E （1993） A note on the empirical power of unit root tests under threshold processes. Oxf Bull Econ Stat 55:473–481

61. Pippenger M K， Goering G E （2000） Additional results on the power of unit root and cointegration tests under threshold processes. Appl Econ Lett 7:641–644

62. Ploberger W， Kramer W （1992） The CUSUM test with OLS residuals. Econometrica 60:271–285

63. Sadorsky P （2002） Time-varying risk premiums in petroleum futures prices. Energy Econ 24:539–556

64. Sadorsky P （2006） Modeling and forecasting petroleum futures volatility. Energy Econ 28:467–488

65. Stock J， Watson M （2002） Forecasting using principal components from a large number of predictors. J Am Stat Assoc 97:1167–1179

66. Stock J， Watson M （2002） Macroeconomic forecasting using diffusion indexes. J Bus Econ Stat 20:147–162

67. Stock J， Watson M （2005） Implications of dynamic factor models for VAR analysis. NBER working paper 11467， USA

68. Tang K， Xiong W （2009） Index investing and the financialization of commodities. Working Paper， Princeton University， Princeton

69. Teräsvirta T （1994） Specification， estimation， and evaluation of smooth transition autoregressive models. J Am Stat Assoc 89:208–218

70. Teräsvirta T （1998） Modeling economic relationships with smooth transition regressions. In:Ullah A， Giles D （eds） Handbook of applied economic statistics. Dekker， New York， pp 229–246

71. Teräsvirta T （2004） Smooth transition regression modelling. In: Lütkepohl H， Krätzig M （eds） Applied time series econometrics. Cambridge University Press， Cambridge

72. Teräsvirta T， Anderson H M （1992） Characterizing nonlinearities in business cycles using smooth transition autoregressive models. J Appl Econom 7:S119–S136

73. Tong H （1978） On a threshold model. In: Chen CH （ed） Pattern recognition and signal processing.Sijthoff and Noordhoff， Amsterdam， pp 101–141

74. Tong H （1983） Threshold models in non-linear time series analysis. Springer， New York

75. Tong H （1990） Non– linear time series: a dynamical system approach. Clarendon Press， Oxford

76. Tong H， Lim K S （1980） Threshold autoregression， limit cycles and cyclical data （with discussion） .J R Stat Soc B 42:245–292

77. Tsay R S （1986） Nonlinearity test for time series. Biometrika 73: 461–466

78. Tsay R S （2010） Analysis of financial time series， 3rd edn. Wiley， New York

79. Van Dijk D， Teräsvirta T， Franses P H （2002） Smooth transition autoregressive models-a survey of recent developments. Econom Rev 21:1–47

80. Zakoian J M （1994） Threshold heteroskedastic models. J Econ Dyn Control 18:931– 95581. Zagaglia P （2010） Macroeconomic factors and oil futures prices: a data-rich model. Energy Econ 32:409–417

[第4章]

清洁发展机制

摘要 本章主要讲述清洁发展机制（CDM），并且具体分析了在这些项目机制下的二次核证减排量（CER）。事实上，二次核证减排量平均最高可达欧盟交易体系的13.4%。首先，通过回顾核证减排量合约和价格发现的主要特点，我们利用向量自回归和协整模型研究了EUAs和核证减排量（CERs）之间的关系。然后，基于Zivot-Andrews结构突变检验和回归分析，我们确定了CER价格的主要决定因素。最后，我们讨论了CER-EUA差价存在的最主要原因，并且重点分析了通过套利获益的可能性。附录演示了在马尔科夫机制转换条件下EUAs和CERs之间的相互作用。

4.1 CERs合约和价格形成

根据《京都议定书》第12条，清洁发展机制（CDM）下的项目包括非附件B国家已实现的温室气体减排量。经批准后，联合国气候变化框架公约（UNFCCC）下属的清洁发展机制执行委员会（CDM EB）可向附件B国家发放减排信用额度供其履约。CDM项目下的CERs就是流入到因减排产生的全球履约市场的信用额。

所以，《京都议定书》的CDM可以使EU ETS从发展中国家购买相对便宜的碳排放权，从而节约成本。CER价格由供应方决定，而供应方受CDM EB的决策影响，它决定交付规则。在需求方面，CER价格由众多因素决定，例如欧盟委员会（EC）的决议，它决定了欧盟系统内的制度更替;政府（比如日本）为履行《京都议定书》承诺对CERs的需求会吸收部分欧盟体系内的履约要求。

尽管由不同的碳排放权市场所决定，CERs和EUAs可以根据各自所代表的交易单元进行交易。一个单位的CER相当于一吨CO_2减排当量，而一个单位的EUA等于向大气中排放一吨CO_2。一旦它们在交易所出售，那么在EU ETS下的二手CERs和EUAs被认为是有效的交易单元。一手的CERs可以直接从项目购买，而二手的CERs没有项目风险并且可以在交易所进行交易。[①]

图4-1显示的是2007年3月9日至2009年3月31日在ECX交易的二手CER的价格，在ECX提供CERs交易之前，路透社提供了一个相似的CER价格指数，我们注意到CERs的价格在每吨CO_2 15欧元的范围内波动。就其他章节而言，本部分所使用的数据可以下载于:http://sites.google.com/site/jpchevallier/publications/books/springer/data_chapter4.csv。

此外，从表4-1中可以看出，在我们研究时期内CERs的价格最高达到了22.85欧元，而最低的价格只有7.48欧元。在本章稍后论述的内容中(见图4-13左图)，这段时期内CERs的交易量相当于5.84亿吨CO_2。而在相同时期内，CERs的价格低于EUAs的价格，因此，在本章中就提出了这样一个问题:为什么CERs的价格比欧盟配额的价格更低?我们将引入特定市场变量来探究CER的驱动因素。

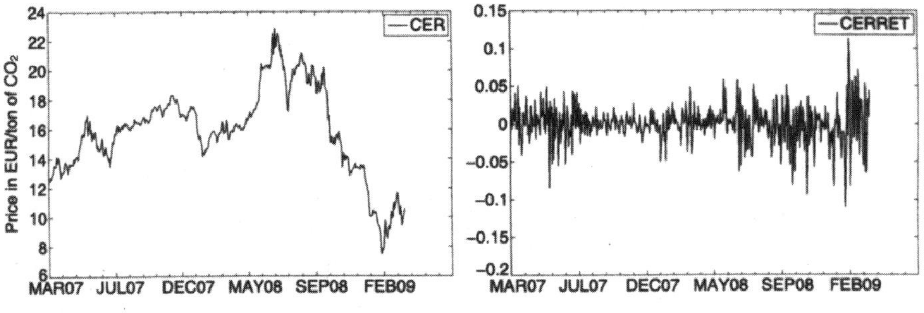

图4-1 CER:2007年3月9日至2009年3月31日原始数据(左图)和对数数据(右图)

① 根据项目的情况和涉及的风险,CERs可以以不同的价格进行交易。区别远期CERs和已发行CERs是十分重要的。在远期交易中出售的CERs,即在实现减少GHG的排放之前就已经获得的CERs具有无法交付的风险。因此,此种CERs应该以比在市场上交易的已发行的对应于核证减排量的CERs更低的价格进行双边交易。

表4-1　CER原始数据和对数CER（CERRET）的描述性统计

	CER	CERRET
Mean	15.8579	−0.0003
Median	16.0687	0.0001
Maximum	22.8500	0.1125
Minimum	7.4846	−0.1104
Standard Deviation	2.9864	0.0244
Skewness	−0.3514	−0.3703
Kurtosis	3.1352	5.9619
Jarque-Bera (JB)	11.2960	205.0775
Probability (JB)	0.0035	0.0001
Observations	529	528

资料来源:ECX

由于CERs增加了配额的供给量，大量的CERs的涌入会导致EUA价格的下降。此外，这种涌入还会通过削弱交易机制拉低欧洲低碳投资的效果，从而对欧盟碳价格产生威胁。因此，设定通过CDM可以获得的最大百分比的CERs（加上质量标准），对于维持EU ETS有效推动国内减排目标的实现非常必要。

《欧盟链接指令》允许为履约而进口的CERs平均最高为13.4%，2008—2020年进入EU ETS进行抵销的CERs的进口上限为17亿吨，即在考虑质量和技术标准的前提下，最多50%的减排努力可以通过CDM来实现。进口限制也可以通过这个事实来论证:尽管规则存在不确定性，CER进口配额的很大一部分可以储存到EU ETS的第三个阶段。例如，在2008年企业用于履约的CERs不能超过2亿吨。

4.2　与欧盟碳排放配额之间的关系

从市场活跃度和流动性来看，EU ETS代表着全球最大的碳排放权交易体系，因而EUAs会对CER的价格产生统计学上的影响。既然它们两者都代表着相同的排放资产，就可以在欧盟碳排放权交易体系内进行套利履约，因此，EUAs和CERs在经济学上存在着内在的关联。

事实上，EUAs通过履约机制对CERs产生影响的基本原理如下:各国可在《京都议定书》框架下直接管理履约情况，企业可以利用二手CERs在EU ETS内进行履约（平均最高为13%）。因而，两种资产都同样地代表一吨CO_2的排放权，他们之间的价格路径就可预期对共同的驱动因素做出反应。

在这一部分，我们首先基于向量自回归（VAR）的框架研究CERs与EUAs之间的关系[20]。然后，我们利用线性协整进一步探讨这两者之间的关系[11]。

4.2.1 VAR分析

记 $Z_t=\begin{pmatrix}X_t^1\\X_t^2\end{pmatrix}$ 为EUA和CERs价格的向量，于是VAR（p）模型为:

$$Z_t=C+\Gamma_1 Z_{t-1}+\cdots+\Gamma_p Z_{t-p}+\varepsilon_t \tag{4-1}$$

$C=\begin{pmatrix}C^1\\C^2\end{pmatrix}$ 为一个常数向量，$\Gamma_1,\cdots,\Gamma_p$ 为2×2的矩阵，而向量 $\varepsilon_t=\begin{pmatrix}\varepsilon_t^1\\\varepsilon_t^2\end{pmatrix}$ 是由相互独立的变量组成，并且这些变量服从中心双变量正态分布N（0，$\sum$）。

VAR（p）模型的构建需要通过以下三步完成:

第一步，根据信息准则选择最优阶数 p ，它是模型相关性的一个指标，与模型的似然性正相关，与模型参数的个数负相关。例如，Schwarz信息准则（SIC）为 $2LL-\ln(T)n$ ，其中 LL 为对数似然函数，T 是观察值的个数，n 为模型中参数的个数。

第二步，一旦 p 已知，那么C ，$\Gamma_1,\cdots,\Gamma_p$ 就可以由普通最小二乘法决定。

第三步，最后，标准差和残差的相关系数组成矩阵$\sum$ 。

表4-2为利用R软件完成这些步骤的编码。第1—8行可以选择相应的数据。

表4-2 **R编码:VAR EUA-CER**

```
1 path<-"C:/"
2 setwd(path)
3 library(vars)
4 data=read.csv("data_chapter4.csv",sep=",")
5 attach(data)
6 eua=data[,2]
7 cer=data[,3]
8 euacer<-cbind(eua,cer)
9 VARselect(euacer, lag.max=8, type="const")
10 vareuacer <- VAR(euacer, p=1, type="const")
11 summary(vareuacer, equation = "eua")
12 summary(vareuacer, equation = "cer")
13 plot(vareuacer, names ="eua")
14 plot(vareuacer, names ="cer")
15 portmanteau <- serial.test(vareuacer, lags.pt=16,type="PT.asymptotic")
16 normality <- normality.test(vareuacer)
17 arch <- arch.test(vareuacer, lags.multi=5)
18 plot(stability(vareuacer), nc=2)
19 causality(vareuacer, cause = c("eua"))
20 causality(vareuacer, cause = c("cer"))
21 irf.vareuacer1 <- irf(vareuacer, impulse = "cer", response = "eua",
n.ahead=10, ortho=FALSE, cumulative=FALSE, boot=FALSE)
22 plot(irf.vareuacer1)
23 irf.vareuacer2 <- irf(vareuacer, impulse = "eua", response = "cer",
n.ahead=10, ortho=FALSE, cumulative=FALSE, boot=FALSE)
24 plot(irf.vareuacer2)
25 fevd.vareuacer <- fevd(vareuacer, n.ahead=10)
26 plot(fevd.vareuacer,addbars=2)
```

1. 选择VAR（p）的阶数

第9行为根据信息标准选择VAR模型的阶数，结果见表4-3。

根据Schwarz信息准则，我们选择VAR（p）模型的阶数为1阶（VAR（1））。

表4-3 **R输出:VAR（p）阶数的选择**

```
$selection
AIC(n) HQ(n) SC(n) FPE(n)
6 1 1 6

$criteria
1 2 3 4 5
AIC(n) -1.467096e+01 -1.466889e+01 -1.467621e+01 -1.468344e+01 -1.469126e+01
HQ(n) -1.465177e+01 -1.463689e+01 -1.463142e+01 -1.462585e+01 -1.462087e+01
SC(n) -1.462195e+01 -1.458720e+01 -1.456185e+01 -1.453641e+01 -1.451155e+01
FPE(n) 4.250904e-07 4.259749e-07 4.228673e-07 4.198209e-07 4.165557e-07
6 7 8
AIC(n) -1.469439e+01 -1.468394e+01 -1.467186e+01
HQ(n) -1.461120e+01 -1.458795e+01 -1.456307e+01
SC(n) -1.448201e+01 -1.443889e+01 -1.439413e+01
FPE(n) 4.152570e-07 4.196238e-07 4.247314e-07
```

2. VAR（1）估计结果

表4-4中第10—12行为向量自回归估计结果。

可以看出滞后的CERs价格对EUA价格有影响（在5%的水平上），而CERs的价格能够在10%的显著性水平上很好地被AR（1）解释。因而，在这个例子中，我们发现EUAs对CERs并没有统计上的显著性影响。

表4-4 **R输出:VAR EUA-CER估计**

```
VAR Estimation Results:
=========================
Endogenous variables: eua, cer
Deterministic variables: const
Sample size: 528
Log Likelihood: 2385.512
Roots of the characteristic polynomial:
0.1007 0.1007
Call:
VAR(y = euacer, p = 1, type = "const")

Estimation results for equation eua:
=====================================
eua = eua.l1 + cer.l1 + const

Estimate Std. Error t value Pr(>|t|)
eua.l1 -0.0286791 0.1108578 -0.259 0.7960
cer.l1 0.2805998 0.1217078 2.306 0.0215 *
const 0.0006586 0.0015567 0.423 0.6724
---
Signif. codes: 0 '***' 0.001 '**' 0.01 '*' 0.05 '.' 0.1 ' ' 1

Residual standard error: 0.03576 on 525 degrees of freedom
Multiple R-Squared: 0.02943, Adjusted R-squared: 0.02573
F-statistic: 7.959 on 2 and 525 DF, p-value: 0.0003935

Estimation results for equation cer:
=====================================
cer = eua.l1 + cer.l1 + const

Estimate Std. Error t value Pr(>|t|)
eua.l1 -0.0524008 0.0755892 -0.693 0.4885
cer.l1 0.1594293 0.0829873 1.921 0.0553 .
const -0.0002376 0.0010614 -0.224 0.8230
---
Signif. codes: 0 '***' 0.001 '**' 0.01 '*' 0.05 '.' 0.1 ' ' 1

Residual standard error: 0.02439 on 525 degrees of freedom
Multiple R-Squared: 0.01304, Adjusted R-squared: 0.009277
F-statistic: 3.467 on 2 and 525 DF, p-value: 0.03191
```

3. 诊断检验

为了证实VAR（1）模型能够很好地解释EUAs和CERs之间的关系，第13行和第14行进行了残差分析。

从图4-2和图4-3可以直观地看到残差并不存在自相关。事实上，我们在ACF和PACF函数上没有发现任何趋势，这也就是说完全在置信区间内。

专栏 4-1 （VAR（p）的混成检验）为了检验VAR（p）的残差序列相关性，将混合统计量定义为：

$$Q_h = T\sum_{j=1}^{h}\mathrm{tr}\left(\hat{C}_j'\hat{C}_0^{-1}\hat{C}_j\hat{C}_0^{-1}\right) \tag{4-2}$$

Q_h 为滞后h期的布劳殊-戈弗雷（Breusch-Godfrey）Q统计量，T是观测值的个数，tr为矩阵的迹，且 $\hat{C}_i = \frac{1}{T}\sum_{t=i+1}^{T}\hat{\mathrm{u}}_t\hat{\mathrm{u}}_{t-i}'$。$\mathrm{u}_t$ 是一个K维度的白噪声过程，具有随时间不变的正定协方差矩阵 $E\left(\mathrm{u}_t\mathrm{u}_t'\right) = \sum\mathrm{u}$。这个检验统计量为近似 $\chi^2\left(K^2h - n^*\right)$ 的分布，n^* 是除VAR（p）确定项外的系数个数。

表4-4中的第15—17行可以进行第一次的诊断检验，这些都被包含在表4-5中。

混成 指的是最大滞后阶为16阶的渐进混成检验，ARCH指的是最大滞后阶为5阶的多元ARCH检验，*JB*为VAR（1）残差的多元序列检验，峰度和偏态指的是多元峰度和偏态的检验，而*df*代表的是检验统计量的自由度。

专栏 4-2 （多元JB统计）多元JB统计被定义为：

$$JB_{mv} = s_3^2 + s_4^2 \tag{4-3}$$

而 s_3^2 和 s_4^2 的计算方法为：

$$s_3^2 = T\mathrm{b}_1'\mathrm{b}_1/6 \tag{4-4}$$

$$s_4^2 = T(\mathrm{b}_2 - 3_K)'(\mathrm{b}_2 - 3_K)/24 \tag{4-5}$$

b_1和b_2是标准残差 $\hat{\mathrm{u}}_t^s = \tilde{P} - \left(\hat{\mathrm{u}}_t - \overline{\hat{\mathrm{u}}_t}\right)$ 的第三和第四非中心矩向量。

残差协方差矩阵 $\tilde{P}$ 的柯列斯基（Cholesky）分解是一个正对角下三角矩阵 $\tilde{P}\tilde{P}' = \tilde{\sum}\mathrm{u}$。$JB_{mv}$ 检验统计量服从 $\chi^2(2K)$ 分布，多元偏度（s_3^2）和峰态（s_4^2）检验服从 $\chi^2(K)$ 分布。

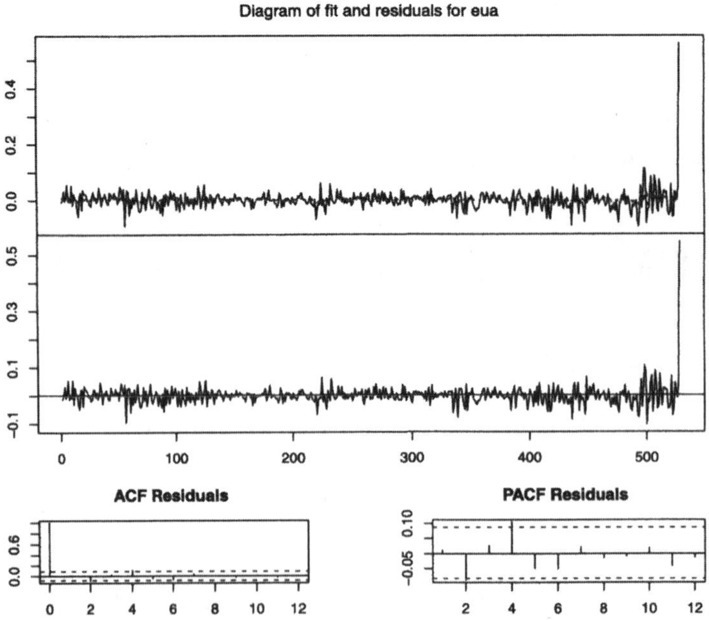

图 4-2　VAR EUA-CER:EUA 方程的相符图(上图)和残差图(下图)

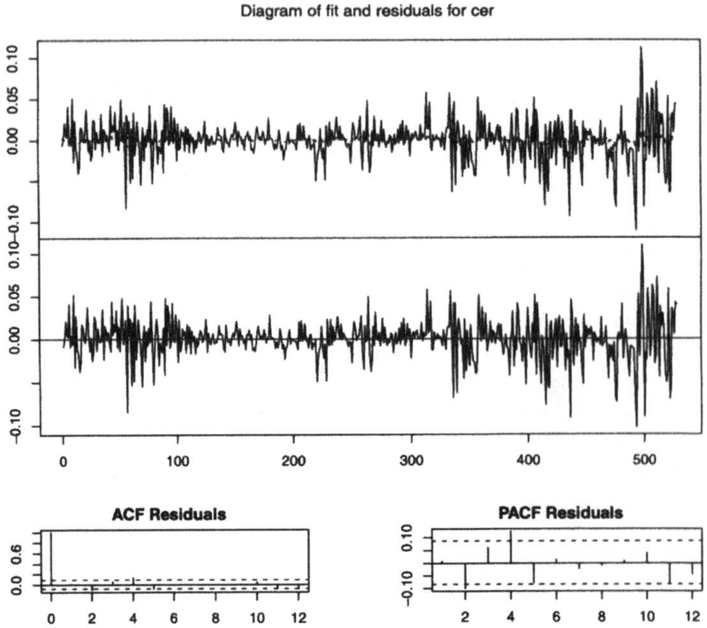

图 4-3　VAR EUA-CER:CER 方程的匹配图(上图)和残差图(下图)

我们证明残差不是自相关的（因为混成检验中 p 值严格大于5%）。此外，在我们的例子中，正态的原假设可以被拒绝（在1%显著水平下）;类似地，同方差性的原假设同样可以被拒绝（在1%显著水平下），这表明了ARCH效应。①

表4-5　R输出:VAR EUA-CER残差的诊断检验

```
Portmanteau Test (asymptotic)

data: Residuals of VAR object vareuacer
Chi-squared = 76.7209, df = 60, p-value = 0.07165

JB-Test (multivariate)

data: Residuals of VAR object vareuacer
Chi-squared = 273835.2, df = 4, p-value < 2.2e-16

Skewness only (multivariate)

data: Residuals of VAR object vareuacer
Chi-squared = 4952.619, df = 2, p-value < 2.2e-16

Kurtosis only (multivariate)

data: Residuals of VAR object vareuacer
Chi-squared = 268882.6, df = 2, p-value < 2.2e-16

ARCH (multivariate)

data: Residuals of VAR object vareuacer
Chi-squared = 163.0051, df = 45, p-value = 2.776e-15
```

专栏4-3　（多元ARCH检验）多元ARCH检验基于以下回归[6, 7, 13]:

$$\mathrm{vech}\left(\hat{u}_t\hat{u}_t^{'}\right)=\beta_0+B_1\mathrm{vech}\left(\hat{u}_{t-1}\hat{u}_{t-1}^{'}\right)+\cdots+B_q\mathrm{vech}\left(\hat{u}_{t-q}\hat{u}_{t-q}^{'}\right)+v_t \tag{4-6}$$

其中，v_t 是一个球面的误差过程，vech是对称矩阵的列累加，它是指主对角线上列往下累加。β_0 的维度为 $\frac{1}{2}K(K+1)$，矩阵 B_i 的相关系数为 $i=1,\cdots,q,\frac{1}{2}K(K+1)\times\frac{1}{2}K(K+1)$。原假设为 $H_0:B_1=B_2=\cdots=B_q=0$。检验统计量定义为:

① 包含GARCH效应的EUAs和CERs的计量经济学分析见[15]。

$$VARCH_{LM}(q)=\frac{1}{2}TK(K+1)R_m^2 \tag{4-7}$$

其中

$$R_m^2=1-\frac{2}{K(K+1)}\operatorname{tr}(\hat{\Omega}\hat{\Omega}_0^{-1}) \tag{4-8}$$

$\hat{\Omega}$ 为协方差矩阵，检验统计量服从 $\chi^2(qK^2(K+1)^2/4)$ 分布。

通过OLS-CUSUM检验，第18行检验到VAR估计结果并没有包含结构性变化[19]。

图4-4给出了EUA和CER方程中在5%显著性水平下各种过程的边界。当在这段时期内观察每一段时间序列内的峰值，发现都不存在结构性变动。很显然，基于CUSUM进程的OLS依然在它们的边界内，这就进一步证实了VAR（1）模型是正确的。

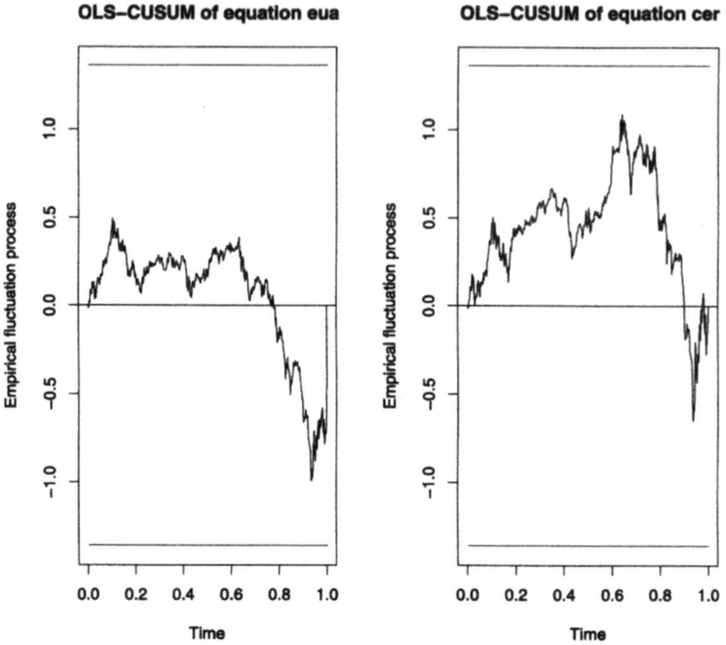

图4-4　VAR EUA-CER:EUA(左图)和CER(右图)的OLS-CUSUM检验

4. 稳定性

专栏 4-4 （基于CUSUM过程的OLS）为了检验时间序列模型的结构性变化，我们使用了包含多元标准残差和基于CUSUM过程[19]的OLS:

$$W_n^0(t) = \frac{1}{\hat{\sigma}\sqrt{n}} \sum_{i=1}^{\lfloor nt \rfloor} \hat{u}_i (0 \leqslant t \leqslant 1) \tag{4-9}$$

其中，$W_n^0(t)$ 是标准布朗桥 $W^0(t) = w(t) - tW(1)$ 的限制过程，而 W（.）是标准的布朗运动。在单边移动的过程中，该进程在断点附近存在一个峰值。

5. 格兰杰因果检验

第19—20行在EUAs和CERs之间进行了格兰杰因果检验，输出的结果包含在表4-6中。

表4-6　　R输出:VAR EUA-CER的格兰杰因果检验

```
Granger causality H0: eua do not Granger-cause cer

data: VAR object vareuacer
F-Test = 0.4806, df1 = 1, df2 = 1050, p-value = 0.4883

Granger causality H0: cer do not Granger-cause eua

data: VAR object vareuacer
F-Test = 5.3154, df1 = 1, df2 = 1050, p-value = 0.02133
```

假如在 p 阶 P_t^1 对 P_t^2 产生格兰杰因果关系，在 P_t^2 对其滞后价格 $P_{t-1}^1, \cdots, P_{t-p}^1, P_{t-1}^2, \cdots, P_{t-p}^2$ 的线性回归中，至少存在一个 P_t^1 滞后期价格的回归系数显著地不为0。格兰杰因果检验主要是利用格兰杰因果检验方法检验原假设 H_0 是否为真，原假设是对滞后期价格不存在影响。P 值低于0.05就意味着在95%的置信水平下可以拒绝原假设。

在我们的实际案例中，我们论证了CERs对EUAs产生影响，而并不是EUAs对CERs产生影响。①因而，格兰杰因果检验论证了我们之前的分析，CERs对EUAs产生统计学上的影响。

① 通常，用户可以检查获得的结果是否对于格兰杰因果关系检验的滞后期的顺序敏感。

由于格兰杰因果检验结果有助于在脉冲响应函数分析过程中决定柯列斯基分解的阶数，于是，在下一节中进一步模拟随机冲击，以便更好地了解这两个变量之间的相互关系。

6. 脉冲响应函数分析

第21—24行是对EUAs和CERs进行脉冲响应函数（IRF）分析。按照标准，正交脉冲响应由方差-协方差矩阵的柯列斯基分解 $\sum u = PP'$ 获取，P 是较低阶的三角矩阵[7]。柯列斯基分解从格兰杰因果检验中得出，而在我们的系统中EUA被定义为外生变量。对于脉冲响应函数而言，变量的阶数不同会产生不同的结果。

图4-5显示了IRF的分析结果。在这个系统中，我们观察到CERs在第二期对EUAs产生剧烈的影响，然而在第三期最初冲击的影响在消解，而在第四期这个影响就消失了。此外，我们可以看到CERs受到EUAs冲击的负面影响，而这个冲击的影响在第四期过后就消失了。与CERs（-0.05个标准差）相比，EUAs（高达0.25个标准差）受到影响的程度更高。在这个例子中，这两个变量在受到外生冲击时都表现出非对称性特征，这些震荡都归于零是平稳VAR模型的特征。

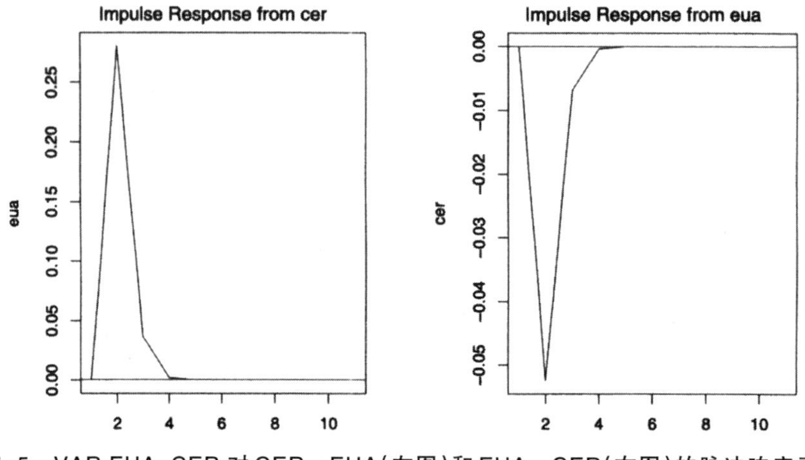

图4-5 VAR EUA-CER:对CER→EUA(左图)和EUA→CER(右图)的脉冲响应函数

最后，第25—26行对EUAs和CERs进行了方差分解分析。在图4-6中，我们看到EUA变量的预测误差方差99%是由于自身原因，而1%归结于

CER变量。而CERs变量的预测误差方差45%归结于EUA变量，55%是由于自身原因。这个图从另一个视角分析了EUA和CER之间的相互影响关系。

在下一部分中，我们利用协整进一步分析EUAs和CERs之间的关系。

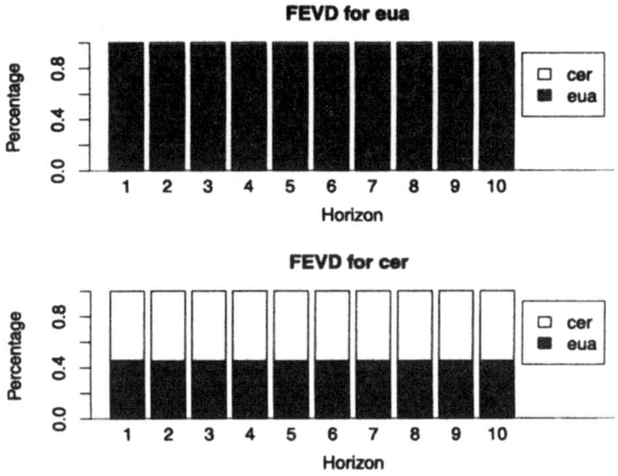

图4-6　VAR EUA-CER:对EUA(上图)和CER(下图)的预测误差方差分解

4.2.2　协整

接下来，我们利用协整去考察EUA和CERs价格的线性组合，这代表的是长期均衡关系。在这一节中，我们还将利用误差修正模型去检测该长期均衡。

1.初始条件

作为协整关系的前提条件，时间序列的阶数应该保持一致。基于标准的稳定性检验，EUA和CERs价格并不是平稳的，但是把它们结合起来在一阶（I（1））的情况下是平稳的。这就相当于检验它们的差分稳定性，例如，ΔX_t^e和$\Delta X_t^{e'}$是平稳的。

2.Johansen协整检验

在进行线性协整分析时，首先需要检验EUA和CERs是否存在协整关系，例如，是否存在β，使得$R_t = X_t^e - \beta X_t^{e'}$是稳定的。这可以通过$X_t^e$对$X_t^{e'}$做OLS回归或者使用Johansen协整检验来实现[9，10]。

记X_t为N个变量的向量：

$$X_t=\Phi_1X_{t-1}+\cdots+\Phi_pX_{t-p}+\varepsilon_t \tag{4-10}$$

$\varepsilon_t \sim WGN(0,\Omega)$，$WGN$为白噪声，$\Omega$为方差协方差矩阵，而$\Phi_i(i=1,\cdots,p)$为$N\times N$阶矩阵的系数。

在原假设H_0中，在N个变量中存在着r个协整关系，即，X_t存在r个协整关系。

Johansen协整检验可以利用R软件对EUAs和CERs进行对数变换后实现，[①]详见表4-7。

表4-7 R编码:Johansen 协整检验

```
1 path<-"C:/"
2 setwd(path)
3 library(vars)
4 data=read.csv("data.csv",sep=",")
5 attach(data)
6 logeua=data[,2]
7 logcer=data[,3]
8 price.mat <- data.frame(logeua,logcer)
9 vecm.trace <- ca.jo(price.mat, type='trace')
10 vecm.eigen <- ca.jo(price.mat, type='eigen')
```

第1—8行为在矩阵表中加载相应数据，而第9行和第10行分别计算转秩和最大特征值。

3.误差修正模型

下一步将利用协整模型去分析EUAs和sCERs之间长期关系的残差的动态[8]，还将把误差修正机制引入到变量e和e'之间的水平和斜率上来：

$$\begin{pmatrix}\Delta X_t^e\\ \Delta X_t^{e'}\end{pmatrix}=\begin{pmatrix}\mu_e\\ \mu_{e'}\end{pmatrix}+\sum_{k=1}^{p}\Gamma_k\begin{pmatrix}\Delta X_{t-k}^e\\ \Delta X_{t-k}^{e'}\end{pmatrix}+\begin{pmatrix}\Pi_e\\ \Pi_{e'}\end{pmatrix}R_t+\begin{pmatrix}\varepsilon_t^e\\ \varepsilon_t^{e'}\end{pmatrix} \tag{4-11}$$

- 在这个方程里，e代表着EUA，e'代表着sCER；
- X_t^e是e变量在t期的对数价格；
- 2×1向量过程$\Delta Z_t=(\Delta X_t^e=X_{t+1}^e-X_t^e,\Delta X_t^{e'}=X_{t+1}^{e'}-X_t^{e'})'$是EUA和sCER价格向量；
- $\mu=(\mu_{X,e},\mu_{X,e'})$是$1\times2$的向量；

① 注意不提供本章log EUAs和log CERs的时间序列数据。

- Γ_K 为2×2的矩阵，它依赖于滞后项；
- $R_t = X_t^e - \beta X_t^{e'}$ 表示的是EUA和sCER对数价格之差；
- Π 是2×1的矩阵，它表示的是对EUA和sCER对数价格之差的敏感度；
- 残差冲击 $\varepsilon_t^e, \varepsilon_t^{e'}$ 被认为是独立同分布的，它服从中心双变量正态分布 $N(0, \sum)$。

然而，对于一个纯正的线性模型，计量经济学者可能会错误设定模型，或者忽视了有效的协整关系。这就是为什么我们在接下来的分析中会利用未知的结构性断点来研究协整方法。

4. VECM和结构转换

在这个部分，我们探讨在一些时间序列存在结构性断点的情况下的协整关系。我们在结构转换中利用向量误差修正模型来研究这一过程，而这种方法最早由Lütkepohl，Saikkonen和Trenkler（2004，[12]）运用。在本文的研究过程中，我们利用了Pfaff（2008，[17]）提供的概念。

记y_t为$K\times1$的向量，它是一个不变的线性趋势，并存在水平转换:①

$$y_t = \mu_0 + \mu_1 t + \delta d_{t\tau} + x_t \tag{4-12}$$

其中，$d_{t\tau}$是一个虚拟变量，当$t \geqslant \tau$时，取值为1;其他情况下，取值为0。转换点τ是未知的，但是它是样本中的一个固定点:

$$\tau = [T\lambda], \quad 0 < \underline{\lambda} \leqslant \lambda \leqslant \bar{\lambda} < 1 \tag{4-13}$$

其中，$\underline{\lambda}$和$\bar{\lambda}$为真实的数字，而[·]为取整符号。因此，转换不可能发生在样本刚开始或恰好结束的地方。结构转换的估计基于以下回归:

$$y_t = v_0 + v_1 t + \delta d_{t\tau} + A_1 y_{t-1} + \cdots + A_1 y_{t-p} + \varepsilon_{t\tau}, \qquad t = p+1, \cdots, T \tag{4-14}$$

其中，A_i，i=1，···，p为$K\times K$的系数矩阵，而ε_t为球面K维误差过程。断点的估计量定义为:

$$\hat{\tau} = \arg\min_{\tau \in T} \det\left(\sum_{t=p+1}^{T} \hat{\varepsilon}_{t\tau} \hat{\varepsilon}_{t\tau}^{'}\right) \tag{4-15}$$

① 注意[12]在x_t可以表示为VAR(p),其成分大多数情况下为$I(1)$,同时在这r个协整关系的背景下发展了他们的分析。

其中，$\mathrm{T}=[T\underline{\lambda}, T\bar{\lambda}]$，而 $\hat{\varepsilon}_{t\tau}$ 为方程（4-14）的最小残差平方和。一旦估计出断点 $\hat{\tau}$，则数据可调整为:

$$\hat{x}_t = y_t - \hat{\mu}_0 - \hat{\mu}_1 t + \hat{\delta} d_{t\hat{\tau}} \tag{4-16}$$

检验统计量为:

$$LR(r) = T\sum_{j=r+1}^{N}\ln(1+\hat{\lambda}_j) \tag{4-17}$$

其中，相应的临界值见[21]，表4-8为在EUAs和CERs价格对数变换的基础上，如何在R软件中实现该检验。①

表4-8　　　　R编码:结构转换的Johansen协整检验

```
path<-"C:/"
setwd(path)
library(vars)
data=read.csv("data.csv",sep=",")
attach(data)
logeua=data[,2]
logcer=data[,3]
price.mat <- data.frame(logeua,logcer)
cointegration.break <- summary(cajolst (price.mat))
```

输出的结果见表4-9。

根据这些结果，我们可以发现考虑结构转换的情况下，在对数形式下，EUAs和CERs至少存在一个协整关系（r=1）。（其他举例见[15]）

5. VECM估计

误差修正模型记为:

$$\Delta X_t = \Pi_1 \Delta X_{t-1} + \cdots + \Pi_{p-1}\Delta X_{t-p+1} + \Pi_p X_{t-p} + \varepsilon_t \tag{4-18}$$

其中，矩阵 $\Pi_i(i=1,\cdots,p)$ 为 $N\times N$ 矩阵。除 X_{t-p} 为 $I(1)$ 外，其他所有变量为 $I(0)$。当所有变量都为 $I(0)$ 时，$\Pi_p X_{t-p}$ 同样为 $I(0)$。

令 $\Pi_p=-\beta\alpha'$，其中，α' 是（r，N）矩阵，r 为协整向量，β 是（N，r）矩阵。当存在 r 协整关系，那么 $Rk(\Pi_p)=r$。而Johansen协整检验就是基于这些条件的，我们就可以改写方程（4-18）为:

① 回忆这些价格序列不包含在本章的数据库中。

$$\Delta X_t = \Pi_1 \Delta X_{t-1} + \cdots + \Pi_{p-1} \Delta X_{t-p+1} - \beta\alpha' X_{t-p} + \varepsilon_t \qquad (4-19)$$

VECM可以利用R软件来运行，编码见表4-10。

第1—8行为在矩阵表中加载EUA和CER对数数据，第9行为通过极大似然估计的方法对VECM进行估计[9，10]。这个运行的输出结果见表4-11。

表4-9　R输出:结构转换的Johansen 协整检验

```
#######################
# Johansen-Procedure #
#######################

Test type: trace statistic, with linear trend in shift correction

Eigenvalues (lambda):
[1] 0.02161897 0.01012411

Values of teststatistic and critical values of test:

test 10pct 5pct 1pct
r <= 1 | 5.31 5.42 6.79 10.04
r = 0 | 16.58 13.78 15.83 19.85

Eigenvectors, normalized to first column:
(These are the cointegration relations)

logeua.l1 logcer.l1
logeua.l1 1.0000000 1.000000
logcer.l1 -0.4901037 -1.515450

Weights W:
(This is the loading matrix)

logeua.l1 logcer.l1
logeua -0.05968590 0.007171102
logcer -0.04361258 0.018227392
```

表4-11呈现的是EUAs和sCERs之间长期平稳关系的误差修正模型。我们观察到，从长期均衡看EUA和sCER之间的离差会缩小。通过结合EUAs和sCERs的短期线性变动，向量误差修正模型可以减少误差波动，从而实现这两个变量之间的协整关系。误差修正系数（*ect*1）估计表明短期偏差到长期关系的过程中存在着缓慢调整。VECM解释了EUA和CER

的价格都受到滞后项的影响（滞后项*eua.dl*1和*cer.dl*1）。通过一个相对简单的动态响应的协整关系可以看到，从长期看EUAs和CERs是同向移动。此外，可以看到EUA变量的相关系数（0.039）和CER变量的相关系数（0.049）很接近。因而，我们不能很肯定地说在长期价格发现中，谁是价格的主导者。

表4-10 R编码:VECM

```
1 path<-"C:/"
2 setwd(path)
3 library(vars)
4 data=read.csv("data_chapter4.csv",sep=",")
5 attach(data)
6 eua=data[,2]
7 cer=data[,3]
8 price.mat <- data.frame(eua,cer)
9 vecm.r1 <- cajorls(vecm.eigen,r=1)
10 vecm.level <- vec2var(vecm.eigen,r=1)
11 serial.test.vecm.level <- serial.test(vecm.level, lags.pt=16,
type="PT.asymptotic")
12 normality.test(vecm.level)
13 arch.test(vecm.level)
14 plot(serial.test.vecm.level,names="resids of eua")
15 plot(serial.test.vecm.level,names="resids of cer")
```

表4-11 R输出:VECM

```
Call:
lm(formula = substitute(form1), data = data.mat)

Coefficients:
eua.d cer.d
ect1 0.0399704 0.0490506
constant 0.0008016 -0.0002413
eua.dl1 -0.3943986 0.0471124
cer.dl1 -0.2784667 -0.9214969

$beta
ect1
eua.l2 1.00000
cer.l2 -20.83647
```

6. 诊断检验

第11—13行是VECM残差的诊断检验。

经过VAR分析，我们发现在表4-12中残差并不是正态分布的，并且不存在ARCH效应，第14—15行提供了对残差进一步分析的工具。

从图4-7和图4-8中，并没有明显地看出残差是自相关的，而在表4-12中 Ljung-Box-Pierce检验的p值为2.86%，结果说明存在自相关。这就需要读者重新审视在扩展的数据集中存在于2个时间序列之间的协整关系（对于这一个议题的进一步分析同样可以参考[15]和[3]）。

表4-12 R输出:VECM EUA-CER诊断检验

```
Portmanteau Test (asymptotic)

data: Residuals of VAR object vecm.level
Chi-squared = 80.1577, df = 58, p-value = 0.02860

JB-Test (multivariate)

data: Residuals of VAR object vecm.level
Chi-squared = 173191.8, df = 4, p-value < 2.2e-16

$Skewness

Skewness only (multivariate)

data: Residuals of VAR object vecm.level
Chi-squared = 3459.678, df = 2, p-value < 2.2e-16

$Kurtosis

Kurtosis only (multivariate)

data: Residuals of VAR object vecm.level
Chi-squared = 169732.1, df = 2, p-value < 2.2e-16

ARCH (multivariate)

data: Residuals of VAR object vecm.level
Chi-squared = 145.8837, df = 45, p-value = 1.403e-12
```

总之，为了分析EUAs和CERs时间序列关系（VECM在碳市场、电力以及能源等变量的应用参见[18]），在这一部分介绍了一些有用的工具（VAR和协整）。此外，需要记住的是在分析这两个变量之间的关系中，DCC MGARCH模型同样是一个有效的计量经济分析方法（具体的应用参见[4]）。

接下来，我们实证地分析CER价格的主要决定因素。

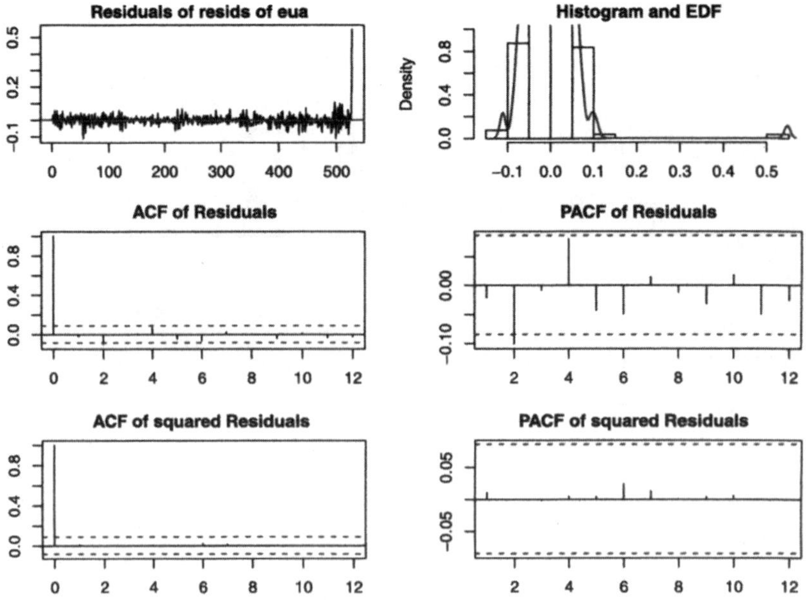

图 4-7 EUA-CER 的向量误差修正模型:EUA 方程的残差分析

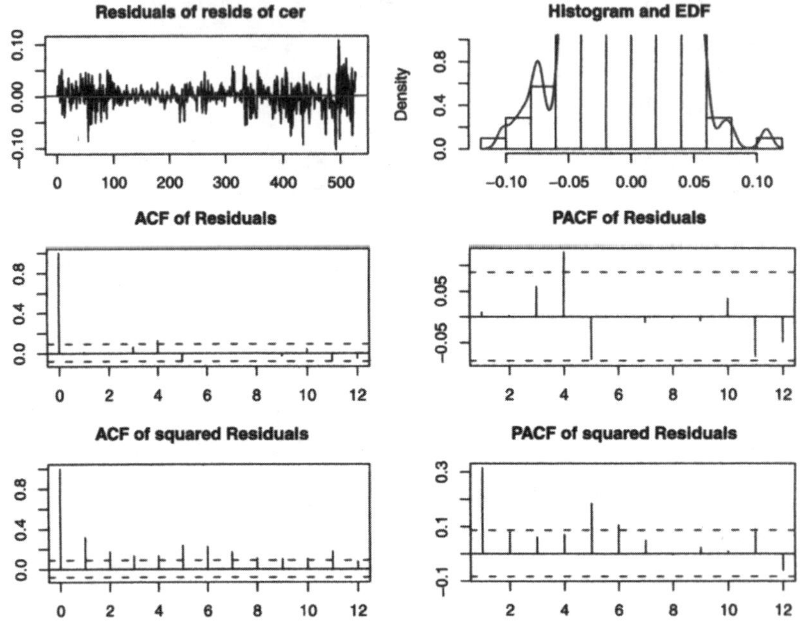

图 4-8 EUA-CER 的向量误差修正模型:CER 方程的残差分析

4.3 CERs价格驱动因素

本节内容有两点:（1）阐述Zivot-Andrews结构突变检验在CER价格序列中的应用;（2）利用回归分析确定主要的CER价格驱动因素。

4.3.1 Zivot-Andrews结构突变检验

对于EUAs来说，我们可以在结构突变检验的基础上探讨影响CER价格路径的主要冲击，并且可以尝试将他们与实际市场发展或者制度决策变化联系起来。在下文中，我们会介绍Zivot-Andrews（1992，[22]）的著名检验。在这之后，我们会从[17]中得出一些注释。

1.检验的设定

该检验可以内生决定最可能发生的结构突变。估计程序选择一个结构突变日期，这个日期是对带漂移项随机游走的原假设带来最不利结果的时点。该检验的统计量基于Perron（1989，[16]）的t检验值。

$$t_{\hat{\alpha}^i}\left[\hat{\lambda}^i_{\inf}\right]=\inf_{\lambda\in\Delta} t_{\hat{\alpha}^i}(\lambda),\ i=A,B,C \tag{4-20}$$

其中 $1<T_\tau<T$, $\lambda=\dfrac{T_\tau}{T}$ 为结构突变点相对于总样本的比例，且Δ是（0，1）的一个闭合子集。紧接着ADF型检验的三种模型特征为: A.序列水平值有一次移动; B.增长率改变; C.包含以上两个特点。根据模型选择的不同，检验统计量可以由以下回归方程之一计算得来:

$$y_t=\hat{\mu}^A+\hat{\theta}^A DU_t\left(\hat{\lambda}\right)+\hat{\beta}^A t+\hat{\alpha}^A y_{t-1}+\sum_{i=1}^{k}\hat{c}_i^A\Delta y_{t-i}+\hat{\varepsilon}_t \tag{4-21}$$

$$y_t=\hat{\mu}^B+\hat{\beta}^B t+\hat{\gamma}^B DT_t^*\left(\hat{\lambda}\right)+\hat{\alpha}^B y_{t-1}+\sum_{i=1}^{k}\hat{c}_i^B\Delta y_{t-i}+\hat{\varepsilon}_t \tag{4-22}$$

$$y_t=\hat{\mu}^C+\hat{\theta}^C DU_t\left(\hat{\lambda}\right)+\hat{\beta}^C t+\hat{\gamma}^C DT_t^*\left(\hat{\lambda}\right)+\hat{\alpha}^C y_{t-1}+\sum_{i=1}^{k}\hat{c}_i^C\Delta y_{t-i}+\hat{\varepsilon}_t \tag{4-23}$$

其中，如果$t>T\lambda$，则$DU_t(\lambda)=1$，否则为零。在$t>T\lambda$时，DT_t^*（λ）= $t-T\lambda$，否则为零。Zivot和Andrews（1992，[22]）给出了相应的临界值。

2.CERs的应用

根据表4-13中的R程序可以用Zivot-Andrews结构突变检验对CER价格序列进行检验。

表4-13 **R编码:CERs的Zivot-Andrews结构突变检验**

```
1 path<-"C:/"
2 setwd(path)
3 library(vars)
4 data=read.csv("data_chapter4.csv",sep=",")
5 attach(data)
6 cer=data[,3]
7 za.cer <- ur.za(cer,model="both",lag=8)
8 plot(za.cer)
```

第1行到第6行对数据进行加载，第7行通过运用模型C计算出了Zivot-Andrews检验统计量，并在表4-14中列出。

表4-14 **R输出:CERs的Zivot-Andrews结构突变检验**

```
##################################
# Zivot-Andrews Unit Root Test #
##################################

Call:
lm(formula = testmat)

Residuals:
Min 1Q Median 3Q Max
-0.099543 -0.010312 0.000764 0.012998 0.098546

Coefficients:
Estimate Std. Error t value Pr(>|t|)
(Intercept) 4.710e-03 2.299e-03 2.049 0.04097 *
y.l1 -1.139e-01 1.327e-01 -0.858 0.39128
trend -2.257e-05 8.074e-06 -2.796 0.00538 **
y.dl1 2.223e-01 1.243e-01 1.788 0.07430 .
y.dl2 1.095e-01 1.161e-01 0.944 0.34582
y.dl3 1.574e-01 1.088e-01 1.448 0.14834
y.dl4 2.600e-01 9.952e-02 2.613 0.00924 **
y.dl5 1.398e-01 9.072e-02 1.541 0.12384
y.dl6 1.266e-01 7.764e-02 1.631 0.10348
y.dl7 7.118e-02 6.178e-02 1.152 0.24976
y.dl8 2.679e-02 4.572e-02 0.586 0.55818
du 3.590e-02 1.089e-02 3.295 0.00105 **
dt -1.278e-03 6.554e-04 -1.950 0.05175 .
---
Signif. codes: 0 '***' 0.001 '**' 0.01 '*' 0.05 '.' 0.1 ' ' 1

Residual standard error: 0.02392 on 507 degrees of freedom
(9 observations deleted due to missingness)
Multiple R-squared: 0.07668, Adjusted R-squared: 0.05483
F-statistic: 3.509 on 12 and 507 DF, p-value: 5.199e-05

Teststatistic: -8.393
Critical values: 0.01= -5.57 0.05= -5.08 0.1= -4.82

Potential break point at position: 503
```

由于方程（4-23）中关注的多数参数在统计上是显著的，该模型看起来是良好的估计。此外，突变日期对应于2009年2月23日。这个断点可能是由于CER市场[15]的金融危机延迟效应所导致。图4-9形象地确认了这些检验的统计结果。

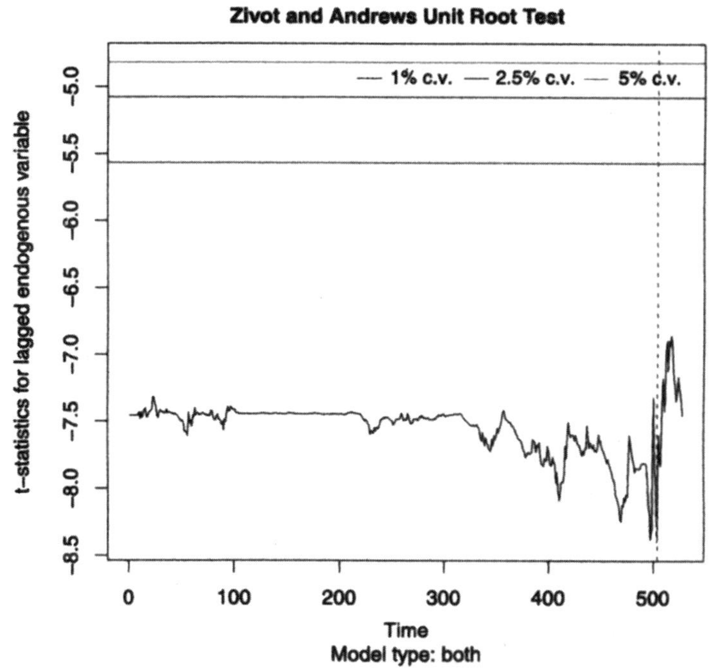

图4-9 CER价格序列的Zivot-Andrews检验统计量

下一部分，我们将探讨CER的价格驱动因素。

4.3.2 回归分析

和EUAs相似，我们可以基于回归分析来揭示主要的CER价格驱动因素。和本章开头分析的一样，由于运营商具有在EU ETS中使用CERs履约的能力，CERs和EUAs有着本质上相同的驱动因素。我们依据[15]设定了以下CER价格驱动因素的回归方程:

$$y_t = \alpha + \beta_1 Brent_t + \beta_2 Ngas_t + \beta_3 Coal_t + \beta_4 Momentum_t + \beta_5 Linking_t + \varepsilon_t \quad (4-24)$$

其中，β_1,β_2,β_3 代表对数形式的能源价格影响因素的系数，即:

BRENTRET，NGASRET，和COALRET。布伦特价格（用欧元/桶表示）是在ICE协商达成的未来一个月的布伦特原油期货价格。天然气价格（用欧元/千卡表示）则是在Zeebrugge Hub协商达成的未来一个月的天然气期货价格。煤炭价格是安特卫普/鹿特丹/阿姆斯特丹（ARA，用欧元/吨表示）的未来一个月的煤炭期货价格。变量 $Momentum_t$ 是CER变量在时刻 t 和时刻 $t-5$ 之间的差值，代表看涨或看跌CER市场趋势（见[5]）。$Linking_t$ 是虚拟变量，当某一天发布了与全球碳排放权交易体系链接相关的新闻时等于1，否则为0。后一个变量代表了当区域和国际碳排放权交易体系建立了链接程序认可不同系统间配额交易的有效性之后，CER充当世界碳价格的能力。从这个角度看，CER价格可以被当作世界范围内最好的替代“货币”。

表4-15内，我们观察交互相关矩阵发现在估计方程（4-24）中没有潜在的多重共线性①。

表4-15 CER价格驱动因素对数变换形式之间的交互相关

	DIFFCER	DIFFBRENT	DIFFGAS	DIFFCOAL	MOMENTUM
DIFFCER	1				
DIFFBRENT	0.0712	1			
DIFFGAS	0.0266	0.0975	1		
DIFFCOAL	−0.0877	−0.0792	0.0321	1	
MOMENTUM	0.4661	−0.0084	−0.0148	0.0227	1

表4-16通过R语言来估计方程（4-24）。第1至11行加载了相关的数据，第12行进行模型的估计。

① 注意虚拟变量 $linking_t$ 并不包括在内。

表4-16　**R编码:CERs的线性回归模型**

```
1 path<-"C:/"
2 setwd(path)
3 library(stats)
4 data=read.csv("data_chapter4.csv",sep=",")
5 attach(data)
6 cer=data[,3]
7 brent=data[,4]
8 gas=data[,5]
9 coal=data[,6]
10 momentum=data[,8]
11 linking=data[,9]
12 modelcer<-lm(cer~brent+gas+coal+momentum+linking)
13 summary(modelcer)
14 layout(matrix(1:4,2,2))
15 plot(modelcer)
16 acf(residuals(modelcer))
17 acf(residuals(modelcer),type='partial')
```

表4-17列出了第13行得到的估计结果。我们观察得到，变量$Brent_t$在10%的水平下显著且为正，因而，更多的燃料使用也会预期提高对CERs的需求（纳入排放权交易体系的企业为支付CO_2排放）。变量$Coal_t$也在统计学上显著（5%显著性水平），并且其符号为负。后者的结果符合所讨论的EUAs关系，即:随着煤炭的相对价格上升，企业势必会更少地依赖于煤炭密集型能源，因而，对CER价格的影响预期为负。最后，变量$Momentum_t$在1%的显著性水平上高度显著，其符号为正可以解释为:在我们的研究期间内，CER价格变化对碳市场的发展趋势做出了正响应。其余变量并不显著。总的来说，我们可以得出结论:能源价格影响着CER的价格路径（就像EUAs那样），而特定的市场变量（$Momentum_t$）也似乎在价格形成中发挥着作用（详细介绍见[15]）。

第14行和15行给出了各种不同的残差分析诊断图，具体见图4-10。

根据第16行和17行得出残差的ACF和PACF函数，如图4-11所示。总之，这些诊断工具形象地证实了方程（4-24）的残差是不自相关的，以及估计的模型设定是有效的。

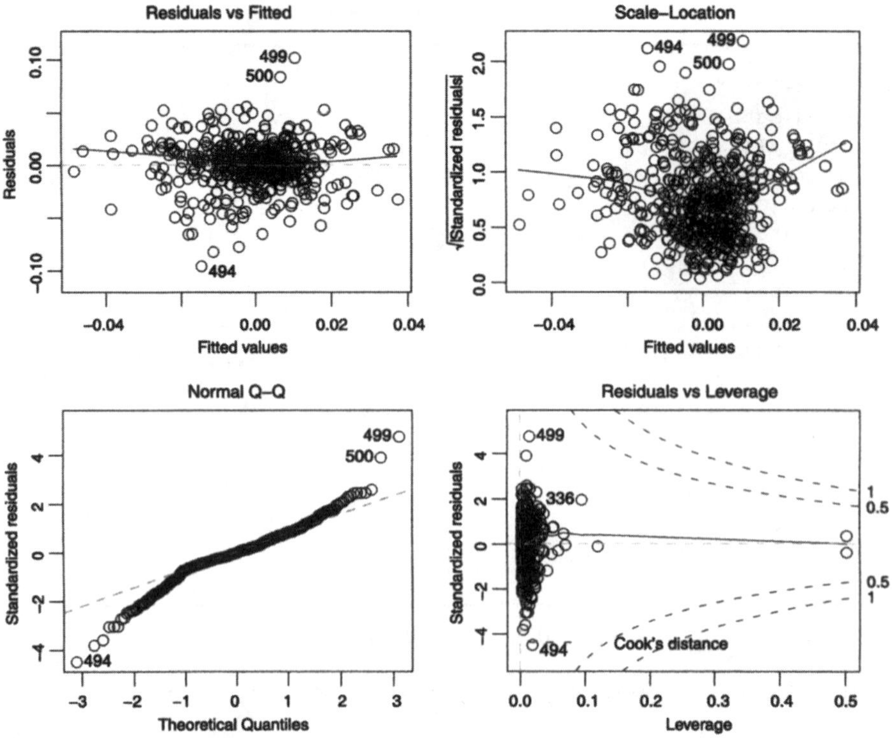

图 4-10　方程(4-24)模型估计的诊断图

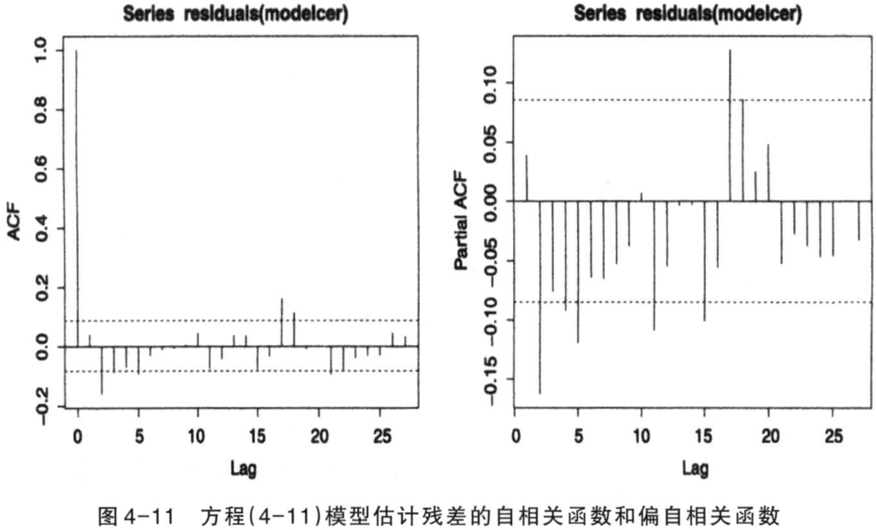

图 4-11　方程(4-11)模型估计残差的自相关函数和偏自相关函数

表4-17　R输出:CERs的线性回归模型

```
Call:
lm(formula = cer ~ brent + gas + coal + momentum + linking)

Residuals:
Min 1Q Median 3Q Max
-0.095802 -0.009498 0.000089 0.012281 0.101870

Coefficients:
Estimate Std. Error t value Pr(>|t|)
(Intercept) 0.0002007 0.0009400 0.214 0.8310
brent 0.0540701 0.0319227 1.694 0.0909 .
gas 0.0165778 0.0211729 0.783 0.4340
coal -0.1004529 0.0408671 -2.458 0.0143 *
momentum 0.0134956 0.0011017 12.250 <2e-16 ***
linking -0.0041577 0.0153401 -0.271 0.7865
---
Signif. codes: 0 '***' 0.001 '**' 0.01 '*' 0.05 '.' 0.1 ' ' 1

Residual standard error: 0.02156 on 523 degrees of freedom
Multiple R-squared: 0.2326, Adjusted R-squared: 0.2253
F-statistic: 31.7 on 5 and 523 DF, p-value: < 2.2e-16
```

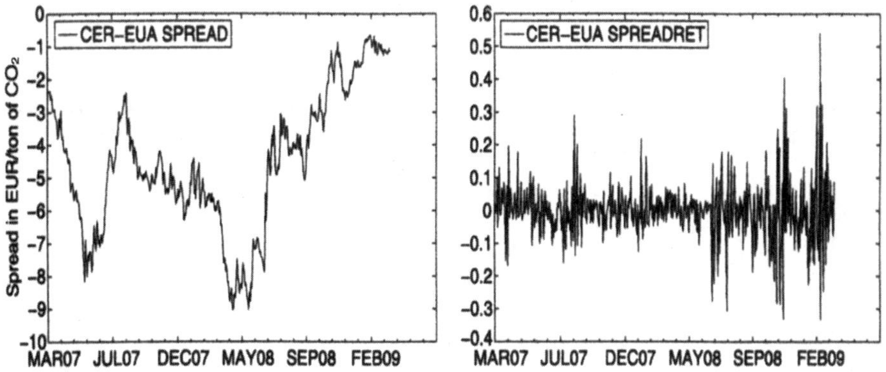

图4-12　CER-EUA差价:2007年3月9日至2009年3月31日的原始数据(左图)和对数形式(右图)

在下一部分，我们探讨EUAs和CERs之间存在价格差异的原因。

4.4 套利策略:CER-EUA差价

本节将解释当存在CER-EUA差价时，市场参与者运用的主要套利策略。此外，我们将详细说明差价的驱动因素。

4.4.1 为什么对这个差价如此感兴趣?

CER-EUA差价是CERs和EUAs之间的溢价:

$$Spread_{t,i} = CER_{t,i} - EUA_{t,i} \tag{4-25}$$

其中 $CER_{t,\ i}$ 和 $EUA_{t,\ i}$ 分别表示期限为 i 的CER和EUA期货合约在 t 时刻在ECX用欧元交易的价格。公用事业部门排放权交易平台密切关注这个差价，因为他们可以简单地使用二级市场的CER信用额来完成平均多达13.4%的EU ETS下的履约任务，从而在“免费午餐”套利机会中获利。套利活动包括购买二级市场的CERs和卖出EUAs来完成履约任务。举例来说，差价为-3欧元意味着CER期货交易价格比EUA期货价格低3欧元（对于那些具有相同期限的合约）。交易商会密切关注该差价，因为它代表用EUAs交换CERs的成本，所换CERs用来实现EU ETS框架下的履约目标。

表4-18 CER-EUA差价的原始数据（SPREAD）和对数形式转变（SPREADRET）的描述性统计量

	SPREAD	SPREADRET
Mean	−4.5459	−0.0013
Median	−4.6200	−0.0026
Maximum	−0.6478	0.5392
Minimum	−9.0435	−0.3329
Standard Deviation	2.1084	0.0876
Skewness	−0.0477	0.5256
Kurtosis	2.2923	8.4396
Jarque-Bera (JB)	11.2377	675.2977
Probability (JB)	0.0036	0.0001
Observations	529	528

资料来源:ECX

正如我们从图4–12中看到的，在所考量的时间段内的差价在–1到–9欧元之间振荡。因而，对于那些能够从他们的注册账户中拿出CERs而不是EUAs的市场经纪人来说存在巨大的套利机会。此外，在表4–18中，我们发现在我们研究的时间段内，差价的均值等于–4.54欧元。

在金融市场，“免费午餐”套利机会应该被市场经纪人立即实施以便将定价机制出清。由于二级市场的CERs基本上是无风险的碳信用额度（已通过CDM的执行理事会验证），其价格应该和EUAs相等。因而，我们会问:我们为什么会观察到这个差价?回答这个问题并不那么简单，因为它需要通过统计分析来详细解释。

4.4.2　差价的驱动因素

CER–EUA差价可以通过微观结构变量（参阅[14]的调查）来解释。因为当两种资产之间的价格差最大时，套利策略包括购买CERs和卖出EUAs，我们应该能够从交易量上直观地观察到这种影响。

图4–13表明在CER–EUA差价很大时（例如在2008年5月期间差价范围为8欧元），EUAs和CERs的交易量也很大，主要原因是交易商为了能从套利机会中获利需要同时交易两种资产。然而，他们并不总是能充分利用CER–EUA的差价，原因在于27个成员国在EU ETS登记注册的可用来履约的CERs总量被限制为平均13.4%。因此，为了从套利活动中获得最大的潜在收入来源，交易商需要等待最大的差价。

注意从CER–EUA差价获利的能力受限于那些拥有自己的登记系统和交易平台的市场经纪人，比如有专门的交易基础设施的电力公司。纯粹的金融市场主体（即没有进入与设施层面的实际污染相关的CO_2配额注册系统的权限）可以在交易所买进CERs卖出EUAs，但是他们不能在任何注册系统中使用CERs履约。

此外，我们可以注意到随着碳市场在世界范围内的发展，两种资产的交易量有规律地上升。

由图4-14，我们看到CER-EUA差价不仅和微观结构变量有关，还和更多的基本驱动因素有关。碳市场趋势（即市场进入牛市或者熊市的程度）和波动率指数（这被广泛认为是市场总量的波动指标，见[5]）均显示，在我们所研究的时间段内统计上显著影响CER-EUA差价。

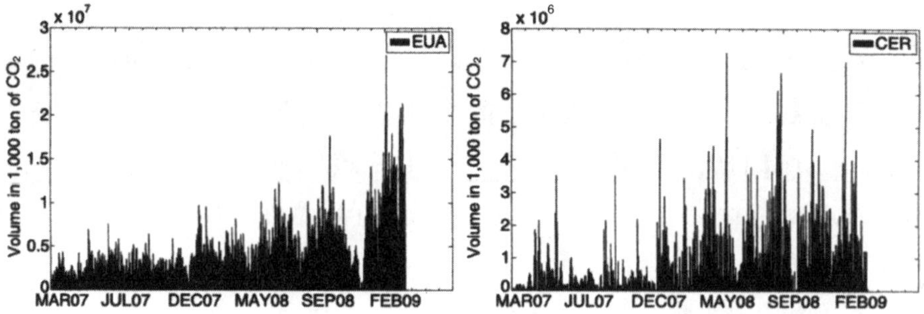

图4-13　CER-EUA差价驱动因素:EUAs(左图)和CERs(右图)的交易量(以1 000吨CO_2表示)

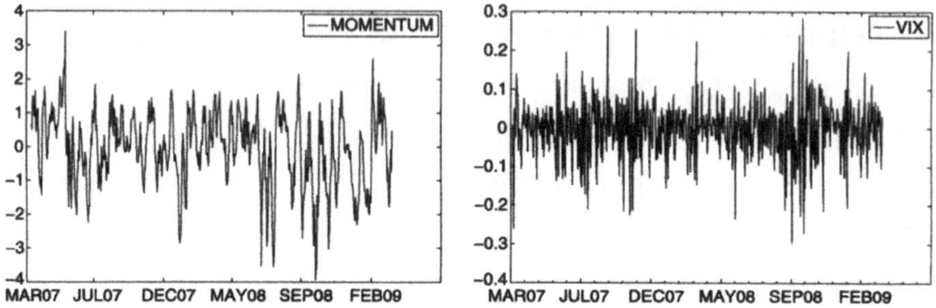

图4-14　CER-EUA差价驱动因素:市场趋势(左图)和波动率指数(右图)

↘ 附录

EUAs和CERs的马尔科夫机制转换模型

由于已经在第3章介绍过，我们这里只简要地回顾一下马尔科夫转换模型下的基本框架。

考虑一个n维向量$y_t \equiv (y_{1t},\cdots,y_{nt})'$服从$p$阶向量自回归模型，其中参数如下:

$$y_t = \mu(s_t) + \sum_{i=1}^{p} \phi_i(s_t) y_{t-i} + \varepsilon_t \tag{4-26}$$

$$\varepsilon_t \sim N\left(0, \sum(s_t)\right) \tag{4-27}$$

其中条件期望 $\mu(s_t)$ 和 $\phi_i(s_t), i = 1, \cdots, p$ 的参数，以及矩阵 $\sum(s_t)$ 的误差项 ε_t 的方差和协方差都依赖于状态变量 s_t，可以假定该变量有q个值（对应不同的机制）。

此模型是基于 $S_t = 1,2$ 的高斯极大似然法来估计的。通过设置 $S = [11]$，自回归系数和模型的方差都根据转移概率进行转换。

接下来，我们把这个模型框架运用到2007年3月至2009年3月的EUAs和CERs时间序列中。因此，我们可以得到两机制马尔科夫转换向量自回归模型。

估计结果见表4-19。两个均值μ的系数都是统计上显著的，表明高低增长期之间转换的存在。在扩张期，每月产出增长率平均等于0.03%，时间序列可能维持在扩张期的概率为91%，机制1被认为平均能持续11天。在萧条期，每月产出增长率平均等于-0.05%，持续萧条的概率等于80%，机制2的持续时间平均为5天。根据遍历概率，时间序列将占机制1（机制2）的样本数据时间跨度的60%（40%）。

有趣的是，其他的估计系数表明EUAs对CERs有多种显著影响:机制1期间（当 $\phi_1 = 0.19$ 和 $\phi_2 = 0.07$ 在5%水平上显著），机制2期间（$\phi_1 = -0.39$ 和 $\phi_2 = 0.16$ 在1%水平上显著）。因此，这些结果证实了Chevallier [3，4]关于EUAs对CERs有显著影响的见解，因为EU ETS是世界上迄今为止最发达的碳排放市场。关于CERs，我们注意到其不仅在扩张期（$\phi_1 = 0.70$ 在1%水平上显著）而且也在萧条期（$\phi_1 = -0.50$ 在5%水平上显著）影响EUAs。

平滑转换概率和机制转换概率分别如图4-15和图4-16所示。它们揭示了未来碳市场的两种基本状态:2007年4月和2008年4月到12月的低增长时期，2007年5月到2008年5月和2009年1月到2009年6月的高增长时期。从一种机制向另一种机制转换主要发生在履约期或潜在商业周期的重大变化期（世界经济在2008年进入衰退），这些都影响着二氧化碳资产的交易。

诊断检验见表4-20。在上半部分报告了三种诊断检验结果。第一个是关于马尔科夫转换模型的检验，该检验基于一个简单的嵌套原假设:数据服从几何随机游走，并且具有独立同分布的特征。M是LR检验的p值:

$$\text{Prob}[LR(q^*)] > M = \text{Prob}(\chi_d^2 > M) + \frac{VM^{(d-1)/2} e^{-M/2} 2^{-d/2}}{\Gamma(d/2)} \tag{4-28}$$

其中，$\text{Prob}[LR(q^*)] > M|H_0$ 是上限临界值，LR是似然比统计量，q^*是转换概率向量（$q^* = \arg\max LnL(q)|H_1$）以及d是原假设下的约束条件个数。

表4-19 关于EUAs和CERs的两机制马尔科夫转换向量自回归模型的估计结果

Log-likelihood	251.13	
μ (Regime 1)	0.0003***	
	(0.0001)	
μ (Regime 2)	−0.0005***	
	(0.0001)	
Equation for *EUAFUTRET*	*EUAFUTRET*	*CERFUTRET*
ϕ_1 (Regime 1)	0.3320***	0.7068***
	(0.1124)	(0.1637)
ϕ_1 (Regime 2)	−0.5078***	−0.5038**
	(0.1969)	(0.2309)
ϕ_2 (Regime 1)	0.1187***	0.1535
	(0.0113)	(0.1315)
ϕ_2 (Regime 2)	−0.2804	−0.4492*
	(0.2061)	(0.2508)
Equation for *CERFUTRET*	*EUAFUTRET*	*CERFUTRET*
ϕ_1 (Regime 1)	0.1975**	0.4187***
	(0.0830)	(0.1352)
ϕ_1 (Regime 2)	−0.3963***	−0.4997***
	(0.1536)	(0.1959)
ϕ_2 (Regime 1)	0.0746**	0.1269
	(0.0304)	(0.1131)
ϕ_2 (Regime 2)	0.1654***	−0.2053
	(0.0541)	(0.1805)
Standard error (Regime 1)	0.0004	
Standard error (Regime 2)	0.0005	
Transition Probabilities Matrix	Regime 1	Regime 2
Regime 1	0.9104***	0.2047
	(0.0662)	(0.1405)
Regime 2	0.0953	0.8036***
	(0.0617)	(0.1880)
Regime Properties	Prob.	Duration
Regime 1	60.63	11.30
Regime 2	39.37	4.92

注:*EUAFURET*代表EUA期货价格的对数形式。*CERFUTRET*代表CER期货价格的对数形式。括号里为标准误差，***、**、*分别代表1%、5%、10%显著性水平下的统计显著性。

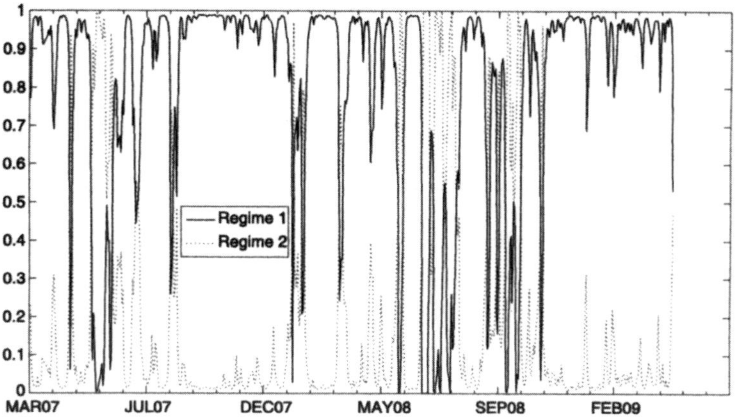

图4-15　基于两机制马尔科夫转换向量自回归模型的EUAs和CERs的平滑转换概率估计

注:机制1是“扩张”，机制2是“收缩”。

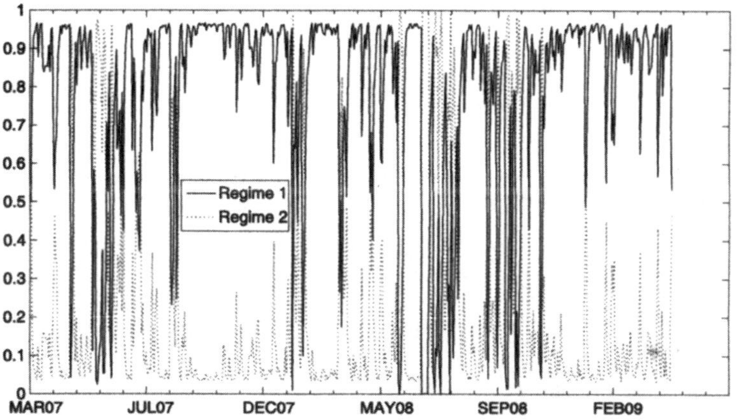

图4-16　基于两机制马尔科夫转换向量自回归模型的EUAs和CERs的机制转换概率估计

注:机制1是“扩张”，机制2是“收缩”。

在表4-20中，这次调整产生的LR统计量等于25.98。我们在0.1%水平下拒绝随机游走的原假设。我们得出结论:两机制马尔科夫转换模型比随机游走模型更好地描述了这种关系。

表4-20报告的第二个检验是关于马尔科夫转换矩阵的对称性，表明了增长率的无条件分布的对称性。该检验对原假设p（处于高增长状态或

繁荣的概率）等于q（处于低增长或萧条的概率）而非备择假设$p<q$进行了检验。表4-20报告了在原假设下服从渐进标准正态分布的统计量，我们在5%水平下拒绝了对称的假设。

表4-20 **关于EUAs和CERs的两机制马尔科夫转换向量自回归模型的诊断检验**

	Markov-switching VAR	
LR Statistic	25.981	
p-value	0.001	
Symmetry test	2.069	
p-value	0.022	
RCM 2-State	38.6110	
Distributional Characteristics	*EUAFUTRET*	*CERFUTRET*
Mean	0.0011	0.0006
Median	0.0014	0.0004
Maximum	1.1250	1.1272
Minimum	−2.5437	−1.1714
Std. Dev.	0.3835	0.2193
Skewness	−0.4556	−0.3944
Kurtosis	6.4737	5.4327

注:表4-19里的估计结果暗含了马尔科夫转换过程的分布特征，*EUAFURET*代表EUA期货价格的对数形式，*CERFUTRET*代表CER期货价格的对数形式。

第三，Ang和Bekaert（2002，[1]）列出了机制分类的正式定义和检验。他们认为一个好的机制转换模型应能够明确地对机制进行归类。弱机制推理意味着机制转换模型不能成功地从数据特性中区分机制，也可能说明模型设定有误。因此，为了衡量机制分类的质量，我们运用Ang和Bekaert（2002，[1]）的机制分类测度（RCM）来定义两种状态:

$$RCM = 400 \times \frac{1}{T}\sum_{t=1}^{T} p_t(1-p_t) \tag{4-29}$$

其中，常数用于使统计数据标准化到0和100之间，p_t表示事后平滑机制概率。良好的机制归类与低RCM统计值有关，值为0表示两机制模型能够完美地区分两种机制，而值为100则表示两机制模型在整个样本中仅赋予每种机制50%的发生概率，因此，50通常被用作基准值（见Chan等（2011，[2]））。

将上述定义应用到当前的背景下，RCM的两状态统计值为38.61，如表4-20所示。其值远低于50，与存在两种机制的事实相符。非常有趣的是我们估计的马尔科夫转换模型非常好地区分了两种机制。

最后，表4-20列出了表4-19估计结果暗含的马尔科夫转换过程的分布特征。我们得出结论:马尔科夫转换模型产生了与原始数据一致的偏度和峰度。

总体而言，马尔科夫转换模型给我们带来了关于市场冲击何时发生并实际影响到EUA和CER期货价格序列的新见解。结果表明这两个市场存在显著的相互作用，特别是在市场趋势不稳定的经济衰退时期。

习题

习题4-1（EUA-CER差价）

（a）考虑图4-17的时间序列:简要描述你观察到的变量及其特征。两图之间的差异在哪里?

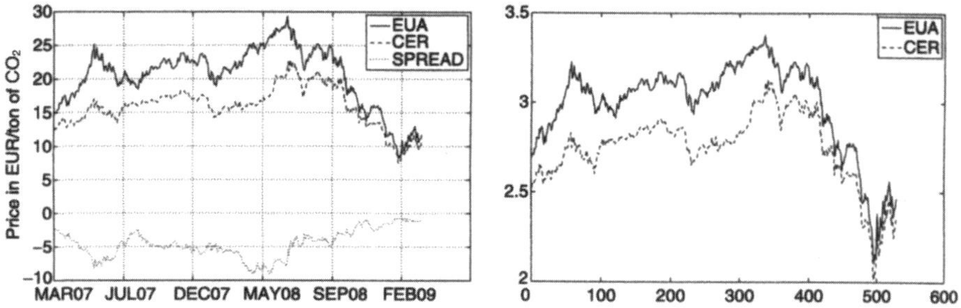

图4-17　2008/2009年12月的ECX EUA期货价格及路透社2007年3月9日到2009年3月31日的CER价格指数的原始时间序列(左图)和自然对数(右图)

（b）考虑表4-21中的描述性统计:简要评价你所观察到的每个变量的

描述性统计量。

在下文中，ECX的2008/2009年12月的EUA期货价格和路透社CER价格指数都以自然对数形式表示。

表4-21 **原始数据和自然对数形式的汇总统计量**

Variable	Mean	Median	Max	Min	Std. Dev.	Skew.	Kurt.
Raw Price Series							
EUA	20.4038	21.5200	29.3300	8.2000	4.4592	−0.7659	3.0319
CER	15.8579	16.0687	22.8500	7.4846	2.9864	−0.3514	3.1352
Natural Logarithms							
EUA	2.9866	3.0689	3.3786	2.1041	0.2551	−1.3231	4.2758
CER	2.7439	2.7768	3.1289	2.0128	0.2055	−0.9947	4.1821

注:表中EUA指ECX的2008/2009年12月的期货价格，CER指路透社的CER价格指数。Std. Dev.代表标准差，Skew是偏度，Kurt是峰度，观测值数量是529。

表4-22 **协整阶数:最大特征值统计量**

Hypothesis	Statistic	10%	5%	1%
$r \leqslant 1$	1.65	6.50	8.18	11.65
$r = 0$	6.81	12.91	14.90	19.19

表4-23 **协整阶数:迹统计量**

Hypothesis	Statistic	10%	5%	1%
$r \leqslant 1$	1.65	6.50	8.18	11.65
$r = 0$	8.46	15.66	17.95	23.52

（c）评价表4-22和表4-23:在给定5%显著性水平时，你可以识别哪个协整空间?详细描述你使用了哪些统计量以及你是如何解读这些表格的。

（d）评价表4-24、表4-25、表4-26:以问题（c）的结论为基础，解释下列误差修正模型。

在下文中，ECX的2008/2009年12月的EUA期货价格和路透社CER价格指数都以自然对数形式表示。

表4-24 **协整向量**

Variable	*EUA*(1)	*CER*(1)
EUA(1)	1.0000	1.0000
CER(1)	−1.291699	0.2616575

注:表中EUA指ECX的2008/2009年12月的期货价格，CER指路透社的CER价格指数，都被转化为自然对数形式，括号中为滞后阶数，观测值数量是529。

表4-25 **模型的权重**

Variable	*EUA*(1)	*CER*(1)
EUA.d	0.01979082	−0.003906266
CER.d	0.02820092	−0.001641289

注:表中EUA指ECX的2008/2009年12月的期货价格，CER指路透社的CER价格指数，都被转化为自然对数形式。括号中为滞后阶数，*.d*代表差分，观测值数量是529。

表4-26 *r*=1的VECM

Variable	*EUA.d*	*CER.d*
Error Correction Term *ect*	−0.0197908	−0.0282009
Deterministic constant	0.0106349	0.0154190
Lagged differences		
EUA.d(1)	−0.0641515	−0.0504123
CER.d(1)	0.2307197	0.1423340

注:表中EUA指ECX的2008/2009年12月的期货价格，CER指路透社的CER价格指数，都被转化为自然对数形式。括号中为滞后阶数，*.d*代表差分，*ect*代表误差修正项，观测值数量是529。

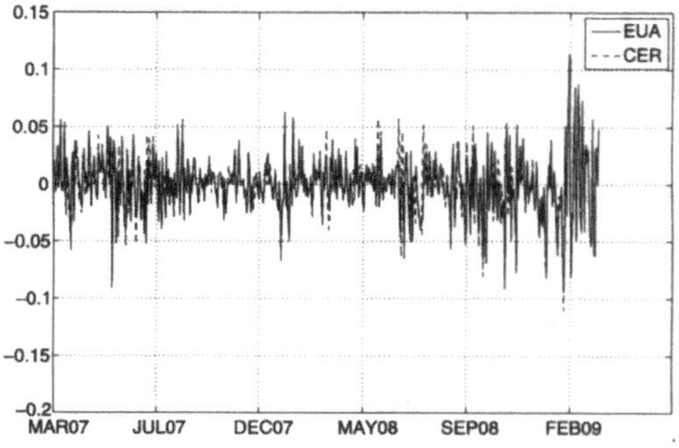

图4-18 ECX的2008/2009年12月的期货价格和2007年3月9日至2009年3月31日的路透社CER价格指数的对数形式

（e）考虑图4-18的时间序列:简要描述观察到的变量及其特征，和图4-17相比有哪些不同?

（f）考虑表4-27的描述性统计量:简要评价你所观察到的每个变量的描述性统计量。

以下信息给定:

- 最优的滞后阶数选择:$AIC(n)=4$，$HQ(n)=1$，$SC(n)=1$，$FPE(n)=4$。
- VAR（1）残差的混成检验p值小于5%。

表4-27 **对数值的汇总统计量**

Variable	Mean	Median	Max	Min	Std. Dev.	Skew.	Kurt.
Log-Returns							
EUA	−0.0004	0.0001	0.1136	−0.0943	0.0268	−0.0608	4.8680
CER	−0.0003	0.0001	0.1125	−0.1104	0.0244	−0.3703	5.9619

注:表中EUA指ECX的2008/2009年12月的期货价格，CER指路透社的CER价格指数。Std. Dev.代表标准差，Skew.是偏度，Kurt.是峰度，观测值数量是529。

（g）评价表4-28和表4-29:详细评价两个变量的静态向量自回归分析。

（h）评价表4-30:分析四阶向量自回归模型的诊断检验，你可以得出模型设定良好的结论吗?

（i）评价表4-31:从格兰杰因果检验可以得出什么结论?

（j）考虑图4-19的时间序列:简要评价你所观察到的每个变量的脉冲响应函数，给出你对问题从（c）到（i）的分析，何种柯列斯基分解法被用来计算这些图表?

表4-28　　EUA变量的VAR（4）模型结果

Variable	Estimate	Std. Error	t-value	Pr(> |t|)
Lagged levels				
EUA(1)	−0.06061	0.08233	−0.736	0.46193
CER(1)	0.2454***	0.08952	2.741	0.00634
EUA(2)	−0.1504*	0.08227	−1.828	0.06806
CER(2)	0.01805	0.08981	0.201	0.84082
EUA(3)	−0.1275	0.08234	−1.549	0.12198
CER(3)	0.2056**	0.08992	2.287	0.02261
EUA(4)	0.152601*	0.08203	1.860	0.06342
CER(4)	−0.07958	−0.09050	−0.879	0.37965
Deterministic				
const.	0.003480	0.002344	1.484	0.13831
trend	−0.000015**	0.000008	−1.912	0.05646
Residuals Std. Error	0.02613			
R-Squared	0.07136			
Adjusted R-Squared	0.0551			
F-Statistic	0.00001			

注:表中EUA指ECX的2008/2009年12月的期货价格，CER指路透社的CER价格指数，都被转化为自然对数形式，括号中为滞后阶数。Std. Error代表标准差，const.代表确定的常数，trend代表确定性趋势。F检验的p值在1%（以***表示）、5%（以**表示）、1%（以*表示）的显著性水平下给出，观测值的数量是529。

表4-29　　CER变量的VAR（4）模型结果

Variable	Estimate	Std. Error	t-value	Pr(> |t|)
Lagged levels				
EUA(1)	−0.05705	0.07546	−0.756	0.44995
CER(1)	0.1627**	0.08206	1.983	0.04787
EUA(2)	−0.08439	0.07541	−1.119	0.26360
CER(2)	−0.01538	0.08232	−0.187	0.85188
EUA(3)	−0.1937***	0.07547	−2.566	0.01056
CER(3)	0.2476***	0.08242	3.004	0.00279
EUA(4)	0.1201	0.07519	1.597	0.11079
CER(4)	0.001684	0.08296	0.020	0.98381
Deterministic				
const.	0.002553	0.002149	1.188	0.23532
trend	−0.00001	0.000007	−1.517	0.12979
Residuals Std. Error	0.02395			
R-Squared	0.06089			
Adjusted R-Squared	0.04445			
F-Statistic	0.00016			

注:表中EUA指ECX的2008/2009年12月的期货价格，CER指路透社的CER价格指数，都被转化为自然对数形式，括号中为滞后阶数。Std. Error代表标准差，const.代表确定的常数，trend代表确定性趋势，观测值的数量是529。

表4-30 **VAR（4）模型的诊断检验**

Test	Statistic	D.F.	*p*-value
Portmanteau	57.4878	48	0.16
ARCH VAR	97.1946	9	0.01
JB VAR	147.6817	4	0.01
Kurtosis	143.5005	2	0.01
Skewness	4.1811	2	0.1236

注:Portmanteau是最大滞后阶数为16的渐进混成检验，ARCH VAR是最大滞后阶数为5的多元ARCH检验，JB是运用于VAR（4）残差的多元序列的Jarque Berra正态性检验，Kurtosis和Skewness分别为多变量的偏度和峰度检验。

表4-31 **格兰杰因果检验**

Test	Statistic	*p*-value
Cause = CER		
Granger	3.2237	0.01215
Instant	218.49	0.0001
Cause = EUA		
Granger	2.7535	0.02695
Instant	218.49	0.0001

在下文中，基于BHHH算法的准极大似然法估计了高斯条件概率分布的GARCH（p，q）模型。

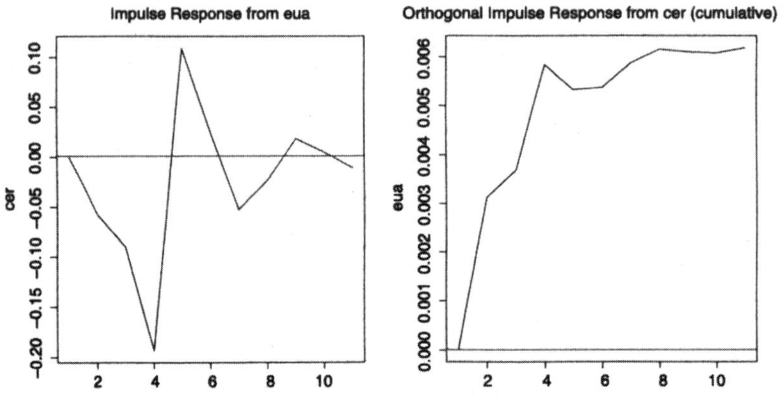

图4-19 EUA对CER(左图)和CER对EUA(右图)的脉冲响应VAR(4)模型变量

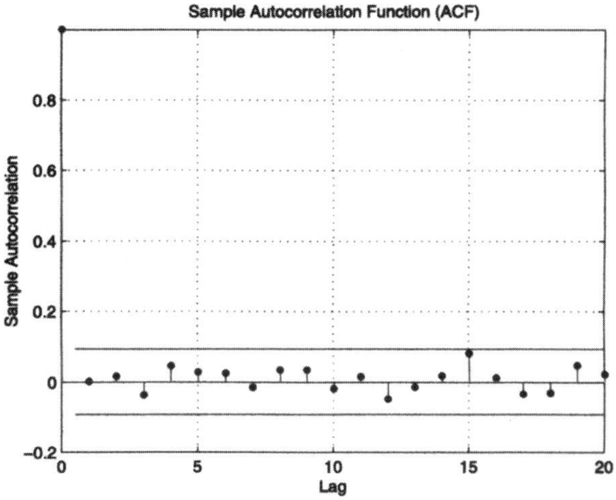

图4-20　CER-EUA差价的对数平方的GARCH(1,1)模型自相关

（k）评价表4-32：对GARCH（p，q）模型的每个参数给出具体评价。

（l）评价图4-20：对于GARCH估计的自相关结构你可以得出什么结论？

（m）考虑图4-21的时间序列:对于这些估计的诊断检查，你可以从图4-21中得出什么结论？

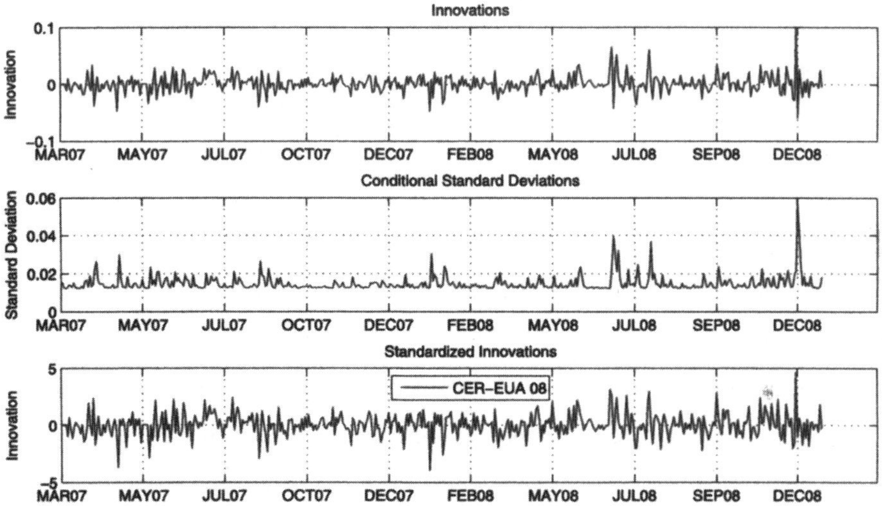

图4-21　CER-EUA差价新息的GARCH(1,1)模型(上图)、条件标准偏差(中图)、标准化新息(下图)的模型

表4-32 CER-EUA差价的GARCH估计

Mean Equation	
α	−0.0002
	(0.0006)
Variance Equation	
κ	0.0002***
	(0.0000)
β	0.1110
	(0.1207)
ϕ	0.3194***
	(0.0504)
Diagnostic Tests	
Ljung-Box	0.9631
ARCH test	0.9687
Log-Likelihood	1 331.7
AIC	−2 619.3
BIC	−2 602.8

注：括号里的值是标准差。***代表1%的显著性水平，**代表5%的显著性水平，*代表1%的显著性水平①。

参考文献

1. Ang A， Bekaert G （2002） Regime switches in interest rates. J Bus Econ Stat 20:163-182

2. Chan KF， Treepongkaruna S， Brooks R， Gray S （2011） Asset market linkages: evidence from financial， commodity and real estate assets. J Bank Finance 35:1415-1426

3. Chevallier J （2010） EUAs and CERs: vector autoregression， impulse response function and cointegration analysis. Econ Bull 30:558-576

4. Chevallier J （2011） Anticipating correlations between EUAs and CERs: a dynamic conditional correlation GARCH model. Econ Bull 31:255-272

① 模型的估计是：$spread=\alpha+\varepsilon_t$ (4-30)

$\sigma_t^2=k+\beta\,\sigma_{t-1}^2+\phi\,\varepsilon_{t-1}^2$ (4-31)

5. Collin-Dufresne P, Goldstein RS, Spencer Martin J (2001) The determinants of credit spread changes. J Finance 56:2177–2202

6. Engle R (1982) Autoregressive conditional heteroskedasticity with estimates of the variance of United Kingdom inflation. Econometrica 50: 987–1007

7. Hamilton JD (1996) Time series analysis, 2nd edn. Princeton University Press, Princeton

8. Johansen S (1988) Statistical analysis of cointegration vectors. J Econ Dyn Control 12:231–254

9. Johansen S, Juselius K (1990) Maximum likelihood estimation and the demand for money inference on cointegration with application. Oxf Bull Econ Stat 52:169–210

10. Johansen S (1991) Estimation and hypothesis testing of cointegration vectors in Gaussian vector autoregressive models. Econometrica 59: 1551–1580

11. Johansen S (1992) Cointegration in partial systems and the efficiency of single-equation analysis.J Econom 52:389–402

12. Lütkepohl H, Saikkonen P, Trenkler C (2004) Testing for the cointegrating rank of a VAR with level shift an unknown time. Econometrica 72: 647–662

13. Lütkepohl H (2006) New introduction to multiple time series analysis. Springer, New York/Dordrecht/Heidelberg/London

14. Madhavan A (2000) Market microstructure: a survey. J Financ Mark 3:205–258

15. Mansanet-Bataller M, Chevallier J, Herve-Mignucci M, Alberola A (2011) EUA and sCER phase II price drivers: unveiling the reasons for the existence of the EUA-sCER spread. Energy Policy 39:1056–1069

16. Perron P (1989) The great crash, the oil price shock, and the unit root hypothesis. Econometrica 57:1361–1401

17. Pfaff B （2008） Analysis of integrated and cointegrated time series with R. Springer， New York/Dordrecht/Heidelberg/London

18. Pinho C， Madaleno M （2011） CO2 emission allowances and other fuel markets interactions. Environ Econ Policy Stud 13:259–281

19. Ploberger W， Kramer W （1992） The CUSUM test with OLS residuals. Econometrica 60:271–285

20. Sims CA （1980） Macroeconomics and reality. Econometrica 48:1–48

21. Trenkler C （2003） A new set of critical values for systems cointegration tests with a prior adjustment for deterministic terms. Econ Bull 3: 1–9

22. Zivot E， Andrews DWK （1992） Further evidence on the great crash， the oil-priceshock， and the unit-root hypothesis.J Bus Econ Stat10: 251–270

[第 5 章]

风险对冲策略和投资组合管理

摘要 这一章首先描述了影响清洁发展机制和欧盟碳排放权交易体系的风险因素。其次，本章提供了一种在欧盟碳排放权交易体系下对CO_2配额现货和期货价格的风险溢价进行计量经济学建模的练习（基于 Bessembinder 和 Lemmon J. Finance 57:1347–1382, 2002），并且考虑了碳配额的存储特性。再次，运用计量方法分析影响燃料转换的因素，从而确定电力部门的碳价格风险。最后，通过对一个包含股票、债券、天气、能源和碳资产的多样化组合进行均值方差最优化，提出一种程式化的组合管理实践。附录详细阐述了如何通过期权计算出隐含波动率，从而用于表示碳价的风险中性概率分布。

5.1 风险因素

风险管理成为纳入碳排放权交易体系的企业的重要课题。的确，随着欧盟碳排放权交易体系的创建，CO_2配额价格变动成为新的风险来源，公共事业部门需要进行对冲并设计出适当的风险管理策略。Blyth 等（2009，[8]）以及 Blyth 和 Bunn（2011，[9]）强调在碳市场中碳价格的形成涉及政策目标、动态技术成本以及市场规则之间复杂的相互作用。此外，他们还指出政策的不确定性构成了碳价格风险的主要来源。如果在监管环境中保证更多的确定性，那么将有助于将风险缓释效应从政府部门转移到市场参与者的商业风险上。

为了更好地理解碳市场的多种风险来源，我们首先回顾了欧盟碳交易体系（EU ETS）和清洁发展机制（CDM）的风险因素。考虑到碳配额的风险特征，我们首先详细描述了影响每个碳排放市场的非系统性风险，不管是监管不确定性还是经济因素。其次，我们通过聚焦CER进口限制在欧盟碳排放权交易体系中所扮演的角色，评估了CERs和EUAs之间的共同风险因素。

5.1.1 非系统性风险

在这一节，我们将分别考察影响CDM以及欧洲碳市场的风险因素。

1.CERs的特定风险因素

在《京都议定书》CDM中的项目通过核证减排（CER）收入来增加投资的价值。在有担保的次级核证减排量（sCERs）的交易合同中，卖方同意在无法交货的情况下支付调整到市场价的EUA/违约赔偿CERs或者现金。[①]CDM项目是由来自联合国气候变化框架公约（UNFCCC）下的清洁发展机制执行委员会（CDM EB）进行注册的，并在CDM pipeline[②]中列出了从注册到批准生效的几个步骤。

在一级市场，CERs的特定风险因素需要考虑以下几点：

（1）清洁发展机制执行委员会增加发行的可预测性，以及CERs的可转让频率；

（2）国际交易日志（ITL）的可操作性和对欧盟注册系统的可链接性；

（3）一个稳健的期权市场的发展。

在二级市场，CERs的特定风险因素需要考虑以下几点：

（1）接入EU注册登记系统；

（2）新的碳排放权交易体系的发展，以增加需求并且推动CER价格与其他履约机制接轨；

---

① 注意在交易所中交易的CERs是受担保的次级CERs（sCERs）的交换，但是，为了简洁起见，在本章中我们使用CERs的常见命名方式。

② 见http://www.cdmpipeline.org。

（3）在EU ETS下CERs履约的使用限制。

最后，CERs在后2012气候机制下受到不确定性的影响。

2.EUAs的特定风险因素

我们可以确定三个主要的EU ETS的风险来源。

第一，在面向现有企业时，配额按“先到先得”的原则进行分配，代表了400亿欧元市值被创造的同时，设定了CO_2排放的上限。配额分配的主要方法是祖父法。从2005年1月1日，碳配额成为了企业和经纪人需要对冲的另一种资产形式。随着碳交易量在EU ETS的稳步增长（从2005年的2.62亿吨到2010年的44.14亿吨），交易的活跃度反映了市场参与者对这个新兴金融市场的渐进学习过程。

第二，在EU ETS（2005—2007年)的第一阶段，EUAs在每一个履约事件中经历了一个比较高水平的波动[2，20]。企业有义务在每年3月底向欧盟委员会（EC）提交与其年核证减排量相匹配的具体配额数量。①虽然欧盟委员会的官方报告在5月中旬公布，设施运营者已经从它们自己发布的报告和欧盟委员会核证排放的编制过程中获得了大量的信息，来估算与配额相应的全球排放水平，并调整他们的预期。之前的文献已经记录了EUA价格序列是如何在2005年[2]和2006年[20]的履约事件中发生结构性突变的。

第三，企业并不需要实质性地拿到配额后再进行生产，只需要与向欧盟委员会提交的年度履约报告中的核证减排量相匹配。所以，如果市场参与者在履约事件中面临市场紧缩，就会出现流动性不足陷阱的可能性。碳排放配额另外一个需要强调的特征是：相比那些对于企业是终身有效的资产例如股票而言，碳排放配额只在给定的履约年有效，而不能用于未来的履约期限，除非跨时期的灵活机制被认可。在EU ETS的第一阶段所有成员国都已明令禁止配额的跨期转移[1]。现在第二阶段和第三阶段之间配额存储和预借是没有限制的。

①详见第1章的详细日程表。

5.1.2 常见的风险因素

同样，我们可以确定EUAs和CERs的几个共同的风险因素。

1.ITL与CITL的链接

在2008年10月19日，欧盟委员会的“共同体独立交易日志（CITL）”与联合国的“国际交易日志（ITL）”进行了链接。这个包含欧盟27个成员国的ITL-CITL链接分离了国别注册系统，并将它们与ITL重新链接，同时，CITL与ITL直接链接。这些操作允许卖家的国际信用从《京都议定书》（如CER）向欧盟的国家注册系统交付。在这之前，已经发行的CERs仍要在联合国CDM机制注册系统登记，等待与EU注册系统的链接完成。

在EU ETS的第二阶段（2008—2012年），欧盟委员会已经宣布基于工业设施的CERs总量将被设定在每年2.7亿吨。在第三阶段，对现有设施的总量限制将是每年4 000万吨，第三阶段CER进口将合计达3亿吨。因此，第二、三阶段全部加在一起，2012年后EU ETS的CER进口限制将被固定在17亿吨，并附有质量标准和使用条件（比如减少来自中国和印度的HFC-23项目的份额)。[①]

因此，ITL-CITL的链接堵住了对于CDM项目开发人员和投资者来说常见的风险因素。首先，由于消除了在联合国和欧盟之间的注册系统相互转移配额的障碍，所以激励了CERs和EUAs之间的交易。其次，通过使用CERs实现自身的履约（对于那些纳入监管并已注册的公共事业部门），或者在欧盟市场上交易次级CERs(对于那些纯粹的金融玩家，比如从事项目开发的咨询公司和投资银行)，它向CDM项目中的欧盟投资者提供了资产货币化的可能性。然而，值得一提的是，有些类型的CERs信用凭证在EU ETS里是被限制使用的，例如土地利用、土地利用变化和林业项目(LULUCF)。

2.EU ETS中的CERs进口限制

自从ITL-CITL链接以后，京都信用可被纳入EU ETS，并且可用于平

① CDM信用可以通过消除HFC-23（三氟甲烷）发行，作为温室气体，其强度是CO_2的11 700倍，可以通过安装涤气器来消除HFC-23。

均高达13.4%的有效履约。正如第4章所述，这一上限使得EUA-CER价格套利成为可能。投资者的确可以通过购买允许用于履约的最大额度的CERs，并在EUA-CER差价最大时出售等量的EUAs，从而实现利润最大化，即每吨CO_2在6~9欧元范围内。

关于CER进口限制在EU ETS履约中所扮演的角色，企业在第二阶段用于履约的CERs不能超过2.7亿吨（依据欧盟链接指令）。此外，CERs的交付路径关键取决于CDM项目的批准条件。对于CER的预期交付，HFC（氢氟碳化合物）、PFC（全氟化碳）、CH_4（甲烷）和N_2O（一氧化二氮）减排项目占有相对较大的市场份额，主要是由于这些气体具有导致全球变暖的较大威胁。了解预期温室气体减排项目和技术的分布也是很重要的。根据CDM Pipeline，截至2012年，HFC项目减排已经达到预期减排量的17%①，N_2O减排项目已达到预期CERs的9%。②相反，尽管水电项目的数额很大，但只产生了预期CERs的17%，所以，为了保持欧盟进一步减排的激励，欧委会颁布了逐步淘汰源于HFC-23（及其他气体）的CDM项目的新措施。

根据风险评估，有趣的是信用产生与项目的完成存在极大的差距：只有10%~15%的甲烷减排信用能被核证并发行。这一比率相当于HFC-23减排项目的75%，而N_2O减排项目有时产生比预期更多的CERs。当然，在没有对后京都协议的谈判有细致展望的情况下，特别是2011年12月在德班召开的COP/MOP会议，不可能罗列出CDM和EU ETS全部的共同风险因素(详见第1章)。

在详细描述了CO_2排放市场(CDM和EU ETS)的特定风险因素以后，下一节将对CO_2现货和期货价格的风险溢价进行更正规的计量分析。

5.2 风险溢价

风险溢价可以广义地被定义为随着时间变化，由代理商偏好引致

① 每吨HFC减排产生11 700个CERs。
② N_2O致全球升温的威胁值比CO_2高出310倍。

的现货和期货价格波动的演化过程[13]。这一部分分析了对CO_2配额(在EU ETS中可有效履约的)现货和期货价格风险溢价的建模。我们将首先回顾关于商品市场的现货和期货价格的关系理论。与电力市场相似，CO_2配额的一个显著特征就是存储理论不再有效，因为CO_2配额只存在于纳入交易体系的公司的资产负债表上。这就是为什么我们要学习Bessembinder和Lemmon（2002，[7]）的期货现货偏好模型及其实证应用。

5.2.1 商品市场的现货期货关系理论

假设市场代理商是理性预期和风险中性的，未来的现货价格只有在发生意想不到的冲击时才会偏离期货价格。在交货期，现货价格 S_T 应该等于期货价格 $F_{t,T}$ 加上一个均值为0的白噪声误差项 ε_t [12，43]:

$$S_T = F_{t,T} + \varepsilon_t \tag{5-1}$$

对于商品市场，今天的现货价格和期货价格之差一般是基于存储理论。除了放弃商品的利息外，持有商品的存储成本和库存的便利收益率也必须考虑。因此，利率、存储成本和便利收益率对预期价格形成了一个限制[28，43]:

$$F_{t,T} = S_t e^{(r+s)(T-t)} \tag{5-2}$$

$F_{t,T}$ 是指交付期为 T 的 t 时刻的期货价格，S_t 是 t 时刻的现货价格，r 是不变利率，s 是存储成本。如果期货价格偏离这个关系，那么套利者可以获得无风险利润。

正如Pindyck（2001，[37]）所指出的，这种无套利条件表明在 t 时刻购买一种商品并在 T 时期到期交付的唯一成本就是放弃的利息。代理商承担购买资产的机会成本，但同时他们能够从拥有该商品并在到期之前进行交易中获利。

因此，期限为 T 的商品在 t 时刻的便利收益率可以直接建立以下模型:

$$y_{t,T} = S_t e^{r(T-t)} - F_{t,T} \tag{5-3}$$

作为一个说明性的例子，图5-1的上图绘制了期限为2008年12月的合同的CO_2现货和期货价格，下图给出了相应的便利收益率。

在图5-1的下图中，我们可以观察到便利收益率在2008年波动剧烈，从6月的-0.2到4月的1.2，这些变化可以被解释为：

1. 在CO_2市场上“信贷紧缩”危机的延迟效应（详见Chevallier（2009，[16]））；

2. 在2008年4月发生的2007年履约事件（见Chevallier（2009，[16]）关于履约事件对投资者预期变化影响的详细分析）。[①]

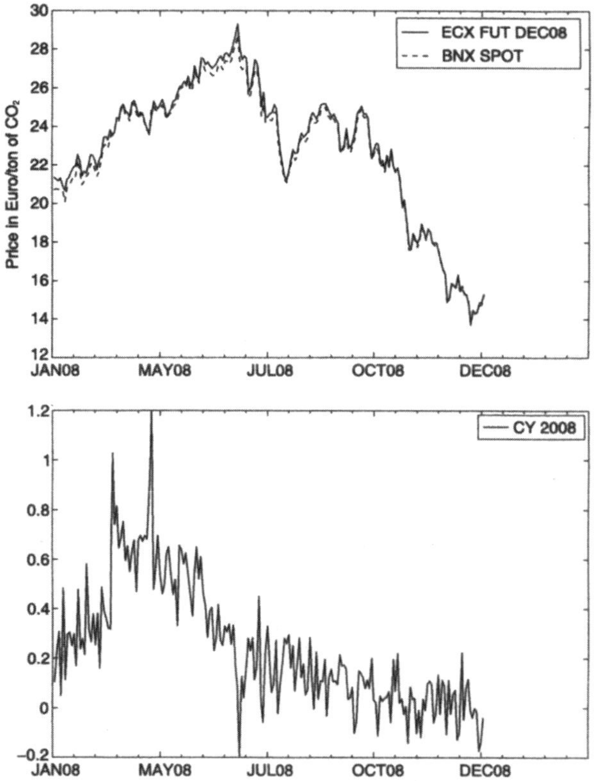

图5-1 2008年1月2日到12月5日CO_2现货和期货价格(上图)和便利收益率(下图)

资料来源：BlueNext交易所、欧洲气候交易所、欧元银行同业拆借利率

然而，当CO_2配额的存储成本是零（它们只存在于公司的资产负债

① 关于碳市场便利收益率的时间序列模型的更详细的描述（特别是使用日内数据），见Chevallier（2009，[17]）的分析。

表），存储理论对于CO_2配额看起来不再直接适用。像Chevallier（2010，[18]）探讨的那样，CO_2和电力价格在存储方面拥有相同的特点（电力价格的存储成本几乎是无限的，而对于CO_2配额来说该存储成本几乎是不存在的），即存储理论对于这两类商品都不适用。除此之外，Chevallier等(2009，[20])还提供了统计证据表明不同期限的CO_2现货和期货价格之间不存在持有成本关系①（同样见[1]）。

如方程（5-1）所示，期货价格与预期现货价格相关。因此，在下一节里，我们可以利用另一种方法而不是存储理论来确定碳价格的均衡关系。

5.2.2 Bessembinder和Lemmon's（2002）期货—现货结构模型

根据[7]和[32]可以得到，预期现货价格是建立在市场参与者的基本预期之上的，通过作为承担现货价格风险补偿的风险溢价转化为期货价格。在CO_2配额的例子中，市场参与者的预测和风险偏好决定了预期价格。这个假设形成了计算期限为T的t时刻的期货价格的另一种方法，$F_{t,T}$被分解成预期未来的现货价格$E(S_T|\Omega_t)$和风险溢价π_t^F。后者表示期货合同的买方（卖方）愿意在预期未来的现货价格基础上支付（接受）额外的溢价（贴现率），来消除不利的现货价格浮动带来的风险[11，21，25]。从这个角度来看，预期价格可以计算为：

$$F_{t,T}=E(S_T|\Omega_t)+\pi_t^F \tag{5-4}$$

Ω_t是t时刻的可用信息集。如果风险溢价存在的话，期货价格并不是未来现货价格的无偏预测指标。

像上面讨论的那样，我们需要在实证分析中考虑CO_2配额的存储特征。与电力市场的存储成本非常大甚至无限[7]类似的是，存储理论[28，43]不能直接应用于存储成本为零的碳配额上。与其他的商品市场如石油和天然气市场不同的是，碳配额的存储成本几乎是不存在

① 根据持有成本关系，以及碳配额不存在存储成本，期货和现货价格通过$S_t=F_Te^{r(T_t)}$链接，其中S_t为t时刻的现货价格，F_T为在T期限交付的合约的期货价格，r为利率[12，43]。

的，保存碳配额的成本只存在于纳入EU ETS的公共事业部门的资产负债表[18]。

这就是为什么我们在这一节学习Bessembinder和Lemmon's（2002，[7]）关于EU ETS期货-现货结构模型的原因（首次应用在电力市场，[18]）。在这个模型里面，作者认为期货溢价是现货价格的方差和偏度的函数（即期货和预期现货价格之差），其目标就是用现货价格分布的方差和偏度作为市场参与者的风险评估工具。期货价格可以刻画为：

$$F_{t,T}=E(S_T)+\alpha\,\mathrm{Var}(S_T)+\gamma\mathrm{Skew}(S_T) \tag{5-5}$$

$\mathrm{Var}(S_T)$ 和 $\mathrm{Skew}(S_T)$ 分别为到期时现货价格 S_T 的方差和非标准化偏度。由于 α 被预期为负、γ 为正，那么风险溢价与现货价格方差呈负相关关系，与现货价格的非标准化偏度呈正相关关系。

我们将在接下来的一节中应用这种方法学分析碳配额现货和期货价格。

5.2.3 实证应用

为了检验Bessembinder和Lemmon（2002，[7]）的CO_2配额模型的结果，我们运行了下面的回归：

$$F_{t,T}-S_T=c+\alpha\,\mathrm{Var}(S_t)+\gamma\mathrm{Skew}(S_t)+\varepsilon_t \tag{5-6}$$

$F_{t,T}-S_T$ 是事后期货溢价，$F_{t,T}$ 是期限为 T 的 t 时刻的期货价格，S_T 是 T 时期的现货价格，$\mathrm{Var}(S_t)$ 是 t 时刻的每日现货价格的方差，$\mathrm{Skew}(S_t)$ 是每日现货价格在 t 时刻的偏度。

值得注意的是，由于存储限制对第一阶段现货价格的影响（见[1]），在实证应用里，我们只考虑来自BlueNext的第二阶段的现货价格。因此数据范围为2008年2月26日到2009年3月31日（即282个每日观测样本）。用来自ECX的期货价格数据计算期货溢价变量。为了复制这个结果，这一章的数据可以在下列网址获得：http://sites.google.com/site/jpchevallier/publications/books/springer/data_chapter5.csv。

方程（5-6）可以根据表5-1给出的R编码进行估计。

第1—8行加载相关的库和数据，第9行执行估计，第10—14行进行参数估计和诊断检验，表5-2为输出结果。

表5-1 **R编码：Bessembinder和Lemmon（2002）的结构模型估计**

```
1  path<-"C:/"
2  setwd(path)
3  library(stats)
4  data=read.csv("data_chapter5.csv",sep=",")
5  attach(data)
6  futpremium=data[,2]
7  varspot=data[,3]
8  skewspot=data[,4]
9  modelfutpremium<-lm(futpremium~varspot+skewspot)
10 summary(modelfutpremium)
11 layout(matrix(1:4,2,2))
12 plot(modelfutpremium)
13 acf(residuals(modelfutpremium))
14 acf(residuals(modelfutpremium),type='partial')
```

表5-2 **R输出：Bessembinder和Lemmon（2002）的结构模型估计**

```
Call:
lm(formula = futpremium ~ varspot + skewspot)

Residuals:
     Min       1Q   Median       3Q      Max
-1.47396 -0.31160 -0.01327  0.24460  1.86381

Coefficients:
            Estimate Std. Error t value Pr(>|t|)
(Intercept) -0.02630    0.05086  -0.517    0.606
varspot     -0.02185    0.01352  -1.617    0.107
skewspot     0.01554    0.06298   0.247    0.805

Residual standard error: 0.4523 on 279 degrees of freedom
Multiple R-squared: 0.01311,    Adjusted R-squared: 0.006033
F-statistic: 1.853 on 2 and 279 DF,  p-value: 0.1587
```

正如Bessembinder和Lemmon（2002，[7]）的模型所预测的那样，我们观察到CO_2配额的期货溢价与现货价格方差是负相关的，与现货价格的非标准化偏度是正相关的。然而，只有现货价格方差的系数 α 可以被确定为统计上显著的（在10%的显著水平上）。所以，我们不能像在[18]中那样得出结论说，现货价格的偏度对市场参与者的风险评估起着至关重要的作用，这可能是由于我们例证里的数据样本较短。

此外，我们可以从图5-2和图5-3观察得到模型的残差不是自相关的。

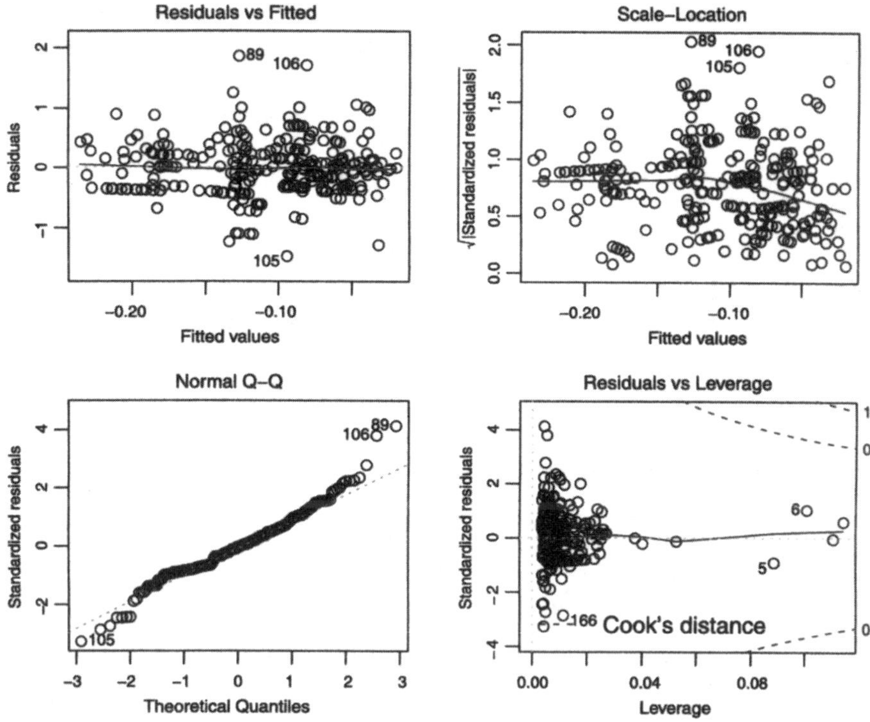

图5-2　方程(5-6)估计的诊断图

总的来说，我们的结论支持Bessembinder和Lemmon（2002，[7]）应用于EU ETS的模型。的确，CO_2配额的存储成本实际上不存在导致我们考虑与储存理论相对的另一类模型。这一节中开发的模型使我们获取了现货价格的方差和偏度的一些有趣特性，这些结果全面地表明了事后风险溢价和碳现货价格的方差之间的负相关关系，我们因此对CO_2配额和期货价格的关系有了一个更好的理解。[①]纳入风险溢价确实能够使信贷和金融部

① 本着第4章练习题的精神，CO_2配额的现货和期货价格间的协整运动可以在Chevallier（2010，[19]）中找到。

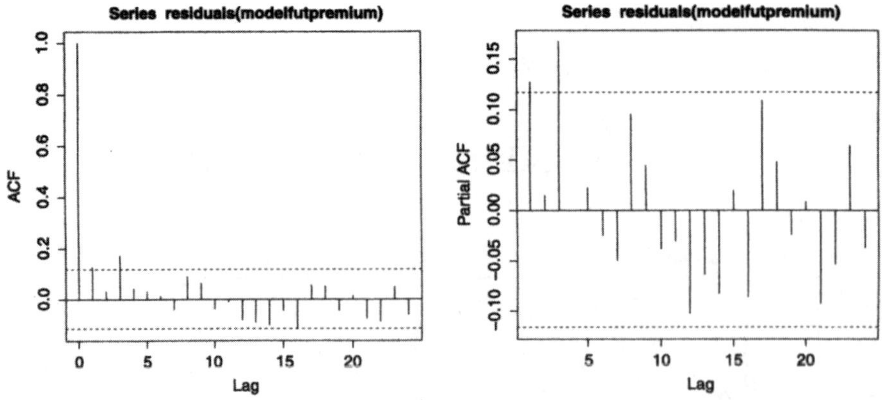

图 5-3 方程(5-6)估计的残差自相关和偏自相关函数

门做出明智的对冲决策，同时允许纳入监管的公共事业部门更好地将现货价格波动与期货价格相联系。

接下来，根据英国的案例，我们看看CO_2价格风险是如何影响电力生产商燃料转换行为的。

5.3 电力部门的碳价格风险管理

从煤炭到天然气的转换，体现了发电企业预期的最低减排成本。此外，从2005年1月起，欧盟实行ETS之后，电力生产商需要将碳成本考虑进去。EU ETS提供了一个有助于将温室气体排放的外部成本内部化的碳价格信号，尤其是对于发电企业，他们分配到了超过50%的配额。

本节研究电力运营商的燃料转换决策如何被EU ETS框架下燃料和碳价格的相对变化所影响，并以英国的案例来证明能在多大程度上实现最低成本的减排。

本节结论显示在考虑了2005年至2008年15~20欧元每吨的碳成本之后，英国电力生产商的能源结构转换决策与煤炭(天然气)价格变化呈负相关(正相关)的关系。这些结果通过分解后的全样本和子样本(2005—2006年和2007—2008年)被仔细确认了，以便解释时变燃料价格。

5.3.1　经济学原理

我们在EU ETS框架下考察燃料(气、煤)以及碳价格对英国电力生产商行为的影响。我们旨在理解燃料转换决策如何被如下因素所影响：（1）作为英国发电商的能源结构投入的燃料价格的相对变化；（2）自2005年以来欧洲碳成本的引入。的确，用煤炭发电比用天然气发电便宜得多。然而，煤炭的碳强度几乎是天然气的两倍，且随着碳成本的引入，使得天然气对发电商更有吸引力。因此，英国的燃料转换决策可能极大地被碳价格路径所影响。

之前的文献将燃料转换视为能源冲击向经济传导的一种重要渠道。关于EU ETS，Voorspools和D’haeseleer（2006，[42]）通过对8个相互联系的欧洲地区建模研究了碳价格对跨境电力贸易的影响。Delaru和D’haeseleer（2007，[22]）通过对夏季比利时电力系统的研究，估算出燃料转换可贡献9.5%的减排潜力。Delarue等（2008，[23]）证明了德国（通过与荷兰的跨境转换）和英国（通过内部转换）2005年时的燃料转换。此外，Ellerman和Feilhauer（2008，[26]）论证了在2005年夏天天然气价格以及负荷足够低的时候，德国出现了燃料转换。最后，McGuinness和Ellerman（2008，[35]）使用了一个燃料转换的计量模型，将需求、燃料价格、碳价格以及煤改气比率作为解释变量，来解释工厂的有效利用率。尽管英国的煤炭发电整体增加（由于高昂的天然气价格），他们仍推断出如果没有EU ETS的引入，煤炭的需求可能会更大。

本部分所展示的结果提供了考虑燃料和碳价格变化影响英国电力生产商燃料转换决策的政策指导。的确，考虑了2005年至2008年15~20欧元每吨的碳成本，我们在煤（气）价格变化与英国发电商能源结构转变决策之间发现一种负相关（正相关）的关系。这些结果通过分解后的全样本和子样本（2005—2006年和2007—2008年）被仔细确认，以便解释时变燃料价格以及英国发电商所用煤和天然气现货价格在各自的时间序列中的峰值。

在进行实际的计量分析之前，让我们从考察英国电力生产商的主要特征开始。

5.3.2 英国电力部门

在EU ETS下，电力部门贡献了超过50%[3，4]的碳减排，主要原因在于：（1）这个部门具有以较低的减排成本来减少碳排放的能力（通过煤和气的相互转换，或者利用低碳技术的可能性，例如可再生能源或者碳捕捉和封存技术）。（2）与主要的工业部门（水泥、钢铁、玻璃等）不同，发电部门并未参与非欧盟国家的国际竞争。我们选择集中关注英国的电力市场是由于它代表了一个有趣的能源结构。

如图5-4所示，煤和气在英国的电力结构中占有重要比例（煤占39%，气占36%），使得依赖碳价的煤转气成为可能，以实现电力生产成本最小化。这个转换机会为发电商以最低成本减少碳排放提供了一个有趣的解决方案。为了获利于这种廉价的减排机会，发电商需要权衡碳价格和边际减排成本。转向碳强度更低的燃料(例如天然气)比使用煤和购买配额更为划算。

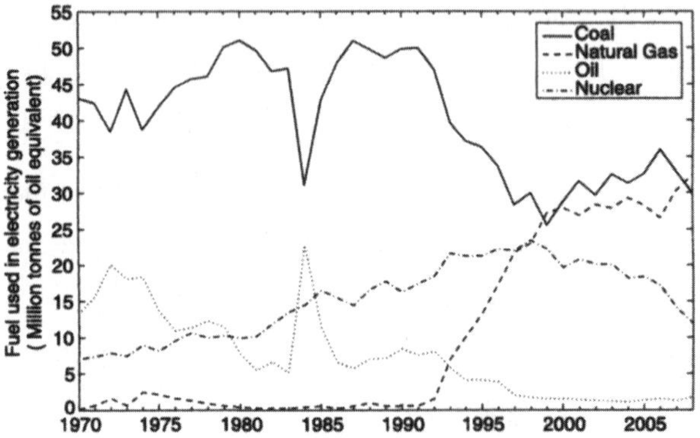

图5-4 在英国用于发电的煤、天然气和核能(1970—2008年)

接下来，我们详细考察影响电力厂商的燃料转换行为的主要因素。①

5.3.3 影响燃料转换的因素

影响燃料转换时机的因素有很多，例如来自燃料以及碳价格的影响。首先，考虑燃料价格，转换点可以被看作在未使用的可用燃气产能被燃煤发电替代时的碳价(详见第2章)。对于给定的任何两个与电网连接的煤和

① 有兴趣的读者可以参考第2章用碳成本的方式对能源部门中燃料转换机制的详尽描述。

天然气发电厂，仅有一个转换点。然而，由于有很多效率及燃料价格不同的电厂，从而导致了转换区间的出现。区间的下限对应的是以最高效和最低成本的未使用的燃气发电厂取代运行中的最低效和最高成本的燃煤发电厂。区间的上限则对应以最高效和最低成本的煤炭发电厂取代最高成本、最低效的燃气厂（（Ellerman和Feilhauer（2008，[26]））。

第二，碳价格的变化构成了另外一个重要的(相对新的)风险因素。Delarue等（2008，[23]）比较了欧洲在不同的碳价格水平上的减排潜力。在夏天，当碳价格在20欧元/吨时存在一个巨大的减排潜力。这个结论与Sijm等[40，41]、Chen等（2008，[14]）和Lise等（2010，[31]）预计的一致，他们估计碳转换价格大约为18.5欧元/吨。60欧元/吨的价格可让全年的CO_2显著减少，而每吨120欧元的价格将使CO_2在全年持续减少。最后，大概在150欧元/吨的价格时，所有的转换机会已经用尽，再不可能只利用燃料转换来推动更进一步的减排。

第三，燃料转换的潜能在很大程度上取决于负荷情况。的确，比如在冬季高峰期，所有的电厂都满负荷运转，没有转换能源的机会。只有在燃煤电厂在运行的同时，一些燃气电厂可替代它们的情况下，转换机会才发生。最好的机会发生在负荷相对低、大多数负荷由燃煤电厂承担的情况下，例如周末、夜晚以及夏天。然后，伴随着充足的经济激励措施，可用燃气单位有可能被转换。因此，燃气转换的可能性在全年中有所不同，取决于季节（冬季或者夏季)、一周的不同时间（工作日和周末)、一天的不同时刻（白天或者黑夜)。

如Delarue和D'haeseleer（2007，[22]）以及Delarue等（2008，[23]）所强调的，气-煤的转换比例是EU ETS里让人感兴趣的主要变量。鉴于电力部门分配到相当多的配额（平均50%)，发电商成为碳市场主要的参与者[3，4]。所以，他们生产1千度电在不同的燃料投入（例如煤炭和天然气）之间转换的能力是理解在碳排放权交易体系内所能达到的减排量的关键。这解释了为什么我们不考虑其他相关的变量，例如石油。此外，英国的石油只用来满足高峰期特别是冬季的需求，它在燃料中的比例非常低(1%)，因此，石油不可能干扰煤-气的转换。此外，当石油价格处于高位震荡时，煤炭和天然气是最廉价的替代品。

在下一部分我们将进行计量分析。

5.3.4 计量经济学分析

我们首先将介绍所需的数据，再详述计量方法。①

1.数据

这里所用到的天然气价格是国家平衡点现货价格（NBP)（见图5-5)。NBP是英国天然气的定价和交付点。这是在欧洲最具有流动性的天然气交易市场，对欧洲消费者支付的天然气价格具有重要的影响。所以，NBP价格是接近最终用户的欧洲天然气市场价格的最佳代表。NBP价格用便士/千卡来表示，它使用国际能源署的转换因子②以及来源于欧洲中央银行（ECB）的每日欧元-英镑汇率转换成欧元/GJ。

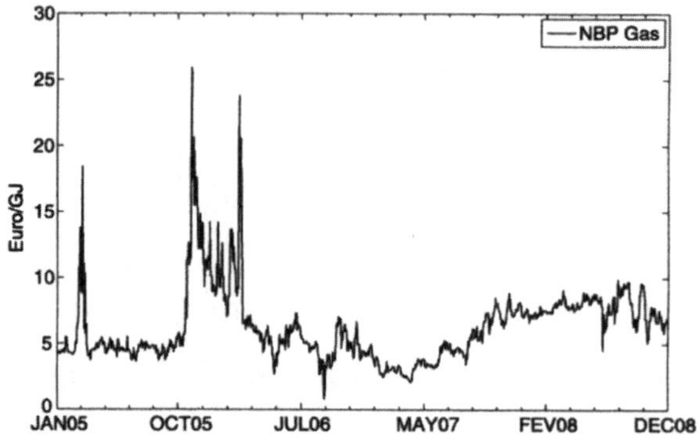

图5-5 NBP天然气每日现货价格(2005—2008年)

资料来源：路透社

煤炭价格是安特卫普-鹿特丹-阿姆斯特丹（ARA）煤炭现货价格（见图5-6)，它是西北欧主要的进口煤。这个ARA煤炭用美元/吨表示，它使用来自英国商业企业和管理改革部门③的热值，以及来源于欧洲央行的每日美元-欧元汇率④转化成欧元/GJ。

有趣的是，我们可以观察到天然气和煤炭的价格变化是非对称模式的：从2005年9月起到2006年1月，NBP天然气现货价格时间序列呈现出

① 这部分所需要的数据不能下载。
② 1千卡=0.10550559GJ。
③ 现在叫做英国商业、创新与技能部门。
④ 煤炭的热值等于24.9MJ/kg。

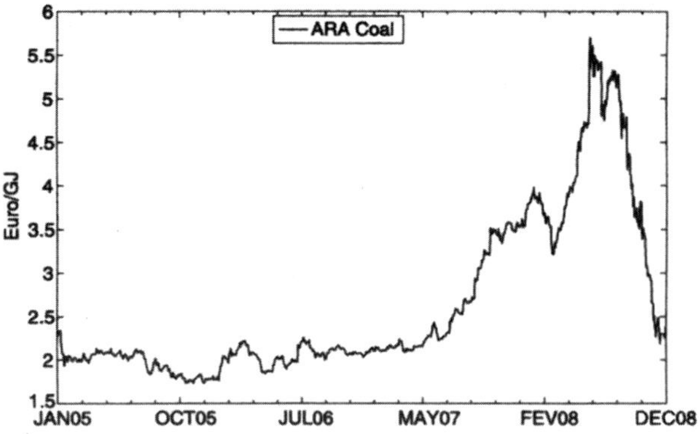

图5-6　ARA煤炭每日现货价格(2005—2008年)

资料来源：路透社

强劲的增长，而ARA煤炭价格在2008年4月到11月出现一个明显的高峰期。这些燃料价格变化的特征可能对英国电力生产商的燃料转换行为有重要影响。这个结论将成为我们对计量模型进行全样本和子样本估计的基础，以便厘清时变燃料价格可能的影响。

碳价格是在EU ETS框架下，2008年12月的可交易欧盟配额（EUAs）的期货价格（见图5-7），它是以欧元/吨CO_2在欧盟气候交易所进行交易。由于第一阶段碳现货价格没有发出一个可靠的价格信号(Alberola和Chevallier（2009，[1]）)，我们选择使用2008年12月的期货合约。

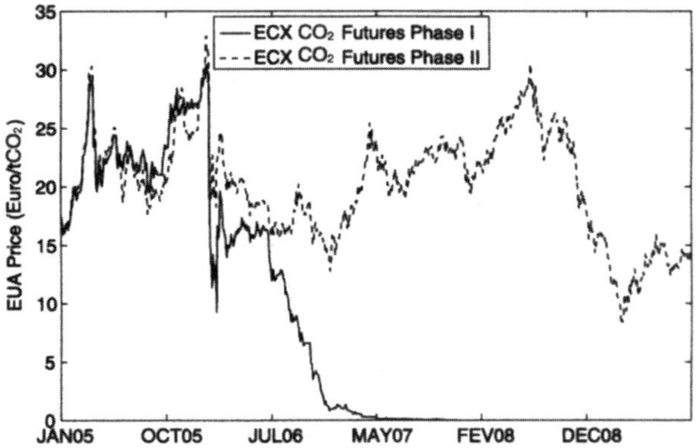

图5-7　ECX碳价格(2005—2008年)

资料来源：ECX

计算转换价格的方法学在第2章有详细的介绍，我们简单地在这里回顾一下。转换变量代表碳价格的临界值，若碳价高于临界值则电力生产商将煤转换成天然气有利可图，若低于临界值由天然气转换为煤可获利。因此，转换价格可以看作影子价格。它代表了清洁黑暗与清洁点火之间差价的理论均衡值（因此明确地将CO_2成本考虑进去），即为电力生产商从燃气电厂或燃煤电厂生产一单位电力使用的成本价。①只要碳价格低于转换价格，即使将碳成本考虑在内，煤电厂仍比燃气电厂更有利可图。这个转换价格对天然气价格变化比对煤炭价格更加敏感（Kanen（2006，[29]））。

英国燃料转换价格就是根据这个方法学代入相关值来计算的：传统燃煤电厂的净热效率为35%、CO_2排放因子为0.95吨CO_2/千度，传统燃气电厂的净热效率为49.13%、CO_2排放因子为0.41吨CO_2/千度，并用CO_2成本进行修正（详见图5-8）。

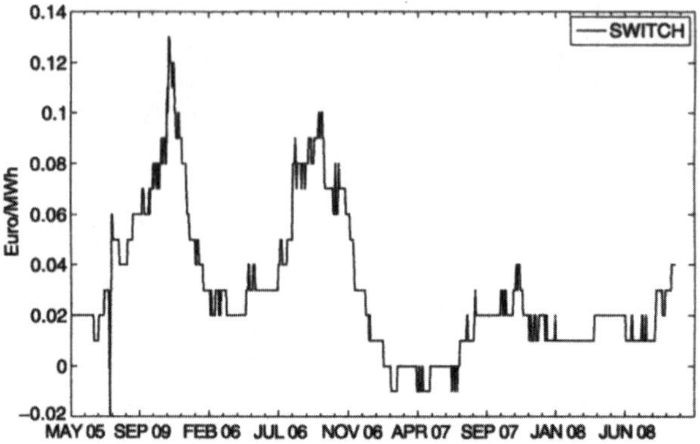

图5-8 英国每日燃料转换价格(2005—2008年)

资料来源：作者根据路透社、ECX数据计算

这一部分所用到的时间序列的描述性统计如表5-3所示。接下来，我们展示所使用的计量模型。

①值得注意的是，分析中我们并不包括煤炭和天然气的资本、运营以及维护费用，因为那将导致异常低的差价，如图5-8所示。因此我们目标在于捕捉引入碳排放权交易对电力生产商燃料转换行为的短期影响（见Delarue等（2010，[24]））。对于附加成本不断更新的燃料替代的较长期分析在这种设定下是不可能的。

表5-3　**描述性统计**

	SWITCH	NBP	ARA	EUA
Mean	0.0303	41.8075	91.5798	21.1473
Median	0.0200	35.7000	68.7900	21.1850
Maximum	0.1300	168.0000	224.3000	32.2500
Minimum	−0.0200	5.0000	50.7800	12.2500
Std. Dev.	0.0273	19.9449	43.9318	3.5406
Skewness	1.0655	1.6154	1.3087	0.1776
Kurtosis	3.6132	7.8649	3.5075	2.8525
Observations	872	872	872	872

注：SWITCH指的是转换价格，NBP指的是天然气现货价格，ARA指的是煤炭现货价格，EUA指的是碳价格。

2.计量模型

为了检验与能源价格和碳排放权交易对英国电力部门燃料转换的影响相关联的主要风险因素，我们进行以下回归：

$$switch_t = \alpha + \psi NBP_t + \phi ARA_t + \gamma EUA_t + \varepsilon_t \tag{5-7}$$

其中，$switch_t$是用碳成本进行修正的生产1千度电力的煤与天然气之间的转换价格（如第2章所述）。α是常数项，NBP_t是英国国家天然气平衡点天然气价格，ARA_t是煤炭价格，EUA_t是碳价格，ε_t是误差项。

我们同时使用标准GARCH（1，1）模型设定来检验可能的ARCH效应（Engle和Bollerslev（1986，[27]）），其中的方差方程如下：

$$\sigma_t^2 = \omega + \alpha\varepsilon_{t-1}^2 + \beta\sigma_{t-1}^2 \tag{5-8}$$

我们通过使用带有Bollerslev-Wooldridge程序的QML生成稳健标准误差进行估计。对所有价格序列进行常规的单位根检验（ADF，KPSS，PP）之后，我们得出它们都是一阶单整（I（1））的结论。因此，所有的价格序列经过一阶差分对数转换都变得平稳了(这样方便使用百分比变化进行解释)。对主要变量$switch_t$的稳定性检验结果如表5-4所示。

在方程（5-4）里，通过Box-Jenkins关于ARMA（p，q）过程的滞后值识别方法，对因变量（$switch_t$）和自变量(NBP_t, ARA_t, EUA_t)的滞后值进行了检验。在一般的置信水平上没有发现统计上显著的滞后值，所以把它们从简化估计方程中移除。

表5-4 $switch_t$ 变量的单位根检验

Null Hypothesis: D(SWITCH) has a unit root		
Exogenous: None		
Lag Length: 0 (Automatic based on SIC, MAXLAG = 20)		
	t-Statistic	Prob.*
Augmented Dickey-Fuller test statistic	−36.3062	0.0000
Test critical values:		
1% level	−2.5676	
5% level	−1.9411	
10% level	−1.6164	
*MacKinnon (1996, [34]) one-sided p-values		
Null Hypothesis: D(SWITCH) has a unit root		
Exogenous: None		
Bandwidth: 10 (Newey-West using Bartlett kernel)		
	Adj. t-Stat	Prob.*
Phillips-Perron test statistic	−37.6033	0.0000
Test critical values:		
1% level	−2.5676	
5% level	−1.9411	
10% level	−1.6164	
*MacKinnon (1996, [34]) one-sided p-values		
Null Hypothesis: D(SWITCH) is stationary		
Exogenous: Constant		
Bandwidth: 12 (Newey-West using Bartlett kernel)		
		LM-Stat.
Kwiatkowski-Phillips-Schmidt-Shin test statistic		0.0783
Asymptotic critical values*:		
1% level		0.7390
5% level		0.4630
10% level		0.3470
*Kwiatkowski-Phillips-Schmidt-Shin (1992, [30])		

注：ADF和PP：模型1（没有截距或趋势项）基于SIC信息准则选择的滞后阶数为0。由于计算出来的 t 统计量严格小于1%置信水平上的临界值，所以我们拒绝非平稳的原假设。KPSS：模型2没有趋势项，根据基于Bartlet内核的Newey-West滞后检测方法选择的滞后阶数为12。我们接受平稳性的原假设，因为计算出来的LM统计量显著低于1%置信水平上的临界值。

我们将在下一节中评论估计结果。

5.3.5　实证结果

在这个部分中，为了考虑2005—2008年间英国的煤和天然气时变价格变动，我们对全周期（即对全样本运行方程（5-7）和方程（5-8））和子样本(即将全样本分为两个相等的子样本，然后对运行方程（5-7）和方程（5-8））的结果进行了评论。

1.全样本的结果

方程（5-7）和方程（5-8）的估算结果如表5-5所示。回归结果的质量通过以下诊断检验进行验证：调整的R平方、赤池信息准则（AIC）、Schwarz信息准则（SIC）、Ljung-Box残差自相关检验（LB检验）、ARCH效应的Engle检验，以及F统计量（F-Stat）的p值。这些检验对所有的回归都有效。此外，我们证实了残差不是自相关的(LB检

表5-5　**基于全样本的方程（5-7）和方程（5-8）的估计结果**

	Coefficient *t*	Std. Error	Prob.
Mean Equation			
α	−0.0118	0.0008	0.0001
ψ	−0.0001	0.0001	0.1513
ϕ	−0.0001	0.0001	0.0001
γ	0.0020	0.0001	0.0001
Variance Equation			
ω	0.0001	0.0001	0.0001
α	0.8790	0.1060	0.0001
β	0.2565	0.0730	0.0004
Diagnostic tests			
Adjusted R-squared	0.2200		
AIC	−6.0669		
SC	−6.0286		
Log likelihood	2 652.1848		
LB Test	0.1457		
ARCH Test	0.3243		
F-Stat.	0.0001		

注：Std.Error是标准误差，Prob.是统计显著概率，AIC是赤池信息准则，SC是Schwarz信息准则，LB是Ljung-Box检验，ARCH检验是Engle ARCH检验，F-Stat.是F统计量的p值。

验＞5%)。ARCH效应的存在可通过GARCH(1,1)模型设定中的方差方程考虑进来（所有的系数都是显著而且正向的）。

在表5-5中，当常数项是高度显著而且是负向的时候，我们观察到最重要的一点是NBP天然气和ARA煤炭的系数为负值：燃料价格的大变动对燃料转换价格产生负影响（当转换价格变为负数时，烧天然气比烧煤更加便宜）。然而，我们还注意到NBP天然气价格系数不是统计显著的。这个结果背后的主要经济直觉是英国电力生产商的燃料转换的变化主要由煤炭价格变化所驱动（在1%的水平上对转换价格有统计显著的影响），而不是天然气价格变化（在此回归中并不是显著的解释变量）。

虽然没有NBP每日天然气现货价格，但是通过重新估计的计量模型，我们的直觉得到证实。在表5-6中，我们首先注意到估计系数显著的稳定性，这构成了对我们的计量模型设定有效性的稳健性检验。第二，煤炭价格对转换价格具有统计显著的负影响，这一点对剔除了不显著的NBP天然气价格的简化计量模型仍然有效。第三，我们观察到碳价格的系数是统计显著而且正向的，这意味着在较高的碳价格水平上由煤（就碳排放来说是碳强度最高的碳排放燃料）转换到天然气（碳强度较低）更加有利可图。后者结果也适用于表5-5。

在表5-5和表5-6的方差方程中，持久性的测量值$(\alpha+\beta)$接近1，意味着方差过程接近单整（Engle和Bollerslev（1986，[27]））。在下个部分，为了考虑时变能源价格的变化，我们将用子样本重新估计方程（5-7）和方程（5-8））里的计量模型，检验同样的结论是否仍然有效。

2.子样本结果

子样本#1(2005—2006年)和#2(2007—2008年)的估计结果分别见表5-7和表5-8。

这个结果与全样本结果是截然不同的，需要做出如下评论：第一，ARA煤炭价格系数在所有回归中保持了负向并且是统计显著的。这确认了我们主要的结果，即转换价格主要是由煤炭价格变化所驱动（不管在全时期还是子时期中）。

表5-6 基于全样本的没有NBP的方程（5-7）和方程（5-8）的估计结果

	Coefficient t	Std. Error	Prob.
Mean Equation			
α	−0.0111	0.0008	0.0001
ϕ	−0.0001	0.0001	0.0001
γ	0.0019	0.0001	0.0001
Variance Equation			
ω	0.0001	0.0001	0.0001
α	0.8747	0.1091	0.0001
β	0.2599	0.0755	0.0006
Diagnostic tests			
Adjusted R-squared	0.2109		
AIC	−6.0645		
SC	−6.0316		
Log likelihood	2 650.1269		
LB Test	0.1578		
ARCH Test	0.3146		
F-Stat.	0.0001		

注：Std.Error是标准误差，Prob.是统计显著概率，AIC是赤池信息准则，SC是Schwarz信息准则，LB是Ljung-Box检验，ARCH检验是Engle ARCH检验，F - Stat.是F统计量的p值。

表5-7 基于子样本#1的方程（5-7）和方程（5-8）的估计结果

	Coefficient t	Std. Error	Prob.
Mean Equation			
α	0.2866	0.0053	0.0001
ψ	0.0002	0.0001	0.0001
ϕ	−0.0032	0.0001	0.0001
γ	−0.0027	0.0001	0.0001
Variance Equation			
ω	0.0001	0.0001	0.0001
α	0.9590	0.0764	0.0001
β	0.0390	0.0050	0.0043
Diagnostic tests			
Adjusted R-squared	0.2198		
AIC	−5.6739		
SC	−5.6083		
Log likelihood	1 241.0754		
LB Test	0.1490		
ARCH Test	0.5029		
F-Stat.	0.0001		

注：Std.Error是标准误差，Prob.是统计显著概率，AIC是赤池信息准则，SC是Schwarz信息准则，LB是Ljung-Box检验，ARCH检验是Engle ARCH检验，F - Stat.是F统计量的p值。

表5-8 基于子样本#2的方程（5-7）和方程（5-8）的估计结果

	Coefficient t	Std. Error	Prob.
Mean Equation			
α	−0.0248	0.0053	0.0001
ψ	0.0004	0.0001	0.0001
ϕ	−0.0001	0.0001	0.0001
γ	0.0012	0.0001	0.0001
Variance Equation			
ω	0.0001	0.0001	0.0001
α	0.5676	0.1201	0.0001
β	0.4257	0.0880	0.0001
Diagnostic tests			
Adjusted R-squared	0.2837		
AIC	−7.3486		
SC	−7.2832		
Log likelihood	1 612.6787		
LB Test	0.1809		
ARCH Test	0.7774		
F-Stat.	0.0001		

注：Std.Error是标准误差，Prob.是统计显著概率，AIC是赤池信息准则，SC是Schwarz信息准则，LB是Ljung-Box检验，ARCH检验是Engle ARCH检验，F-Stat.是F统计量的p值。

第二，我们从全时期和子时期估计中得到的天然气系数符号是相反的。此外，这个天然气系数在全样本中并不显著，然而它在两个子样本中在1%置信水平上均是显著的。这些反直觉的结果背后的主要因素在于天然气价格的峰值（如图5-5）可能影响了全时期的结果。[①]因此，在考虑了碳成本和NBP天然气每日现货价格时间序列的峰值后，燃料转换背后的基本原理（如第2章详述）在英国电力部门仍然有效。在子样本中，天然气价格对电力生产商决定是从燃煤电厂还是燃气电厂生产一单位电力具有统计显著的影响。

这个部分让我们重新建立包括碳价格风险在内的主要经济信息：电力生产商确实在燃料投入之前（在考虑碳成本之后）做出选择，以便根据燃料的相对价格生产电力。因此，分解子样本让我们揭开时变能源价格在

① 见第2章中的结构突变检验。

EU ETS框架下英国电力生产商的燃料（主要是天然气和煤）转换行为中所起的重要作用。

最后，我们发现碳价格系数的符号在子样本#1里是负的，在子样本#2里是正的，而在全样本中是正的。我们从这些不同的回归中可以推断，电力生产商在决定他们的能源结构时，碳价格显然是一个非常重要的投入（因为变量 EUA_t 在所有回归中都是统计显著的），而且这种关系应该是正向的：根据成本转嫁原则（电力市场的显著特征），碳排放更高的成本转化为电力终端用户更高的成本。①

5.3.6 小结

根据报告，由于合适的燃料结构（39%的煤以及36%的天然气），英国在EU范围内最具有通过燃料转换来减排的潜力。从煤转换到天然气代表了在电力行业中预期的最低的减排成本。它具有多种优点：它在技术上可行，使天然气发电厂更有效运营（例如通过燃机）②以及带来更显著的减排效果。

这个部分以英国为例说明了电力部门是如何管理碳价格风险的。我们发现在2005—2008年间转换价格受天然气价格和碳价格影响。当碳价格在15~20欧元/吨 CO_2时，不仅ARA煤炭现货价格对燃料转换潜力产生负影响（即煤炭价格越高，燃气电厂变得更加有利可图），而且有必要把时变燃料价格考虑在内，以便正确地判定这种经验关系。事实上，在NBP每日天然气现货价格对英国电力生产商燃料转换行为的影响方面，全样本结果没有揭示出任何统计上显著的效果。在第一子样本期间（2005—2006年），通过明确考虑天然气价格的大幅变动，天然气价格变化和转换价格之间的正向关系可以在子样本分解中重新建立，碳价格在这个时间范围里也遵循着不稳定的价格路径（见Alberola等（2008，[2]））。

对于政策制定者来说，这个结果提供了关于电力部门碳成本的引入如

① 注意：子样本#1里碳价格的系数为负可能是由于2005—2007年间发给电力公司混乱的价格信号所造成，因为2007年和2008年之间的存储限制（Alberola和Chevallier（2009，[1]））导致碳的现货价格趋向零。

② 需求与联合循环燃气轮机是负相关，与煤炭是正相关。需求的增长与燃气发电厂的数量以及转换燃料机会的减少这一事实是相符的。如果碳价格增长，就鼓励使用联合循环燃气轮机从而减少煤炭的使用，煤炭使用的减少一部分原因是由于天然气的使用，另一部分原因是其他低碳技术的使用（例如核能和可再生能源技术）。

何通过燃料转换被转化成碳减排机会的见解。这个部分还帮助我们理解发电商是如何权衡碳价格和减排成本的。

在下一个部分，我们从组合管理的角度来考虑针对碳配额的其他风险对冲策略。

5.4 组合管理

在这个部分，我们将考察碳资产组合管理的特性。在之前的章节我们已经证实，一方面边际投资者的偏好在股票债券和商品市场上有所不同；另一方面，在碳市场上也有所不同。这些结论与组合管理是相关的：当市场被分割，风险价格是不同的。从这个角度来看，碳配额可能被用作分散风险的目的。

首先，我们将介绍能源、天气、债券以及股票变量的资产管理。其次，我们将根据均方差优化模型，详细分析这一全球范围的多元化投资组合的最优组合。

5.4.1 投资组合的组成

让我们考虑一个从2005年4月到2009年1月的数据库[①]，由以下几种资产组成：

- 碳价格：来自欧洲气候交易所（ECX）的EUAs和CERs；
- 能源价格：Henry-Hub大然气期货，来自阿姆斯特丹-鹿特丹-安特卫普地区的煤炭期货未来一个月的到岸价格（CIF ARA），泽布吕赫天然气下月远期价格，来自欧洲能源交易所（EEX）的非高峰电力下月远期价格，Powernext基载电力下月远期价格，鹿特丹煤炭期货，伦敦布伦特原油期货价格和纽约商品交易所（NYMEX）原油期货价格；
- 天气衍生品：来自洲际交易所（ICE）的天气期货和气候期货生态清洁能源指数；
- 债券：来自欧洲中央银行（ECB）的五年期欧元基准债券，一个月

① 本数据在本章不再重复出现。

期美国国债(T-Bill)，Schatz债券和Bulb T-Bill债券；

• 股票：Euronext 100价格指数，道琼斯EueoSTOXX 50指数，标准普尔欧元价格指数。

能源变量与更传统的股票和债券投资一起纳入考虑的理论依据是：碳、石油、天然气和煤炭对资产管理具有多样化的效果[15]。此外，天气衍生品能够对冲气温变化带来的风险，如第2章详细描述的那样，从而增加或者减少碳排放。参考文献[10]和[6]回顾了资产组合的多样化可以大幅减少风险。因此，资产组合不仅包括债券和股票，还包括能源商品，这背后的主要逻辑是：因为各种资产并不总是一起变动的，所以可以实现较低水平的风险。接下来，我们可以基于均值-方差最优化的程式化应用来评估预期收益。

专栏 5-1　（用夏普比率测度绩效）夏普比率（Sharpe（1966,[39]））衡量的是投资组合收益率的波动。这个比率可以被看作是调整风险后的收益测度，通常被用来评估资产组合的绩效，并被定义为：

$$S = \frac{R_t - R_t^f}{\sigma_t} \tag{5-9}$$

其中，R_t 是资产收益，R_t^f 是无风险折现率（例如国库券利率），σ_t 是资产超额收益的标准偏差，所以，夏普比率就是每单位风险的溢价。根据这种计算方法，夏普比率越高，每单位风险的收益越好，在资本资产定价模型里（CAPM，[33,38]），处在有效边界上并具有最高的夏普比率的组合就是市场投资组合。

5.4.2　均值-方差最优化和资产组合边界

前面详述的数据库包含了碳资产（EUAs和CERs）、能源资产（油、煤、天然气）、天气衍生品、债券和股票。我们这里将讨论如何执行资产管理战略。

投资组合边界是给定预期回报的一系列的组合，根据参考文献[10]和[6]，我们希望去选择方差最小的组合。这个选择包含了风险和回报之间的权衡，代表了特定投资群体厌恶风险的水平。

在所有给定预期收益E(.)的资产组合中，最优化问题在于选择方差最小的组合V(.):

$$V(R)=\sum_{n=1}^{N}w_n^2V(R_n)+2\sum_{n<m}w_nw_m\operatorname{Cov}(R_n,R_m) \tag{5-10}$$

$$1-\sum_{n=1}^{N}w_n \tag{5-11}$$

$$E(R)=\sum_{n=1}^{N}w_nE(R_n)+\left(1-\sum_{n=1}^{N}w_n\right)R_f=E \tag{5-12}$$

其中，N是风险资产的总个数，R_n是风险资产的收益，R_f是无风险资产的收益，R_m是市场组合的收益，w_n，$n=\{1,\cdots,N\}$是要最小化的风险资产的组合权重。方程（5-11）给出了无风险资产的权重(例如美国国库券)。假设我们只关心平均值和方差[6，10]，我们只需要考虑在组合边界上的资产组合。

这个问题可以在Excel中解决（通过使用求解程序，见[10]），或在R里面解决（使用R度量法①，见[44]）。正式来讲，投资组合边界由连接无风险资产与切线组合的线限定②。这就是为什么在图5-9里面，我们画了一条连接资产组合与无风险资产的线。

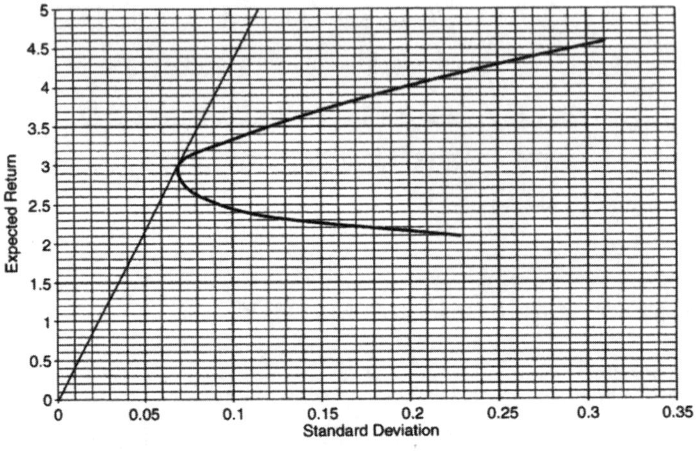

图5-9　资产组合边界分析

① 见https://www.rmetrics.org/。
② 在市场均衡时，需求等于供给，同时切线组合与市场组合一致。

通过考察连接无风险资产与双曲线上的点的直线，我们从图5-9注意到由能源（包括碳）、天气、债券等风险资产以及无风险的美国国库券等构成的最优资产组合，在预期收益率为3%时的标准偏差为0.07。因此，对于一组投资者而言，他们的需求是切线资产组合与无风险资产的结合。这个结果能够在给定预期收益水平上最小化方差，并且通过在传统的债券和股票资产基础上添加能源和天气变量来阐明资产组合多样化的收益。的确，我们能够证实一组资产以外的多样化可以减少非系统性风险的标准特性，然而，这并不能排除系统性风险。值得注意的是，那些高风险厌恶者会选择一个接近无风险资产的组合，而非风险厌恶者会选择高于切线组合的资产组合。同样值得注意的是，这个解决方法与具有最高的夏普比率的资产组合一致。

总的来说，这些结果诠释了以多样化为目的引入碳资产对于组合管理的好处（见[15]），如第2章讨论的那样，碳市场上的风险因素主要与欧盟委员会的制度决策变化以及电力生产商的燃料转换行为相关。最后，我们需要记住的是，正如最近发生的“信贷紧缩”金融危机体现的那样，所有类型的金融资产都与宏观经济冲击息息相关。

附录

用期权价格计算隐含波动率

在金融经济学文献里，风险对冲策略也可以通过期权价格来设计（见[20]将普通欧洲平值期权价格数据库应用于EUAs)，我们简单地在这里回顾一下如何从期权定价中获得隐含波动率的测度。

假定 $C(\tau,K)_{obs}$ 是看涨期权价格，以及 $C(\tau,K,\sigma)_{BS}$ 是用隐含的波动率 σ 来计算的Black-Scholes（BS）期权价格。根据定义，我们有了 $C(\tau,K)_{obs}=C(\tau,K,\sigma)_{BS}$。行权价格的隐含波动率由BS方程进行数值变换获

得，可通过求解下式实现：

$$\min_{\sigma}\left(C(\tau,K)_{obs}-C(\tau,K,\sigma)_{BS}\right)^2 \tag{5-13}$$

参考文献[20]显示了碳市场上的期货价格导致定价失误，这在商品市场和资本市场上是常见的（见[5]）。隐含波动率序列在金融经济学里可用来代表给定资产风险中性的概率分布。

↘ 习题

习题5-1（针对碳价的GARCH校准模型）

（a）考虑如表5-9的碳价格序列的描述性统计：它们看起来在多大程度上拟合GARCH(p，q)模型的设定？

表5-9 CO_2价格的描述性统计量

	EUA	DIFFEUA
Mean	16.3413	−0.0087
Median	14.7400	0.0001
Maximum	28.7300	1.2200
Minimum	7.9600	−1.6600
Std. Dev.	4.6158	0.3838
Skewness	1.0476	−0.5157
Kurtosis	2.8900	4.9257
Jarque-Bera	130.7879	141.5801
Probability	0.0001	0.0001
Observations	713	712
Diagnostic tests		
Ljung-Box test DIFFEUA		0.8470
Ljung-Box test Squared DIFFEUA		0.0030
Engle ARCH test		0.0034

注：Box-Peierce检验用20个滞后值计算，Engle ARCH检验用1个滞后值计算。

表5-10　CO_2价格的GARCH模型估计结果

Dependent Variable: DIFFEUA
Method: ML—ARCH (BHHH)—Normal distribution
Sample (adjusted): 2/28/2008 12/09/2010
Included observations: 711 after adjustments
Bollerslev-Wooldridge robust standard errors & covariance

	Coefficient	Std. Error	z-Statistic	Prob.
C	−0.0008	0.0113	−0.0780	0.9378
DIFFEUA(−1)	0.0220	0.0392	0.5615	0.5745
	Variance Equation			
C	0.0004	0.0006	0.6677	0.5043
RESID(−1)^2	0.0567	0.0166	3.4105	0.0006
GARCH(−1)	0.9407	0.0176	53.2424	0.0001
R-squared	0.0018	Mean dependent var		−0.0087
Adjusted R-squared	−0.0038	S.D. dependent var		0.3840
S.E. of regression	0.3848	Akaike info criterion		0.7395
Sum squared resid	104.5431	Schwarz criterion		0.7717
Log likelihood	−257.9242	F-statistic		0.3266
Durbin-Watson stat	1.9135	Prob(F-statistic)		0.8601
Diagnostic tests				
Ljung-Box test DIFFEUA		0.8060		
Ljung-Box test Squared DIFFEUA		0.8630		
Engle ARCH test		0.8629		

注：Box-Peierce检验用20个滞后值计算，Engle ARCH检验用1个滞后值计算。

(b) 根据Box-Jenkins方法，我们设定ARMA(p，q)过程来为CO_2时间序列提供最好的拟合。然后我们估计与CO_2价格相应的GARCH模型：

$$Y_t = \theta X'_t + \varepsilon_t \tag{5-14}$$

$$\sigma_t^2 = \omega + \sum_{i=1}^{p} \alpha_i \varepsilon_{t-i}^2 + \sum_{j=1}^{q} \beta_j \sigma_{t-j}^2 \tag{5-15}$$

其中，σ_t^2是条件方差，它是常数项为ω、ARCH项为ε_{t-i}^2和GARCH项为σ_{t-j}^2的函数。

在表5-10中，评论以下问题：

- 从均值和方差方程中获得的参数的统计显著性；
- Ljung-Box检验值；
- ARCH检验值。

在图5-10中，讨论以下问题：

- GARCH(p,q)模型的标准化新息图；
- GARCH(p,q)模型的条件标准差图。

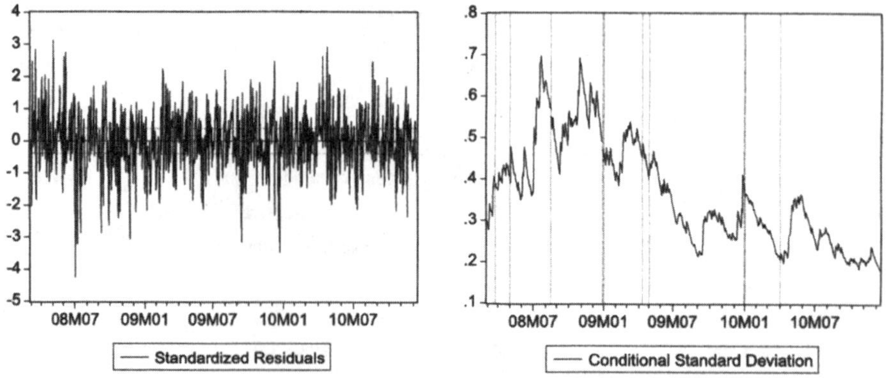

图5-10 GARCH模型的标准化新息(左图)和条件标准差(右图)

(c) 我们考虑其他的模型而不是具有高斯条件概率分布的标准GARCH模型。首先，我们使用Nelson(1991,[36])提出的条件方差的设定：

$$\log\left(\sigma_t^2\right)=\omega+\sum_{i=1}^{p}\alpha_i\left|\frac{\varepsilon_{t-i}}{\sigma_{t-i}}\right|+\sum_{j=1}^{q}\beta_j\log\left(\sigma_{t-j}^2\right)+\sum_{k=1}^{r}\gamma_k\frac{\varepsilon_{t-k}}{\sigma_{t-k}} \tag{5-16}$$

其中，γ用于检验杠杆效应的存在。回顾金融经济学文献，杠杆效应意味着更高的波动率水平与价格下降有关。EGARCH模型用t分布来估计。

第二，我们使用Zakoian(1994,[45])提出的非对称TGARCH模型：

$$\sigma_t^2=\omega+\sum_{i=1}^{p}\alpha_i\varepsilon_{t-i}^2+\sum_{j=1}^{q}\beta_j\sigma_{t-j}^2+\sum_{k=1}^{r}\gamma_k\varepsilon_{t-k}^2\Gamma_{t-k} \tag{5-17}$$

当$\varepsilon_t<0$时，$\Gamma_t=1$，否则等于0。$\varepsilon_{t-i}>0$和$\varepsilon_{t-i}<0$分别表示好消息

和坏消息。TGARCH模型使用广义误差分布来估计。

根据表5-11和表5-12：你能观察到方差方程中不同的模型结构设定有何改善吗？

表5-11　**CO_2价格的EGARCH估计结果**

Dependent Variable: DIFFEUA
Method: ML—ARCH (BHHH)—Student's *t* distribution
Sample (adjusted): 2/28/2008 12/09/2010
Included observations: 711 after adjustments

	Coefficient	Std. Error	*z*-Statistic	Prob.
C	0.0028	0.0114	0.2491	0.8032
DIFFEUA(−1)	0.0066	0.0387	0.1709	0.8643
		Variance Equation		
C(3)	−0.1361	0.0353	−3.8555	0.0001
C(4)	0.1494	0.0350	4.2585	0.0001
C(5)	0.0022	0.0205	0.1073	0.9145
C(6)	0.9909	0.0076	128.9354	0.0001

R-squared	−0.0001	Mean dependent var	−0.0087
Adjusted R-squared	−0.0072	S.D. dependent var	0.3840
S.E. of regression	0.3854	Akaike info criterion	0.7320
Sum squared resid	104.7504	Schwarz criterion	0.7705
Log likelihood	−254.2318	Durbin-Watson stat	1.8854

Diagnostic tests

Ljung-Box test DIFFEUA	0.4840
Ljung-Box test Squared DIFFEUA	0.9963
Engle ARCH test	0.9935

注：Box-Peierce检验用20个滞后值计算，Engle ARCH检验用1个滞后值计算。

表5-12 CO_2价格的TGARCH估计结果

Dependent Variable: DIFFEUA
Method: ML—ARCH (BHHH)—GED
Sample (adjusted): 2/28/2008 12/09/2010
Included observations: 711 after adjustments

	Coefficient	Std. Error	z-Statistic	Prob.
C	0.0030	0.0113	0.2677	0.7889
DIFFEUA(−1)	0.0024	0.0386	0.0622	0.9504
		Variance Equation		
C	0.0002	0.0005	0.4520	0.6512
$RESID(-1)^2$	0.0631	0.0210	3.0034	0.0027
$RESID(-1)^2 * (RESID(-1) < 0)$	−0.0157	0.0210	−0.7489	0.4539
GARCH(−1)	0.9440	0.0158	59.6354	0.0001
GED PARAMETER	1.5396	0.1196	12.8659	0.0001
R-squared	−0.0006	Mean dependent var		−0.0087
Adjusted R-squared	−0.0091	S.D. dependent var		0.3840
S.E. of regression	0.3858	Akaike info criterion		0.7269
Sum squared resid	104.8051	Schwarz criterion		0.7719
Log likelihood	−251.4432	Durbin-Watson stat		1.8779
Diagnostic tests				
Ljung-Box test DIFFEUA		0.4730		
Ljung-Box test Squared DIFFEUA		0.8940		
Engle ARCH test		0.8951		

注：Box-Peierce检验用20个滞后值计算，Engle ARCH检验用1个滞后值计算。

参考文献

1. Alberola E, Chevallier J (2009) European carbon prices and banking restrictions: evidence from Phase I (2005—2007). Energy J 30:51-80

2. Alberola E, Chevallier J, Cheze B (2008) Price drivers and structural breaks in European carbon prices 2005-07. Energy Policy 36:787-797

3. Alberola E, Chevallier J, Cheze B (2008) The EU emissions trading scheme: the effects of industrial production and CO2emissions on European carbon prices. Int Econ 116:93–125

4. Alberola E, Chevallier J, Cheze B (2009) Emissions compliances and carbon prices under the EU ETS: a country specific analysis of industrial sectors. J Policy Model 31:446–462

5. Barone-Adesi G, Engle RF, Mancini L (2008) A GARCH option pricing model with filtered historical simulation. Rev Financ Stud 21:1223–1258

6. Berk J, DeMarzo P (2008) Corporate finance. Pearson International Edition, New York

7. Bessembinder H Lemmon ML (2002) Equilibrium pricing and optimal hedging in electricity forward markets. J Finance 57:1347–1382

8. Blyth W, Bunn D, Kettunen J, Wilson T (2009) Policy interactions, risk and price formation in carbon markets. Energy Policy 37:5192–5207

9. Blyth W, Bunn D (2011) Coevolution of policy, market and technical price risks in the EU ETS. Energy Policy 39:4578–4593

10. Bodie Z, Kane A, Marcus AJ (2008) Investments, 7th edn. McGraw Hill, New York

11. Breeden DT (1980) Consumption risks in futures markets. J Finance 35: 503–520

12. Brennan M (1958) The supply of storage. Am Econ Rev 48:50–72

13. Broadie M, Chernov M, Johannes M (2007) Model specification and risk premia: evidence from futures options. J Finance 62:1453–1490

14. Chen Y, Sijm J, Hobbs BF, Lise W (2008) Implications of CO_2 emissions trading for short-run electricity market outcomes in northwest Europe. J Regul Econ 34:251–281

15. Chevallier J (2009) Energy risk management with carbon assets. Int J Glob Energy Issues 32:328–349

16. Chevallier J (2009) Carbon futures and macroeconomic risk factors: a

view from the EU ETS.Energy Econ 31:614–625

17. Chevallier J (2009) Modelling the convenience yield in carbon prices using daily and realized measures. Int Rev Appl Financ Issues Econ 1:56–73

18. Chevallier J (2010) Modelling risk premia in CO_2 allowances spot and futures prices. Econ Model 27:717–729

19. Chevallier J (2010) A note on cointegrating and vector autoregressive relationships between CO_2 allowances spot and futures prices. Econ Bull 30: 1564–1584

20. Chevallier J, Ielpo F, Mercier L (2009) Risk aversion and institutional information disclosure on the European carbon market: a case-study of the 2006 compliance event. Energy Policy 37:15–28

21. Cootner PH (1960) Returns to speculators: Telser vs Keynes. J Polit Econ 68:396–404

22. Delarue E, D ' haeseleer WD (2007) Price determination of ETS allowances through the switching level of coal and gas in the power sector. Int J Energy Res 31:1001–1013

23. Delarue E, Voorspools KR, D'haeseleer WD (2008) Fuel switching in the electricity sector under the EU ETS: review and prospective. J Sol Energy Eng 134:40–58

24. Delarue E, Ellerman AD, D ' haeseleer WD (2010) Short - term CO_2 abatement in the European power sector: 2005—2006. Clim Change Econ 1: 113–133

25. Dusak K (1973) Futures trading and investor returns: an investigation of commodity market risk premiums. J Polit Econ 81:1387–1406

26. Ellerman AD, Feilhauer S (2008) A top-down and bottom-up look at emissions abatement in Germany in response to the EU ETS. Working paper 2008-17, Centre for Energy and Environmental Policy Research, MIT, USA

27. Engle RF, Bollerslev T (1986) Modelling the persistence of conditional variances. Econom Rev 5:1–50

28. Kaldor N (1939) Speculation and economic stability. Rev Econ Stud 7: 1–27

29. Kanen JLM (2006) Carbon trading and pricing. Environmental Finance Publications, London

30. Kwiatkowski DP, Phillips PCB, Schmidt P, Shin Y (1992) Testing the null hypothesis of stationarity against the alternative of the unit root: how sure are we that economic time series are non stationary? J Econom 54:159–178

31. Lise W, Sijm J, Hobbs BF (2010) The impact of the EU ETS on prices, profits and emissions in the power sector: simulation results with the COMPETES EU20 model. Environ Resour Econ 47:23–44

32. Longstaff FA, Wang A (2004) Electricity forward prices: a high - frequency empirical analysis.J Finance 59:1877–1900

33. Markowitz H (1959) Portfolio selection: efficient diversification of investments. Wiley, New York

34. MacKinnon JG (1996) Numerical distribution functions for unit root and cointegration tests.J Appl Econom 11:601–618

35. McGuinness M, Ellerman AD (2008) CO_2 abatement in the UK power sector: evidence from the EU ETS trial period. Working paper 2008–04, Centre for Energy and Environmental Policy Research, MIT, USA

36. Nelson DB (1991) Conditional heteroskedasticity in asset returns: a new approach. Econometrica 59:347–370

37. Pindyck R (2001) The dynamics of commodity spot and futures markets: a primer. Energy J22:1–29 References 179

38. Sharpe WF (1964) Capital asset prices: a theory of market equilibrium under conditions of risk. J Finance 19:425–442

39. Sharpe WF (1966) Mutual fund performance. J Business 39:119–138

40. Sijm JPM, Bakker SJA, Chen Y, Harmsen HW, Lise W (2006) CO_2 price dynamics: a followup analysis of the implications of EU emissions trading for the price of electricity. Working paper 06–015, Energy Research Centre for

the Netherlands, the Netherlands

41. Sijm JPM, Hers SJ, Lise W, Wetzelaer BJHW (2008) The impact of the EU ETS on electricity prices. Working paper 08-007, Energy Research Centre for the Netherlands, the Netherlands

42. Voorspools KR, D'haeseleer WD (2006) Modelling of electricity generation of large interconnected power systems: how can a CO_2 tax influence the European generation mix. Energy Convers Manag 47:1338-1358

43. Working H (1949) The theory of the price of storage. Am Econ Rev 39: 1254-1262

44. Würtz D, Chalabi Y, Chen W, Ellis A (2009) Portfolio optimization with R/Rmetrics. Rmetrics Publishing, Zurich

45. Zakoian JM (1994) Threshold heteroskedastic models. J Econ Dyn Control 18:931 - 95

[第6章]

高级专题：到期日与碳价格波动率建模

摘要 本章检验在欧洲气候交易所交易的碳期货合约与在欧洲环境交易所交易的碳现货价格的到期效应，同时，对“萨缪尔森假说”即期货价格的波动率随着交付日期的临近而增大进行研究。关于商品市场的文献通常能为该假说提供较强的实证支持（如农产品市场），然而，本章发现碳市场对这一假说支持较弱。只有用实际波动率测度方法时（通过日内收益平方和构建），期货合约波动率才会随着到期日的临近而增大。而净持有成本法和GARCH建模方法并没有发现这一到期效应。本章将说明当数据在尽可能高的频率被观测和建模时，实际波动率法在碳价格研究中更优越。本章末尾的附录将讨论检测碳价格波动不稳定性的统计检验方法。

6.1 碳价格波动率与到期日的关系

波动率是预测、对冲和风险管理的核心要素。波动率可以使用日度数据来测度，并通过GARCH模型分解出波动率的条件因子和非条件因子；也可以使用日内数据，用日内收益平方和来计算“实际波动率”。在本章，我们将使用以上两种波动率的测度方法来研究二氧化碳期货价格对到期日的反应。

萨缪尔森（1965，[37]）提出期货价格的波动率将随着到期日的临近而提高，这一预言众所周知，被称为萨缪尔森假说。波动率和到期日的这种关系对于设定保证金水平[13]和对冲策略具有重要意义。对冲者将根据这两者的正负关系来选择期货合约期限的长短以使得价格的波动率最小。交易者会考虑转向到期时间较长的合约，否则他们将会面对更高的波动性并要求更高的风险溢价[24]。在那些萨缪尔森假说成立的市场，对与期权和期货相关的衍生品的精确估价要求根据期货合约剩余的到期日来估计期货的波动率[11]。

之前的文献主要通过商品市场来对萨缪尔森假说进行实证研究。Adrangi 和 Chatrath（2003，[1]）对咖啡、糖和可可期货价格的非线性动态特征进行了研究。他们的研究表明这些商品的期货价格序列符合萨缪尔森假说。Mcmillan 和 Speight（2004，[30]）基于日内数据和 GARCH 建模方法，考察了 FTSE-100 指数期货的到期效应。在股票市场，除了高频数据，他们的结果与期货价格的波动率在临近到期日上升相矛盾。Movassagh 和 Modjtahedi（2005，[31]）以及 Mu（2007，[32]）发现临近到期月期货合约均值有较大的标准差。这一结果证实天然气期货的波动率随合约期限来临而下降。Haff 等（2008，[25]）的结果也支持英国天然气市场上萨缪尔森假说成立。Kalev 和 Duong（2008，[26]）使用“实现极差”（realized range）检验了商品期货市场上的萨缪尔森假说。①不同于金属和金融期货市场，他们发现农产品市场上萨缪尔森假说很显著。Duong 和 Kalev（2008，[24]）通过使用日度数据的 GARCH 模型以及日内数据的实际波动率模型证实了这一结果。除此以外，他们利用“负协方差”假说②确保这一检验的说服力。

CO_2期货市场提出了有趣的研究问题：萨缪尔森效应在CO_2期货市场上成立吗？对于这一新兴市场，该假说又揭示了什么呢？这一效应对于市场参与者而言又意味着什么呢？碳期货市场和更加成熟的市场之间有什么区别呢？为了回答这些问题，本章将研究碳价格关于到期日的波动行为。我们将使用日度数据和日内数据并通过增加即将到期的期货合约价格变化

① Martens and van Dijk（2007，[29]）将实现极差定义为各天日内价格幅度和。
② 负协方差假说认为萨缪尔森假说在那些现货价格和净持有成本变化负相关的市场更有可能成立。

的标准差来测度萨缪尔森效应。

计量经济分析将分为三步：第一步，我们使用CO_2现货和期货价格的日度数据，根据Bessembinder等（1995，[10]）的方法计算净持有成本，并以此为工具来衡量和到期日的关系。第二步，我们使用2005年4月到2009年12月日度数据，在GARCH模型的基础上，通过在方差方程内增加到期日因素，来检验CO_2期货价格收益的到期效应是否存在。第三步，我们使用日内数据来计算2008年12月到2009年12月在ECX交易的期货合约的实际波动率，并对到期日、现货价格波动率、季节变量以及流动性变量进行回归。数据集包含来自欧洲气候交易所的CO_2排放期货两年的高频分笔数据，对应着2008年到2009年的期货合约。①

这种估计策略得到以下结果：尽管净持有成本和GARCH模型并没有发现CO_2期货价格存在萨缪尔森效应，但高频数据的使用仍清晰地显示了实际波动率在合约期末上升。因此，观测数据的频率越高，碳资产的波动率测度得越准确。以往关于股票市场的文献已经证实了实际波动率相对日波动率方法在估计中的优越性（参照Andersen，Bollerslev，Diebold和Labys（后来的ABDL（2001，2003），[3，4]和[30]））。我们在此提供了一个关于CO_2价格波动率的经验特征的新视角，经纪人、市场运营机构和风险管理者可能会将这些特征直接纳入期货定价中。

下一节，我们将提供萨缪尔森假说更多的背景知识。

6.2　萨缪尔森假说的背景知识

萨缪尔森（1965）认为波动率是到期日的函数，波动率随着到期日的临近而上升。这一论断的直觉是随着到期日的临近，大部分相关信息将会被公开。在期货合约的早期，我们对关于商品未来的现货价格的信息了解

① 我们选用2008年的合约作为起始点的原因是：（1）由于存储限制，2005年至2007年碳现货价格特征较为奇异（Alberola和Chevallier（2009，[2]）），在中期内的价格信号比期货的更不稳健；（2）2008年的合约在第二阶段（2008—2012年）的有效性可以使CO_2排放配额一直存储到第三阶段末（2013—2020年）。

较少。随着合约临近到期日，信息获取率增加（Kolb（1991，[27]））。因而，商品的期货价格并不会立即对新进入市场的信息作出较大反应，随着合约接近到期日，其价格会收敛到现货价格，因而其倾向于对新进入的信息做出更强烈的反应。这一关系也可以提示市场是否对信息流反应过度或反应不足。

研究期货价格波动率的时间模式的根本原因可从多方面进行解释。Board和Sutcliff（1990，[13]）认为，到期日和波动率的关系对于保证金水平的设定非常重要，所需保证金以期货价格的波动率为基础设定，在某种程度上可以视为价格波动率的正函数。因而，如果期货价格波动率随着期货合约接近到期日而上升，交易者用于追加保证金的现金余额也会增加（Duong和Kalev（2008，[24]））。

另一个原因在于波动率是套期保值者和投机者关注的关键因素。一方面，套期保值者根据期货价格的变动来调整他们的对冲比率（以便在现货市场进行平仓）。他们通过在长期限合约和短期限合约之间做出选择来最小化价格波动率。另一方面，投机者关注价格波动以便从中获得套利机会（这也为市场提供了流动性）。

有趣的是，Anderson和Danthine（1983，[5]）给出了期货合约波动率和到期日的关系如此重要的另一个解释。他们认为并非到期日决定了波动率，而是信息流的不确定性在多大程度上被解读了。根据这一观点，随着交割日的临近，不确定性将会变小（或者更多的信息进入市场）。如果在接近到期日的时候大部分信息都进入了市场，将导致波动率变大，从而验证了萨缪尔森假说。然而，如果在合约的早期，信息流就消除了合约的不确定性，那么在合约早期波动率也会上升。这一论断对于理解在监管方面具有较高不确定性的碳期货市场上萨缪尔森假说是否成立至关重要（Alberola和Chevallier（2009，[2]））。

与这一观点相反，Bessembinder等（1996，[11]）认为，很有可能是信息流在期货交割日附近的系统性集聚使得该时间段波动率相应地上升，然而，对于信息流在到期日附近集聚的原因却没有令人信服的解释。在CO_2市场上，配额并不仅仅在到期日附近交易，而是贯穿全年，碳价格在每年的2月至5月间会有较大的波动（即所谓的“履约事件”，参照Chevallier等（2009，[18]））。

最后，在对期货期权定价时需要考虑波动率与到期日的关系，期权或者相关的期货衍生品的准确估价需要期货价格波动率的动态变化的相关知识[11]。下一部分，我们将对使用的数据进行说明。

6.3　数据

众多交易所均提供EU ETS的CO_2配额现货和期货交易平台。我们的研究将聚焦于在最具流动性的平台上交易的碳现货和期货价格：BlueNext（现货）和ECX（期货）。接下来，我们将详细说明本章使用的日度数据和日内数据。①

6.3.1　日度数据

图6-1为2006年10月至2007年12月碳现货和期货价格序列，由于2007年至2008年施行存储限制，CO_2现货价格曾一度下降到0（Alberola和Chevallier（2009，[2]））。由于第一阶段现货价格不稳定，本章仅使用第二阶段CO_2现货价格数据。第二阶段可以获得的CO_2现货价格，其交易于2008年2月26日在BlueNext开始进行，EU ETS第二阶段交易的起点与现货价格数据集的起点一致。第二阶段CO_2现货价格样本包含2008年至2009年的479个观测值，这将被用来确定净持有成本。

由于第二阶段期货合约传递了与2005—2007年间一致的价格信号（如图6-1所示，约20欧元/吨），CO_2期货价格的研究区间始于2005年4月22日，截至2009年12月15日，即2009年12月合约的到期日。2008（2009）年12月的期货价格样本包含937（1 208）个观测值，这足以支持GARCH模型的估计。

---

① 本章数据不提供下载。

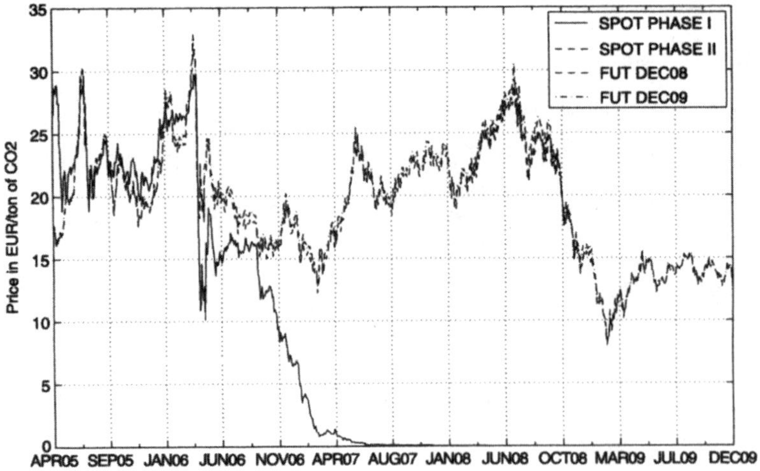

图6-1 2005年4月22日至2009年12月15日第一和第二阶段有效的BlueNext碳现货价格和ECX 2008年12月、2009年12月EUA期货合约

资料来源：BlueNext，European Climate Exchange（ECX）

本章所使用的所有解释变量的描述性统计量都可以在表6-1中找到，碳现货和期货价格并没有显示出正态分布的特征。

6.3.2 日内数据

我们的样本包含ECX到期时间为2008年12月和2009年12月的两年的期货合约高频分笔数据，始于每年的1月2日止于12月15日，包含除去异常值的240（244）个交易日，直到2008（2009）年合约到期。样本包含2008（2009）年期货合约的167 004（370 718）个观测值，欧洲气候交易所2008（2009）年的碳排放期货合约分笔数据中平均每天有700（1 500）笔交易，这相当于2008（2009）年期货合约平均每60（30）秒就有一笔交易。日内数据被用来测度实际波动率，这种交易的水平和其他市场具有可比性，例如，Thomakos和Wang（2003，[38]）注意到每日价格变动平均次数：Eurodollar为163次、S& P500为3 366次、T-bonds为1 710次。

表6-1　描述性统计

Variable	Mean	Median	Max	Min	Std. Dev.	Skew.	Kurt.	*N*
Spot Phase II	17.3313	14.7600	28.7300	7.9600	5.3470	0.4967	1.8039	479
Futures 2008	20.9317	20.9000	32.2500	12.2500	3.5784	0.2068	2.7840	937
Futures 2009	19.6061	19.9500	32.9000	8.2000	4.7083	0.0342	2.3479	1208
RV 2008	0.0152	0.0064	0.3293	0.0001	0.0307	6.4926	57.5542	240
RV 2009	1.2603	0.8801	5.4715	0.0428	1.0282	1.8899	7.0781	244

注：*Spot PhaseII* 代表在第二阶段（2008—2012年）的EU ETS BlueNext现货价格，*Futures* 2008代表ECX 2008年12月的期货合约，*Futures* 2009代表ECX 2009年12月的期货合约，*RV* 2008代表ECX 2008年12月期货合约的实际波动率测量，*RV* 2009代表ECX 2009年12月期货合约的实际波动率测量。Std.Dev. 代表标准差，Skew. 代表偏度，Kurt. 代表峰度，*N* 代表观测值数量。

我们仅使用2年的数据，主要是因为EU ETS于2005年创立，逐渐新增的交易所记录本市场的交易，因而缺乏高频数据，自2007年年底以来，EU ETS的流动性和高频数据的可获得性都在增加。此外，我们的样本大小的选择也是由于EU ETS第一阶段（2005—2007年）有效CO_2配额的价格信号并不可靠，因为CO_2配额不能从2007年存储到2008年，这导致第一阶段和第二阶段的碳价格分离。①

接下来，我们将以净持有成本法开始碳期货价格是否满足萨缪尔森假说的研究。

6.4　“净持有成本”法

根据Working（1949，[39]）和Brennan（1958，[14]）的论述，持有成本是一个非套利条件，通过边际交易者以存货形式持有相关资产的每期成本，将期货价格同当期现货价格联系起来。Bessembinder等（1996，[11]）通过考察当前现货价格的冲击和未来现货价格预期修正之间的关系，将现货价格和持有存货成本变化之间的负协方差与现货价格的均值复

① Alberola和Chevallier（2009，[2]）注意到了第一阶段CO_2期货和现货价格的差异，该差异逐渐下降到0，第二阶段期货价格通过可获得的历史数据传递了大约20欧元/吨的中期价格信号。

归联系在了一起。为了在价格均值复归时引致持有存货，在市场出清的情况下，正（负）价格冲击带来的预期资本损失（利得）必须被相应的持有成本变化所抵消。

简言之，萨缪尔森假说成立的前提，要么是在每个期货到期日附近现货收益波动率系统性提高（期货合约在全年都到期，这显然是不可能的），要么现货收益与持有存货成本负协方差。这些条件在那些便利收益率跨期变化较大的实物资产市场很容易达到。存货持有成本实质性的时间变化最现实的解释源于真实服务流的变化（即“便利收益率”）。由于难以假定资产存货的实质性变化或便利收益率的存在，对于金融资产（和CO_2配额）难以得到类似的结论。

根据Bessembinder等（1995，[10]），萨缪尔森假说在那些现货价格变化与净持有成本变化负协方差的市场如农产品市场、原油市场以及较小规模上的金属市场更可能成立。我们接下来将详细说明这一方法。

6.4.1 计算步骤

我们计算的净持有成本，Bessembinder等（1995，[10]）将其定义为2008年12月（2009年12月）期货合约价格的自然对数和CO_2现货价格自然对数之差。以期货合约到期期限①为权重来计算净持有成本，公式如下：

$$c_t = \frac{(f_t - s_t)}{TTM_t} \tag{6-1}$$

这里 c_t 为净持有成本，f_t 为欧洲气候交易所2008年12月（2009年12月）期货价格的自然对数，s_t 为CO_2现货价格的自然对数，TTM_t 为2008（2009）年12月期货价格的到期期限（用天数表示）。考虑到第一阶段现货价格的不可靠，我们仅仅考虑第二阶段CO_2现货和期货价格。

图6-2为2008年12月和2009年12月期货合约净持有成本。我们可以观察到随着到期期限的减少，波动率急剧上升。这一表现直观上符合萨缪尔森假说。②为了从统计上检验这一效应，我们将在下一部分进行正式的回归分析。

① 对于金融资产 $A(t,T)$，t 为当前时期，T 为最终时期，到期期限可以写成 $A(t,T)=A(\tau)$，这里 $\tau = T - t$。

② 对于ECX 2007年12月期货合约类似的外观检验可以参阅Chevallier（2009，[16]）。

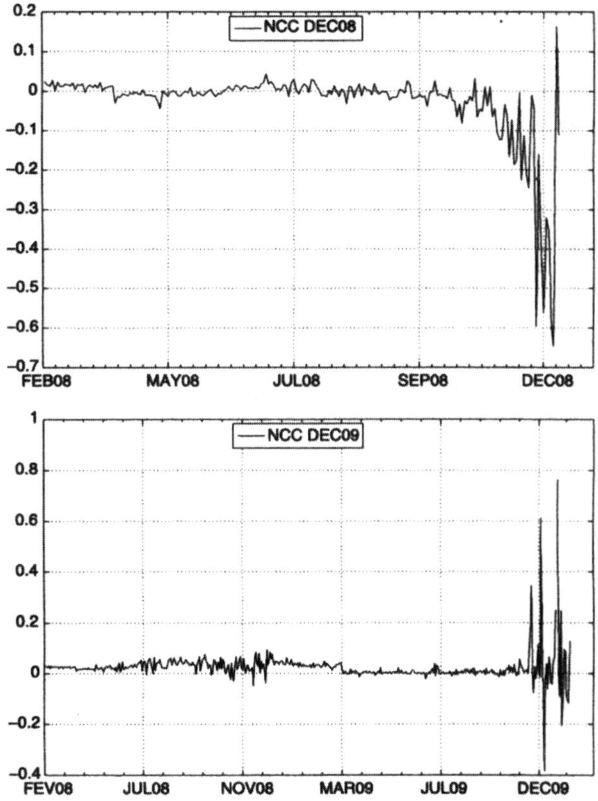

图6-2　2008年12月碳期货合约（上图）和2009年12月碳期货合约（下图）从2008年2月26日至2009年12月15日的净持有成本（NCC）

资料来源：BlueNext，European Climate Exchange(ECX)

6.4.2　回归分析

我们通过以下方程来估计现货价格变化和净持有成本变化的协方差（Duong和Kalev（2008，[24]））：

$$\Delta c_t = \alpha_0 + \alpha_1 \Delta S_t + \varepsilon_t \tag{6-2}$$

这里 Δc_t 为ECX 2008年12月（2009年12月）期货合约净持有成本的变化，ΔS_t 为 t 时刻现货价格的变化，ε_t 为误差项，α_1 需要在统计上显著为负才能保证负协方差假说成立。为了方便估计系数的比较，我们将各价格序列除以其均值（Bessembinder等（1996，[11]））。

6.4.3 回归结果

回归结果如表6-2所示。该结果是运用Newey-West异方差一致协方差矩阵法得到的。诊断检验和统计量如下：调整R平方，*F*检验*p*值（*F* -Statistic），Durbin-Watson统计量（Durbin-Watson），20个滞后期序列相关的Ljung-Box混成检验的*p*值（Ljung-Box），White异方差检验（White test），赤池信息准则（AIC）和Schwarz信息准则（SC）。

表6-2 **用净持有成本法检验碳配额市场负协方差假说**

Δc_t	DEC08	DEC09
	(1)	(2)
α_0	-0.0496^{**}	-0.0198^{*}
	(0.0202)	(0.0116)
α_1	-0.6794^{*}	-0.4204
	(0.3887)	(0.7387)
Diagnostic tests		
R-squared	0.0132	0.0015
F-Statistic	0.1048	0.3887
Durbin-Watson	1.1360	2.1206
Ljung-Box	0.7910	0.1803
White test	0.9806	0.3622
AIC	0.6093	0.2054
SC	0.5764	0.2286
N	205	478

注：回归系数下括号内为Newey-West稳健标准误，***、**、*分别表示统计量在1%、5%、10%的水平上显著。Δc_t为ECX 2008年12月（DEC 08）和2009年12月（DEC 09）期货合约净持有成本的变化。模型的估计见方程（6-2），回归进行了一阶差分，价格序列均除以了其均值。

同Duong和Kalev（2008，[24]）对农产品期货的检验类似，我们首先得到了ECX 2008年12月期货合约“负协方差”假说的统计支持。对于回归方程（6-1），α_1为负，且在10%的水平上显著，然而，这一结果对于ECX2009年12月的期货合约却不稳健。对于回归方程（6-2），α_1为负但并不显著。因而，我们从这些初步结果中谨慎地得出结论：在解释CO_2配额市场上的萨缪尔森假说时，现货价格变化和净持有成本变化的负协方差并不显著。[①]这可能是由于碳配额作为一种新商品缺乏通常的存储成本的特性。[②]

除此以外，也有可能是基于线性回归模型的净持有成本法并不适合从统计上验证萨缪尔森效应。我们将在下一部分基于GARCH模型考察这种可能性。

6.5 GARCH建模

本部分将使用日度数据在GARCH模型框架下研究CO_2期货价格行为是否符合萨缪尔森假说。计量方法的基本观点是检验到期期限作为方差方程中的外生回归量，是否对CO_2期货价格收益有统计显著的影响。Chen等（1999，[15]）在Nikkei指数期货以及Adrangi和Chatrath（2003，[1]）在咖啡、糖、可可期货上都使用了这一计量框架。

6.5.1 GARCH模型设定

我们采用一阶自回归过程，根据Box-Jenkins的方法来研究ECX 2008年12月和2009年12月期货收益的自相关结构。这一方法与之前使用GARCH模型研究碳价的文献一致（Benz和Trueck（2009，[9]），Oberndorfer（2009，[34]））。因而AR（1）-GARCH（1，1）[③]估计模型如下：

$$r_t=\mu+\rho r_{t-1}+\varepsilon_t,\quad \varepsilon_t|\Omega_{t-1}\sim i.i.d.(0,\sigma_t^2) \tag{6-3}$$

$$\sigma_t^2=\omega+\alpha\varepsilon_{t-1}^2+\beta\sigma_{t-1}^2+\delta TTM_t \tag{6-4}$$

这里r_t为第t天期货价格的对数收益，r_{t-1}为AR（1），ε_t是均值为0、条件方差为σ_t^2的误差项。μ和ω分别为均值和方差方程中的常变量。ε^2_{t-1}和σ^2_{t-1}分别为方差方程中的ARCH和GARCH项。TTM_t为到期期限。[④]

---

① 注意两个回归的调整R平方都较小，这与Duong和Kalev（2008，[24]）对能源金属和金融期货研究中获得的值一致。

② 事实上，CO_2配额实际存在于管制企业的资产负债表中，因而它没有存储成本（这不同于石油和其他能源商品），更多细节参阅第5章。

③ 如Adrangi和Chatrath（2003，[1]）所指出，指数GARCH（1，1）和非对称GARCH（1，1）的回归结果可以推出同样的结论。

④ 如Bessembinder等（1996，[11]）的做法，我们使用log（TTM_t）或$\sqrt{TTM_t}$试验多种回归但没有使结果发生质的改变。这一结论也适用于下面的章节。

我们用Bollerslev-Wooldridge稳健标准误和BHHH算法（Berndt等（1974，[12]））的准极大似然估计法（QML）来估计AR（1）-GARCH（1，1）模型。新息服从t分布来适应日度CO_2时间序列的尖峰特性（Paolella和Taschini（2008，[35]），Daskalakis等（2009，[23]））。

6.5.2 实证结果

表6-3为回归结果。关于诊断检验，我们对每个回归进行序列相关的Ljung-Box混成检验和Engle ARCH检验。AR（1）、ARCH和GARCH的系数在解释ECX 2008年12月和2009年12月期货合约的对数时为正且显著。显然，GARCH模型的标准设定考虑到了第3章强调的CO_2期货价格的异方差性。这一结果也与Benz和Trueck（2009，[9]）以及Oberndorfer（2009，[34]）的结果一致。

表6-3 **运用AR（1）-GARCH（1，1）模型检验CO_2配额市场中的萨缪尔森假说**

r_t	DEC08 (3)	DEC09 (4)
μ	0.0013**	0.0011*
	(0.0007)	(0.0006)
ρ	0.1389***	0.0843***
	(0.0328)	(0.0299)
ω	0.0001**	0.0001***
	(0.0001)	(0.0001)
α	0.1364***	0.1704***
	(0.0361)	(0.0367)
β	0.7943***	0.7838***
	(0.0503)	(0.0415)
δ	−0.0001	−0.0001
	(0.0001)	(0.0001)
Diagnostic tests		
R-squared	0.0118	0.0099
Log-Likelihood	2 157.3600	2 776.373
Ljung-Box	0.6280	0.1890
Engle ARCH	0.7487	0.8600
N	936	1 207

注：回归系数下括号内为Bollerslev-Wooldridge稳健标准误，***、**、*分别表示统计量在1%、5%、10%的水平上显著。r_t为ECX 2008年12月（DEC08）和2009年12月（DEC09）期货收益率的对数。模型估计见方程（6-3）。

然而，基于GARCH模型的CO_2配额市场上萨缪尔森假说并不明显，因为到期期限变量的系数δ为负，但对于两个期货合约都不是统计显著的（回归方程(6-3）和（6-4））。这一结果与净持有成本法的结果一致，CO_2配额市场并不支持萨缪尔森假说。我们将在下一部分研究高频数据是否会得到不同的诊断结果。

6.6　实际波动率建模

最后这部分将使用碳配额市场上的日内数据来研究萨缪尔森假说。计量方法为首先使用高频数据测度“实际”波动率，然后用测得的波动率对到期期限进行回归。正如以前关于股票市场的文献所显示的[3，4，30]，高频数据测得的波动率相对于净持有成本法和基于日度数据的标准GARCH估计得到的结果有所不同。

6.6.1　计算步骤

令$p(t)$为t时刻资产价格的对数。假定收益以Δ时间段的收益为样本得出，$r_{t,\Delta} \equiv p(t) - p(t-\Delta)$。实际方差被定义为$1/\Delta$期（为简化起见，假定为整数）高频日内收益的平方和，或：

$$RV_{t+1}(\Delta) \equiv \sum_{j-1}^{1/\Delta} r_{t+j.\Delta,\Delta}^2 \tag{6-5}$$

根据方程（6-5），Barndorff-Nielsen和Shephard（此后的BNS（2002，[8]））和ABDL [4]得出实际波动率的估计值是给定样本频率的日内收益平方和。对每一天d和样本频率$1/m$，我们计算：

$$RV^{d,m} = \sum_{i=1}^{m} r_{i,m}^2 \tag{6-6}$$

正如Chevallier和Sévi（2011，[20]）强调的，CO_2配额期货成为一种新的商品资产，交易者需要发展新的对冲策略，因而，缺乏对日内数据采用合适的采样频率的基本的知识体系。同ABDL[3，4]一样，我们用波动率信号图①来估计波动率显著上升的采样频率范围，波动率显著上升代表

① 在波动率信号图中，方程（6-6）所描述的实际波动率的测度是用不同采样频率进行计算和画图的。

微观结构噪声出现的频率变高。这一现象来自于市场的微观结构问题，主要的例子是买卖差价、非同步交易等的存在。

从图6-3来看，选择15分钟间隔收益可以最小化微观结构噪声的影响，同时保证每天有足够多的观测值。相较于作为其他主要的股票和外汇市场常用的5分钟采样间隔，使用ECX碳分笔数据的15分钟收益是一种保守选择。这一选择是为了使微观结构噪声的影响最小化。①

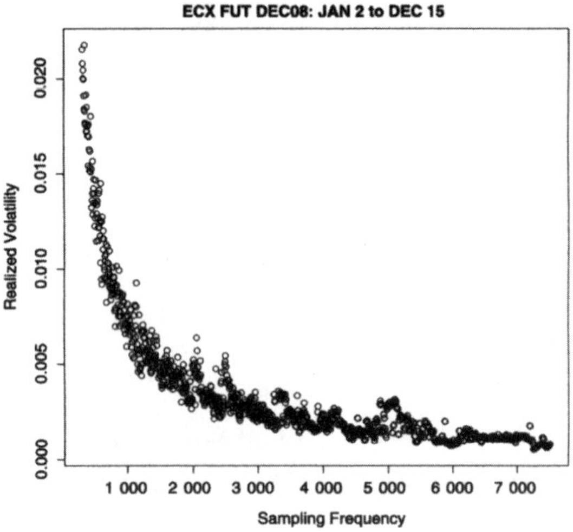

图6-3 ECX 2008年12月期货合约从2008年1月2日至12月15日的波动率信号图，样本频率范围从60秒至1 500秒不等

图6-4绘出了每年1月2日至12月15日、每15分钟为采样频率估计的ECX 2008年12月和2009年12月期货合约的每日实际波动率。我们可以在表6-1中找到表示实际波动率的统计量汇总。我们观察到每日实际波动率序列具有非0偏度和尖峰，这些描述性统计量表明到期日为2008年12月和2009年12月的CO_2排放期货合约具有“厚尾”尖峰的分布特征。②

6.6.2 回归分析

我们使用日内数据，通过CO_2期货实际波动率的自然对数对常数和到期期限的天数进行回归来检验萨缪尔森假说：

① 更多关于CO_2日内数据的最优采样频率的检验参阅Chevallier和Sévi（2010，[19]）。
② 更多关于EU ETS实际波动率的经验特征参阅Chevallier和Sévi（2011，[20]）。

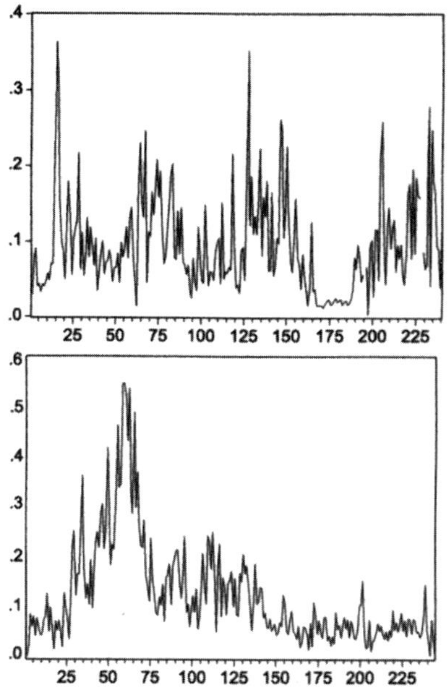

图6-4　15分钟采样频率的2008年12月期货合约(上图)和2009年12月期货合约(下图)从每年1月2日至12月15日的实际波动率

$$rv_t = \alpha + \beta TTM_t + \varepsilon_t \tag{6-7}$$

这里 rv_t 为欧洲气候交易所2008年12月（2009年12月）期货实际波动率的自然对数，α 为常数，TTM_t 表示距离到期的天数。这里使用Newey-West异方差一致协方差矩阵的最小二乘法进行回归。

6.6.3　实证结果

表6-4为回归结果。对于两种期货合约（回归方程（6-5）和（6-6）），到期天数 β 的回归系数显著为负（在1%的显著性水平）。和以前的模型不同，通过使用日内数据，我们发现 CO_2配额市场支持萨缪尔森假说的证据。这一结论背后的经济直觉是，样本数据的频率越高，CO_2期货价格波动率的估计越精确。相较于以前的文献，基于日内数据估计实际波动率比基于日度数据估计更为准确，Benz和Trueck（2009，[9]）以及Oberndorfer（2009，[34]）曾使用日度数据进行估计。同样值得注意的是，相较于净持有成本法（回归方程（6-1）和（6-2）），根据调整的R平方判

断，基于实际波动率建模的回归方程（6-5）和（6-6）更有解释力。

让我们总结目前所得到的主要结果：为了检验碳期货市场上萨缪尔森假说（波动率随着到期期限临近而上升）的存在，我们使用了三种不同的计量方法，其中只有基于实际波动率的方法支持萨缪尔森假说。事实上，净持有成本法和GARCH模型并没有提供任何（即使是微弱的）CO_2期货价格存在萨缪尔森假说的证据。然而，通过使用高频数据，我们发现CO_2期货价格的日度（总和）波动率随着到期期限临近而提高，符合萨缪尔森假说。因此，观测数据的频率越高，碳资产波动率测度得越准确，其他文献也已经表明高频数据在测度资产价格波动率上的优越性（见ABDL[3，4]）。

接下来，我们将对这些结果进行敏感性检验。

表6-4 **用实际波动率检验CO_2配额市场的萨缪尔森效应**

rv_t	DEC08 (5)	DEC09 (6)
α	-0.0194^{***}	-0.2955^{***}
	(0.0056)	(0.0555)
β	-0.0137^{***}	-0.0022^{***}
	(0.0009)	(0.0006)
Diagnostic tests		
R-squared	0.0933	0.2102
F-Statistic	0.0000	0.0000
Durbin-Watson	1.8075	1.6923
Ljung-Box	0.8590	0.8339
White test	0.2082	0.1891
AIC	2.0253	0.4592
SC	2.0543	0.4878
N	240	244

注：回归系数下括号内为Newey-West稳健标准误，***表示统计量在1%的水平上显著。rv_t为ECX 2008年12月（DEC08）和2009年12月（DEC09）期货合约的实际波动率。估计模型见方程（6-7）。

6.6.4 敏感性检验

1.现货价格波动率

首先，我们检验现货价格波动率作为外生变量时估计结果的稳健性（Bessembinder等（1996，[11]））。

$$rv_t = \alpha + \beta TTM_t + \phi VolaSpot_t + \varepsilon_t \tag{6-8}$$

这里 $VolaSpot_t$ 为现货价格波动率的变化（以一个标准差计）。这一方法通过比较期货日度实际波动率对到期期限的回归结果与加入现货价格波动率作为控制变量的回归结果，使得我们可以研究信息流的影响。如果“负协方差”条件是萨缪尔森假说最重要的因素，那么尽管包含现货价格波动率，到期期限的系数应该显著为负（Duong和Kalev（2008，[24]））。

表6-5为估计结果。回归方程（6-7）中 φ 并不显著，然而对于2009年12月期货合约而言，φ 为正且在1%水平上显著（回归方程（6-8）），这表明在 CO_2 配额市场上现货价格的波动率对2009年期货价格的波动率有充分的解释力（再次注意到较高的调整R平方）。

表6-5　**加入现货价格外生变量的实际波动率法检验碳配额市场的萨缪尔森效应**

rv_t	DEC08 (7)	DEC09 (8)
α	-0.0195^{***}	-0.4297^{***}
	(0.0049)	(0.0597)
β	-0.0078^{***}	-0.0038^{***}
	(0.0006)	(0.0006)
ϕ	0.0094	0.0079^{***}
	(0.0665)	(0.0027)
Diagnostic tests		
R-squared	0.0856	0.3185
F-Statistic	0.0000	0.0000
Durbin-Watson	1.6783	1.5845
Ljung-Box	0.8700	0.7510
White test	0.2925	0.2060
AIC	2.3955	0.5915
SC	2.4245	0.6202
N	240	244

注：回归系数下括号内为Newey-West稳健标准误，***表示统计量在1%的水平上显著。rv_t 为ECX 2008年12月（DEC08）和2009年12月（DEC09）期货合约的实际波动率估计值，估计模型见方程（6-8）。

在回归方程（6-7）和（6-8）中，值得注意的是尽管包含变量 $VolaSpot_t$，β 显著为负（在1%的显著性水平）。这些估计结果表明方程（6-7）回归结果的稳健性。参照对假说背景的讨论，即使没有信息流的假设，碳期货的到期效应在使用日内数据的条件下似乎也存在。

2.季节性和流动性

对于碳期货合约到期效应的研究，我们控制了季节性和流动性的潜在影响。事实上，之前得出的结果也可能受外生变量如季节模式和流动性的影响，例如，日内数据显示的萨缪尔森效应可能是由于碳期货合约接近到期时较高的交易频率造成的。①

为了控制季节效应，我们加入了表示月度的虚拟变量来控制信息流中可能的季节效应（Bessembinder等（1996，[11]））。例如，3月的虚拟变量在3月1日到3月31日为1，这之后的其他时间为0。②

对于流动性效应，我们在各个期货合约的回归方程中加入成交量作为日度实际波动率的外生回归量。因此估计模型为（Duong和Kalev（2008，[24]））：

$$rv_t = \alpha + \beta TTM_t + \delta NT_t + \gamma_1 Feb_t + \gamma_2 Mar_t + \gamma_3 Apr_t + \gamma_4 May_t + \gamma_5 Jun_t + \quad (6-9)$$

$$\gamma_6 Jul_t + \gamma_7 Aug_t + \gamma_8 Sep_t + \gamma_9 Oct_t + \gamma_{10} Nov_t + \gamma_{11} Dec_t + \varepsilon_t \quad (6-10)$$

这里 NT_t 为成交量，Feb_t，Mar_t，Apr_t，May_t，Jun_t，Jul_t，Aug_t，Sep_t，Oct_t，Nov_t，Dec_t 为月虚拟变量。

图6-5显示了ECX到期日为2008年12月和2009年12月的期货合约的日度交易量。

除了2008年12月和2009年12月的期货合约的交易总额分别是18.42亿吨和39.47亿吨，③我们还可以观察到最大交易量出现在2008年10月23日（3 600万吨）和2009年2月19日（3 500万吨）。后一张图习惯上代表CO_2配额市场履约期的表现（详见Chevallier等（2009，[16]）），前一张图代表“信贷危机”中企业卖掉配额以换取现金时的高交易记录。然而，交易量分析并没有显示碳期货合约在到期期限附近会有最高的交易频率。

表6-6为估计结果。在加入季节性和流动性外生变量后，日内数据显

① Clark（1973，[22]）研究了交易量和价格波动率的关系，“混合分布假说”（MDH）认为交易量和价格波动率的关系取决于市场上的信息流，由于新信息的到达率并不是常数，交易量和价格变化的关系在本质上是随机的。

② 注：作为标准惯例，省略了1月虚拟变量。

③ 点碳（Point Carbon）的分析师估计了欧洲碳市场的交易量从2005年的2.62亿吨增长到2006年的8.09亿吨，再到2007年的14.55亿吨、2008年的27.13亿吨和2009年的50.16亿吨。这些估计既包含了场内交易也包含了场外交易 。

示出的到期效应是稳健的，因为回归方程（6-9）和（6-10）中 β 仍然显著为负（在1%的显著性水平）。

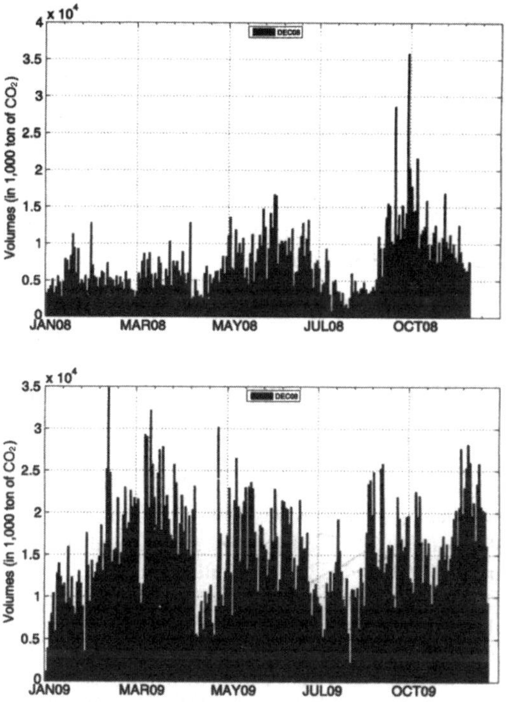

图6-5 ECX 2008年12月期货合约(上图)和2009年12月期货合约(下图)每年1月2日至12月15日的日内交易量(以1 000吨 CO_2 表示)

对于季节模式，几乎每一个代表月份的虚拟变量均显著（除了当年2月和4月的2008年12月合约，以及当年8月的2009年12月合约）。[①]表6-6最底部报告的 χ^2 统计量表明，对于这两种期货合约11个月份虚拟变量均为0的假设不成立。

因此，我们发现碳期货市场波动率具有强烈的季节性。正如预期一样，波动率的季节性可能是由于履约周期导致的，因为 γ 的回归系数在3月和4月最高。注意，对于2008年12月的期货合约，最大的 γ 回归系数出现在较晚的月份是由于信贷紧缩的滞后影响（见前文的表述）。

① 这里我们展示了完整的模型。简化模型（仅包含一些重要变量）并不改变定性结果。TTM_t 仍然显著为负。

表6-6 加入季节虚拟变量和交易量的实际波动率检验 CO_2配额市场的萨缪尔森效应

rv_t	DEC08 (9)	DEC09 (10)
α	−0.0919	−0.8835
	(0.0717)	(0.6420)
β	−0.0100***	−0.0016***
	(0.0009)	(0.0004)
δ	0.0001	0.0001***
	(0.0001)	(0.0001)
γ_1	0.0514	0.2429**
	(0.2139)	(0.1023)
γ_2	−0.4104**	0.4943***
	(0.1899)	(0.0651)
γ_3	−0.1715	0.4948***
	(0.2129)	(0.0989)
γ_4	−0.6256***	0.2646***
	(0.2381)	(0.0742)
γ_5	−0.0560***	0.1058*
	(0.0160)	(0.0644)
γ_6	−0.9736***	0.1490***
	(0.2287)	(0.0483)
γ_7	−0.9355***	−0.0795
	(0.1660)	(0.0646)
γ_8	−0.0709***	−0.2721***
	(0.0291)	(0.0733)
γ_9	−0.7369***	−0.3331***
	(0.1261)	(0.0811)
γ_{10}	−0.9141***	−0.4101***
	(0.2630)	(0.0822)
γ_{11}	−0.8350***	−0.4528***
	(0.1206)	(0.0787)
Diagnostic tests		
R-squared	0.0889	0.5960
F-Statistic	0.0000	0.0000
Durbin-Watson	1.5003	1.3355
Ljung-Box	0.7400	0.7020
White test	0.4035	0.2748
AIC	1.6704	0.1715
SC	1.8589	0.0148
N	240	244
Indicators = 0	990.5600	216.0701
χ^2 (*p*-value)	0.0000	0.0000

注：回归系数下括号内为Newey-West稳健标准误，***、**、*分别表示统计量在1%、5%、10%的水平上显著。rv_t 为ECX 2008年12月（DEC08）和2009年12月（DEC09）期货合约的实际波动率估计值，估计模型见方程（6-9）。

对于流动性效应，在回归方程（6-9）中 δ 并不显著。[①]然而在回归方程（6-10）中变量 NT_t 对2009年12月合约的实际波动率（自然对数形式）具有正的显著影响。我们可以通过图6-5来理解这一效应，相较于2008年12月期货合约，交易量明显更高，值得注意的是在这个例子中 TTM_t 效应仍然存在。

因而，即使在控制流动性和季节性效应的情况下，我们关于萨缪尔森假说的实证结果仍然稳健。和Bessembinder等（1996，[11]）所做的日度波动率对到期期限的回归类似，现货波动率和月份变量有相同结果。总之，我们可以通过高频数据来检测ECX 2008年12月和2009年12月期货合约的到期效应是否存在。

6.7　小结

本章使用日度数据和日内数据研究 CO_2 配额市场上的“萨缪尔森假说”。我们将萨缪尔森效应定义为随着到期日的临近期货合约价格变动的标准差上升。事实上，检验这一效应的存在性对于期货市场上的保证金设定、套期保值以及期权定价有着重要影响。

主要结论总结如下：

第一，同Bessembinder等（1995，[10]）的结论一样，CO_2 价格对净持有成本的变化并没有显著的负影响。因而，“负协方差假说”不成立显然说明碳期货价格并不存在到期效应。

第二，我们建立AR（1）-GARCH（1，1）模型，并在方差方程中加入到期期限作为外生变量，使用ECX 2008年12月和2009年12月期货合约的日度收益数据，深入研究了 CO_2 配额中萨缪尔森假说是否成立。同净持有成本法一样，回归结果也表明了 CO_2 期货市场上并不存在到期效应。

第三，我们使用日内数据来计算ECX 2008年12月和2009年12月期货合约的实际波动率，实际波动率自然对数法的回归结果显示，距离到期

① 这里我们用波动率对交易量的平方根 $\sqrt{NT}$ 进行回归。使用交易量的自然对数log（NT）进行敏感性检验，发现结论并没有受到影响。

的天数在1%的水平上显著为负，这表明CO_2期货价格序列存在到期效应。我们通过在回归方程中加入现货价格的波动率来检验回归的稳健性。对于2008年12月期货合约，加入现货价格波动率后，回归结果几乎不变。对于2009年12月期货合约，除了到期期限回归系数较为稳定，我们还发现现货价格对于期货价格的影响在1%的水平上显著为正。最后，我们针对季节性和流动性的潜在影响进行敏感性检验。尽管各个碳期货合约的波动率都具有季节性特征（通过包含月度虚拟变量来捕捉），但关于萨缪尔森假说是否成立的推断是稳健的。最后，在加入以交易量作为碳期货市场流动性的代理变量后这些实证结果仍然稳健。

通过日内数据，我们可以得出CO_2期货价格存在萨缪尔森效应。（日度）GARCH模型和（日内）实际波动率模型被广泛应用于关于股票市场的文献中[3，4，30]。事实上，GARCH模型更适用于低频变量波动率的瞬时变动，对于高频数据则表现较差，这是由于实际波动率方法在估计中更为优越。

↘ 附录

检测碳价格波动率非稳定性的统计方法

本部分将基于[40]和[41]所描述的计量方法，开发额外的统计检验方法来研究EUAs波动率的结构突变（见[17]）。为了实现这一目的，我们首先将根据EGARCH模型来计算欧盟排放配额的波动率。然后，我们将通过不同的结构突变检验来分析波动率在全时段的动态特征。

EGARCH模型　我们研究通过EGARCH模型提取的条件标准差：

$$\log(\sigma_t^2)=\omega+\sum_{i=1}^{p}\alpha_i\left|\frac{\varepsilon_{t-i}}{\sigma_{t-i}}\right|+\sum_{j=1}^{q}\beta_j\log\left(\sigma_{t-j}^2\right)+\sum_{k=1}^{r}\gamma_k\frac{\varepsilon_{t-k}}{\sigma_{t-k}} \tag{6-11}$$

其中，σ_t^2为条件方差，它是常数项ω、ARCH项ε_{t-i}^2和GARCH项σ_{t-j}^2的函数，γ检验杠杆效应是否存在。2007年3月9日到2009年3月31日的EUAs波动率如图6-6所示（529个日度观测值的样本）。

本部分的数据可以在下列网站获取：http://sites.google.com/site/jpchevallier/publications/books/springer/data_chapter6_appendix.csv。

图6-6　方程(6-11)估计的EGARCH模型中EUAs的条件标准差

OLS/递归CUSUM过程　为了检验模型中的结构变化，我们使用基于最小二乘法的CUSUM过程[36]，这包含了累积的标准化残差和：

$$W_n^0(t)=\frac{1}{\hat{\sigma}\sqrt{n}}\sum_{i=1}^{\lfloor nt\rfloor}\hat{u}_i(0\leqslant t\leqslant 1) \tag{6-12}$$

其中，$W_n^0(t)$为标准布朗桥$W^0(t)=w(t)-tW(1)$的限制过程，$W(\cdot)$为标准布朗运动。在一个移位的条件下，该过程在断点处将有一个峰值，该过程通过递归计算而非最小二乘法估计。表6-7为R编码。

表6-7　**R编码：OLS/递归CUSUM过程**

```
1  path<-"C:/"
2  setwd(path)
3  library(strucchange)
4  data=read.csv("data_chapter_appendix.csv",sep=",")
5  attach(data)
6  garch=data[,2]
7  garch.model <- garch~1
8  garch.cusum <- efp(garch.model, type = "OLS-CUSUM")
9  plot(garch.cusum)
10 garch.recusum <- efp(garch.model, type = "Rec-CUSUM")
11 plot(garch.recusum)
```

第1—6行加载了相关的数据和库，第7—9行估计基于最小二乘法的

CUSUM过程，第10—11行计算和绘出基于递归的CUSUM过程。

图6-7为不同过程和它们的（渐近的）5%显著水平的临界值。EGARCH过程明显地表现出两种不同模式的不稳定性。(1）2007年7月—12月的负峰（这和EU ETS第一阶段到了期末以及与存储有关的低效设计相一致，见[2])；(2）2009年2月—3月的正峰（这可能与2008年履约事件和国家分配计划（NAP）第二阶段谈判导致碳配额更加稀缺有关)。这些峰值都超过了临界值，表明这些阶段有结构突变。请注意，在这个例子中，基于递归的CUSUM过程表明在样本期的大多数时间都存在不稳定时期（从2007年7月起)。

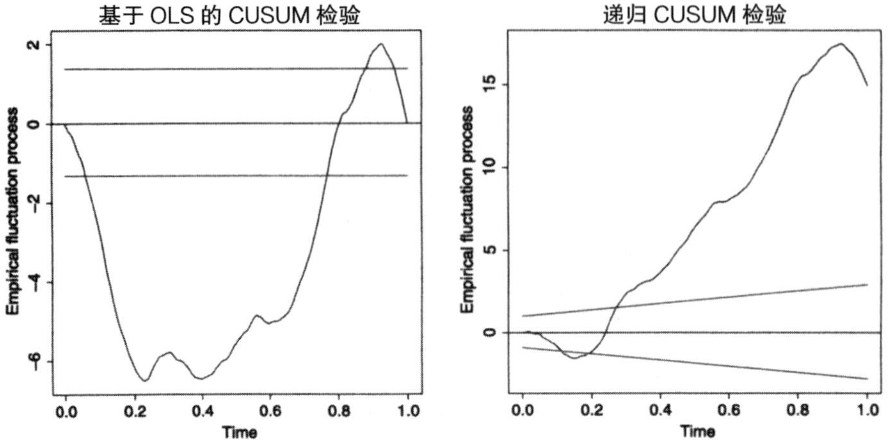

图6-7　基于OLS(左图)和递归(右图)的CUSUM过程EGARCH模型

显著性检验　我们在“不存在结构突变”的原假设下进行显著性检验：

$$S_r = \max_t \frac{efp(t)}{f(t)} \tag{6-13}$$

这里 S_r 为上一节估计的残差过程的检验统计量，$efp(t)$ 为给定 t 时刻的经验波动过程，$f(t)$ 依赖于边界的形状（即 $b(t)=\lambda f(t)$）。计算出所有潜在突变点的 F 统计量（$F_i, k<\underline{i}\leqslant i\leqslant\bar{i}<n-k$），若任一统计量过大，则拒绝原假设。

我们保留两种将 F 统计量序列合成一个统计量的可能性[6，7]:

$$\sup F = \sup_{\underline{i} \leqslant i \leqslant \bar{i}} F_i \tag{6-14}$$

$$\text{ave } F = \frac{1}{\bar{i} - \underline{i} + 1} \sum_{i=\underline{i}}^{\bar{i}} F_i \tag{6-15}$$

这里 sup F 和 *ave* F 分别为 F 统计量序列的上确界和均值。在没有结构突变的原假设下，临界值可以计算出来，这样统计量 F_i （$\underline{i} \leqslant i \leqslant \bar{i}$）的上确界(或均值）超过临界值的渐近概率为 α 。R 编码在表 6-8 中给出。

表 6-8　**R 编码：结构突变的 F 统计量**

```
1 path<-"C:/"
2 setwd(path)
3 library(strucchange)
4 data=read.csv("data_chapter_appendix.csv",sep=",")
5 attach(data)
6 garch=data[,2]
7 garch.model <- garch~1
8 fs.garch.sup <- Fstats(garch.model)
9 plot(fs.garch.sup)
```

同上，第1—7行加载了模型，第8—9行计算所有潜在突变的 F 统计量以及 p 值，图 6-8 为输出。

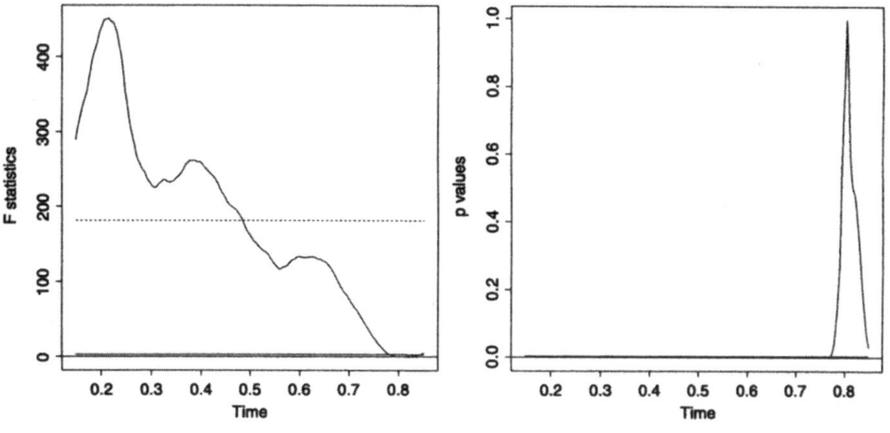

图 6-8　EGARCH 模型中结构突变的 F 统计量(左图)和 p 值(右图)

图 6-8 的虚线表示观测到的 F 统计量的均值，这里临界值设定为均值而不是上确界。由于 EGARCH 过程的 F 统计量有规律地穿过了边

界，表明存在结构突变（5%显著性水平）。该过程在2006年4月、2007年10月、2008年10月有清晰的峰值，这反映了基于最小二乘法和基于递归的CUSUM过程的结果。此外，我们还注意到在样本末期的2009年2月至3月有较大的 p 值（同前文所述，这与2008年的履约事件有关）。

监测结构突变　我们通过递归[21]和移动[28]估计检验来监测波动率序列随时间的演化。当新的观测值出现时，我们将依次对所有可得数据进行估计（历史数据加上新出现的数据），并和仅仅基于历史数据的估计进行比较。若两者的回归结果差别较大，我们将拒绝没有结构突变的假设：

$$y-i=x_i^{\mathrm{T}}\beta_i+u_i \qquad (i=1,\cdots,n,n+1\cdots) \tag{6-16}$$

即，我们预计 n 时刻（检测开始的时刻）后将会出现新的观测值。样本 $\{(x_1,y_1),\cdots,(x_n,y_n)\}$ 称为历史样本，相应的 $1,\cdots,n$ 时刻称为历史时刻。接下来，我们将聚焦在EUAs波动率的两年期时序样本（2007年3月到2009年3月），R编码在表6-9中给出。

表6-9　**R编码：结构突变监测**

```
1  path<-"C:/"
2  setwd(path)
3  library(strucchange)
4  data=read.csv("data_chapter_appendix.csv",sep=",")
5  attach(data)
6  garch=data[,2]
7  garch.model <- garch~1
8  serie<-ts(data, start=c(1,1),frequency=7)
9  serie<-ts(data, start=c(1,1),end=c(101,1),frequency=7)
10 garch.mefp.2008 <- mefp(garch.model, type = "ME",
   data = serie, alpha = 0.05)
11 garch.mefp.2008.fe <- mefp(garch.model,
   type = "fluctuation", data = serie, alpha = 0.05)
12 serie<-ts(data, start=c(1,1),end=c(135,1),frequency=7)
13 garch.mefp.2008 <- monitor(garch.mefp.2008)
14 garch.mefp.2008.fe <- monitor(garch.mefp.2008.fe)
15 plot(garch.mefp.2008)
16 plot(garch.mefp.2008.fe)
```

第1—9行加载模型并设定时间序列的频率，第10—12行说明历史样本的长度，第13—16行进行监测，并绘出实证的波动过程。图6-9为回归结果。

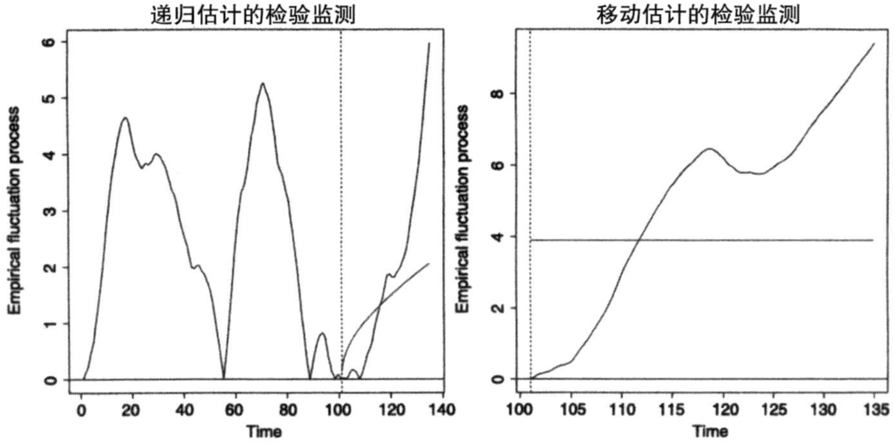

图6-9 基于递归（左图）和移动（右图）估计检验的EGARCH模型监测EUAs数据

根据递归估计，2008年9月至10月出现突变点，这与处于金融危机中的欧洲碳市场出现高流动性的时期相一致。实际上，市场参与者在这一时期出售配额来换取现金，这解释了为什么我们在EUA时间序列波动率中发现了突变点[17]。通过移动回归，我们在样本时段的开端也就是2006年履约事件期间获得一个结构突变点[18]。因此，基于这种计量方法我们能够准确地分离出影响碳价格波动率的事件，在这里，我们没有一个与新的移动估计相比较的历史估计，但是有一个历史过程。

↘ 参考文献

1. Adrangi B, Chatrath A (2003) Non-linear dynamics in futures prices: evidence from the coffee, sugar and cocoa exchange. Appl Financ Econ 13:245–256

2. Alberola E, Chevallier J (2009) European carbon prices and banking

restrictions: evidence from Phase I (2005—2007). Energy J 30:51-80

3. Andersen TG, Bollerslev T, Diebold FX, Ebens H (2001) The distribution of stock return volatility. J Financ Econ 61:43-76

4. Andersen TG, Bollerslev T, Diebold FX, Labys P (2003) Modeling and forecasting realized volatility. Econometrica 71:579-625

5. Anderson RW, Danthine J (1983) The time pattern of hedging and the volatility of futures prices. Rev Econ Stud 50:249-266

6. Andrews DWK (1993) Tests for parameter instability and structural change with unknown change point. Econometrica 61:821-856

7. Andrews DWK, Ploberger W (1994) Optimal tests when a nuisance parameter is present only under the alternative. Econometrica 62:1383-1414

8. Barndorff-Nielsen O, Shephard N (2002) Econometric analysis of realized volatility and its use in estimating stochastic volatility models. J R Stat Soc Ser B 64:253-280

9. Benz E, Trück S (2009) Modeling the price dynamics of CO_2 emission allowances. Energy Econ 31:4-15

10. Bessembinder H, Coughenour JF, Seguin PJ, Smoller MM (1995) Mean reversion in equilibrium asset prices: evidence from the futures term structure. J Finance 50:361-375

11. Bessembinder H, Coughenour JF, Seguin PJ, Smoller MM (1996) Is there a term structure of future volatilities? Reevaluating the Samuelson hypothesis. J Deriv 4:45-58

12. Berndt E, Hall B, Hall R, Hausman J (1974) Estimation and inference in nonlinear structural models. Ann Econ Soc Meas 3:653-665

13. Board J, Sutcliffe C (1990) Information volatility, volume, and maturity: an investigation of stock index futures. Rev Futures Mark 9:532-549

14. Brennan M (1958) The supply of storage. Am Econ Rev 48:50-72

15. Chen YJ, Duan JC, Hung MW (1999) Volatility and maturity effects in the Nikkei Index Futures. J Futures Mark 19:895-909

16. Chevallier J (2009) Carbon futures and macroeconomic risk factors: a view from the EU ETS. Energy Econ 31:614–625

17. Chevallier J (2011) Detecting instability in the volatility of carbon prices. Energy Econ 33:99–110

18. Chevallier J, Ielpo F, Mercier L (2009) Risk aversion and institutional information disclosure on the European carbon market: a case-study of the 2006 compliance event. Energy Policy37:15–28

19. Chevallier J, Sévi B (2010) Jump-robust estimation of realized volatility in the EU emissions trading scheme. J Energy Markets 3:49–67

20. Chevallier J, Sévi B (2011) On the realized volatility of the ECX CO_2 emissions 2008 futures contract: distribution, dynamics, and forecasting. Ann Finance 7:1–29

21. Chu CSJ, Stinchcombe M, White H (1996) Monitoring structural change. Econometrica 64:1045–1065

22. Clark PK (1973) A subordinated stochastic process model with finite variance for speculative prices. Econometrica 41:135–155

23. Daskalakis G, Psychoyios D, Markellos RN (2009) Modelling CO_2 emission allowance prices and derivatives: evidence from the European trading scheme. J Bank Finance 33:1230–1241

24. Duong HN, Kalev PS (2008) The Samuelson hypothesis in futures markets: an analysis using intraday data. J Bank Finance 32:489–500

25. Haff I, Lindqvist O, Leiland A (2008) Risk premium in the UK natural gas forward market. Energy Econ 30:2420–2440

26. Kalev PS, Duong HN (2008) A test of the Samuelson hypothesis using realized range. J Futures Mark 28:680–696

27. Kolb R (1991) Understanding futures markets. Kolb Publishing Company, Miami

28. Leisch F, Hornik K, Kuan CM (2000) Monitoring structural changes with the generalized fluctuation test. Econom Theory 16:835–854

29. Martens M, van Dijk D (2007) Measuring volatility with the realized range. J Econom 138:181–207

30. McMillan DG, Speight AEH (2004) Intra - day periodicity, temporal aggregation and time - to - maturity in FTSE - 100 index futures volatility. Appl Financ Econ 14:253–263

31. Movassagh N, Modjtahedi B (2005) Bias and backwardation in natural gas futures prices.J Futures Mark 25:281–308

32. Mu X (2007) Weather, storage, and natural gas price dynamics: fundamentals and volatility. Energy Econ 29:46–63

33. Nelson DB (1991) Conditional heteroskedasticity in asset returns: a new approach. Econometrica 59:347–370

34. Oberndorfer U (2009) EU emission allowances and the stock market: evidence from the electricity industry. Ecol Econ 68:1116–1126

35. Paolella MS, Taschini L (2008) An econometric analysis of emission allowance prices. J Bank Finance 32:2022–2032

36. Ploberger W, Kramer W (1992) The CUSUM test with OLS residuals. Econometrica 60:271–285

37. Samuelson PA (1965) Proof that properly anticipated prices fluctuate randomly. Ind Manage Rev 6:41–49

38. Thomakos DD, Wang T (2003) Realized volatility in the futures markets. J Empir Finance 10:321–353

39. Working H (1949) The theory of the price of storage. Am Econ Rev 39: 1254–1262

40. Zeileis A, Kleiber C, Krämer W, Hornik K (2003) Testing and dating of structural changes in practice. Comput Stat Data Anal 44:109–123

41. Zeileis A (2006) Implementing a class of structural change tests: an econometric computing approach. Comput Stat Data Anal 50:2987–3008

↘ 习题解答

A.1 第2章

习题2-1（碳价格的单位根检验）

（a）在图2-16中，对数数据似乎是平稳的。考虑原始时间序列，在样本的后半部分我们可以观察到一个固定的组成，在样本的前半部分，我们可以看到时间序列不是平稳的。这个非平稳性似乎并没有遵循一个随机过程，相反，价格序列的下行可以由下行趋势来解释，碳市场发生的特定事件（例如履约事件或存储限制的影响）可以解释该趋势。

（b）在图2-17中，原始时间序列的自相关函数未能向我们提供任何有用的信息。回想一下，在考察一个特定模型的估计以检验时间序列残差的性质时，自相关函数特别有用。从对数数据的图，我们了解到EUA ECX的期货合约可能遵循一个AR（1）过程。

（c）表2-15和表2-16构成了一个非稳定的原始时间序列和稳定的对数数据的经典例子。在表2-15中，ADF和PP检验不能拒绝EUA原始时间序列存在单位根的原假设，而KPSS检验拒绝了平稳性的原假设。因此，这三个检验得出了相同的结论：原始碳价格的时间序列不是平稳的。相反，在表2-16中，ADF和PP检验强烈拒绝了对数数据单位根的原假设，而KPSS检验接受了平稳性的原假设。因此，碳价格的时间序列是一阶单整的（I（1））。由于EUA时间序列不遵循任何趋势或时间相关性（正如在问题（a）的解答中强调的），因此在方法学的运用上不存在任何偏见。对于在样本的前半部分出现的结构突变可能需要进行平稳性检验，而不是单位根检验。

习题2-2（碳价格均值回归模型的校准）

（a）AR（1）模型的估计可以解决该问题。

（b）在表2-17中，我们注意到EUA时间序列对数数据的AR（1）过程的结构是平稳的，变量 $DIFFEUA(-1)_t$ 在10%的水平上是显著平稳的。

（c）在表2-18中，我们得出结论：根据Box-Pierce检验（因为该检验的 p 值大于5%），残差不是自相关的，但是，我们注意到存在强烈的ARCH效应，残差不服从正态分布，这是金融时间序列的标准特征。

（d）可以通过指定一个GARCH模型来考虑ARCH效应。关于正态假设，我们可以通过呈现厚尾的密度（例如正态反高斯或广义误差分布）替换正态分布。

A.2 第4章

习题4-1（EUA-CER差价）

（a）在图4-17中，左图包含EUAs，CERs和EUA-CER差价的原始时间序列，右图包含EUAs和对数形式CERs的时间序列，该对数转换可以消除时间序列间的规模效应（例如当它们未用相同的货币或数量表示时），同时不改变它们平稳性的特征。对数转换在许多计量经济学应用中是原始时间序列的首要方法，在右图中，因为EUA-CER差价包含了负值，它不能表示为对数形式。

（b）在表4-21中，原始和对数转换的时间序列的EUAs和CERs呈现出非正态特征（根据偏度和峰度，见第1章）。

（c）表4-22和表4-23进行了EUAs和CERs的Johansen协整检验。在5%的显著性水平上，最大特征值和迹统计量检验未能识别两个时间序列间的协整关系。因此，由于检验统计量的值没有大于检验的临界值，我们接受协整空间为 $r=0$ 的原假设。该结果并不奇怪，因为我们已经在4.2.2的第4点中讨论了在揭示EUAs和CERs协整关系的过程中考虑结构突变。

（d）在表4-24到表4-26中，如果你正确回答了问题(c)，那么没有必要评价误差修正模型，因为该模型不是正确设定的（即根据Johansen协整检验，两个变量之间不存在协整关系）。这个问题是一个陷阱，为了考察你检测可能错误的计量经济学结果的能力。

（e）在图4-18中，EUAs和CERs被转换为对数形式，与图4-17主要的区别是变量是平稳的。

（f）在表4-27中，转换的时间序列的特征与正态分布类似。

（g）在表4-28和表4-29中，基于AIC准则和混成检验的结果（VAR（1）模型的残差是自相关的）估计了VAR（4）模型。结果表明CERs滞后1期和3期对EUA的价格有统计显著的影响。EUA变量的统计显著水平被其滞后2期和4期影响。考虑CER变量，在滞后1期和3期时，具有显著的自回归参数。在滞后阶数为3时，EUA对CER价格有负向影响，因此，表明VAR估计的两个变量间存在内在联系。我们可以认为VAR模型是正确设定的（因为我们没有限制VAR中所有的系数都是显著的）。

（h）在表4-30中，根据混成检验较大的 p 值，我们得出结论：VAR（4）模型的设定是良好的。

（i）在表4-31中，表明在格兰杰意义上两个变量间存在反向因果关系。

（j）在图4-19中，很难说哪一个柯列斯基排序被指定了，因为没有证据表明存在反向因果关系（在格兰杰意义上）。我们可以推测EUA变量在该系统中是最不外生的变量，因为它对应于最重要的碳价格。IRF函数具有标准的“驼峰”形状，即在时间序列中跟随冲击后的初始下降（滞后阶数为4时，标准差为-0.15），随后冲击的效应逐渐消失（滞后阶数为10时呈水平），这是VAR平稳性的特征。

（k）在表4-32中，方差方程表明EUA-CER价差存在显著的GARCH效应。在均值方程中常数项是不显著的，但在方差方程中是显著的。ARCH系数在统计上是不显著的，ARCH和GARCH项之和小于1。此外，从诊断性检验我们得出结论：残差不是自相关的，同时不存在GARCH效应。

(l) 在图4-20中，根据自相关函数，我们仍可以注意到GARCH估计中自相关结构的一个显著的滞后。

(m) 在图4-21中，我们可以直观地确认GARCH模型的新息（上图）和标准新息（下图）满足要求的特征。更有趣的是，我们注意到中间的图显示2008年7月和2008年12月的CER-EUA价差（由GARCH过程建模）的条件标准差存在尖峰，从经济的角度这当然值得更多关注。

A.3 第5章

习题5-1（针对碳价的GARCH校准模型）

(a) 在表5-9中，我们观察到：

- 原始收益不存在序列相关性（Ljung-Box检验的 p 值大于5%的水平）。
- 平方收益是显著序列相关的（Ljung-Box检验的 p 值小于5%的水平）。
- 表现出异方差性（ARCH检验小于5%的水平）。

这些数据表明与GARCH（p，q）估计相符合的特性。

(b) 在表5-10估计了AR（1）-GARCH（1,1）模型。AR（1）过程在均值方程中不是显著的，这表明数据生成过程中存在错误设定的问题。在均值方程中，ARCH和GARCH项为正且在1%的水平上是显著的，这说明GARCH模型估计良好，GARCH效应在CO_2价格序列中具有重要的影响。

在表5-10的诊断性检验中，我们观察到：

- 不存在相关性。
- 模型合理考虑了ARCH效应。

在图5-10中，我们观察到：

- 不存在波动的聚集。
- 条件标准差中的一些模式可能与市场事件相关。因此，我们可以为结构突变添加虚拟变量，正如第2章解释的。

（c）在表5-11和表5-12中，我们观察到对于初始设定的改进，因为在方差方程中，一些（不是全部）杠杆参数在统计上是显著的。对于GARCH模型的评价同样适用于诊断性检验和EGARCH模型。关于分布的选择，t分布提供了最好的拟合优度。最后，我们仍然可以注意到在两个模型的均值方程中，AR（1）都不是显著的，这表明存在潜在的错误设定的问题。